KB212066

당신이 수학을 사랑하게 만들 책 —

다시 쓰는 수학의 역사

당신이 수학을 사랑하게 만들 책—
다시 쓰는 수학의 역사
젠더·인종·국경을 초월한 아름답도록 혼란스럽고 협력적인 이야기

초판 1쇄 발행 2024년 10월 22일
초판 2쇄 발행 2025년 1월 10일

지은이 케이트 기타가와, 티머시 레벨
옮긴이 이충호
펴낸이 이영선
책임편집 김선정

편집 이일규 김선정 김문정 김종훈 이민재 이현정
디자인 김회량 위수연
독자본부 김일신 손미경 정혜영 김연수 김민수 박정래 김인환

펴낸곳 서해문집 | 출판등록 1989년 3월 16일(제406-2005-000047호)
주소 경기도 파주시 광인사길 217(파주출판도시)
전화 (031)955-7470 | 팩스 (031)955-7469
홈페이지 www.booksea.co.kr | 이메일 shmj21@hanmail.net

ISBN 979-11-92988-91-7 03410

당신이 수학을 사랑하게 만들 책—

다시 쓰는 수학의 역사

젠더·인종·국경을 초월한
아름답도록 혼란스럽고 협력적인 이야기

케이트 기타가와, 티머시 레벨 지음
이충호 옮김

서해문집

"아는 것만 말하고, 반드시 해야 할 일을 하라.
일어날 일은 반드시 일어날 것이다."

_ 소피야 코발렙스카야

머리말

미국 정치 드라마 〈웨스트 윙〉에는 프레젠테이션 도중 두 고위 보좌관이 믿을 수 없다는 표정으로 슬라이드를 쳐다보는 장면이 나온다. 지도 제작자들은 이 두 사람이 평생 동안 잘 알고 신뢰해온 세계 지도가 실제로는 수많은 세계 지도 중 한 가지에 불과하다는 사실을 설명하려고 한다. 게다가 이 세계 지도에는 결함까지 있다. "지금 이 지도가 잘못됐다고 말하는 겁니까?" 한 보좌관이 믿기지 않는 듯 묻는다.

지구상의 그 어떤 지도도 정확하지 않다. 정확한 지도를 만드는 것은 수학적으로 불가능하다. 구의 표면을 왜곡 없이 평평한 2차원 평면으로 변형시킬 수 없기 때문이다. 하지만 지도 제작자들의 설명처럼 보좌관들이 보고 있는 지도는 유럽 중심적 시각에서 바라본 세계의 모습이다. 유럽은 남아메리카보다 커 보이지만, 실제로는 남아메리카가 유럽보다 두 배나 크다. 지도 중앙에 위치한 독일은 실제로는 지구를 가로로 4등분하면 맨 위쪽 부분에 있다. 지금껏 우리의 세계관이 왜곡되어온 셈이다.

이 지도는 플랑드르의 지도 제작자 헤라르뒤스 메르카토르 Gerardus Mercator가 16세기에 만든 것이다. 원래는 대양을 건너는 뱃사람들을 위해 만든 지도였지, 지정학을 고려하는 정책 보좌관들을 위해 만든 것이 아니었다. 이 지도가 대대로 전해지면서 지배적인 세계 지도로 위상이 굳어졌고, 전 세계 사람들에게 이것이 그저 하나의 관점에서 바라본 세계의 모습이 아니라 실제 세계의 모습이라는 인상을 심어주었다.

수학의 역사도 이와 비슷하다. 수학은 기본적인 진리와 차갑고 엄밀한 계산과 반박할 수 없는 증명을 다룬다는 명성에도 불구하고, 진리와 지식을 형성해온 힘 있는 인물과 조직들의 영향력에서 벗어나지 못했다. 사실, 수학의 역사는 특정한 수학과 수학자들을 숭배하는 방식에서부터 이런저런 기원들에 관한 이야기에 이르기까지 수천 년에 걸쳐 많은 편견을 쌓아왔다. 이

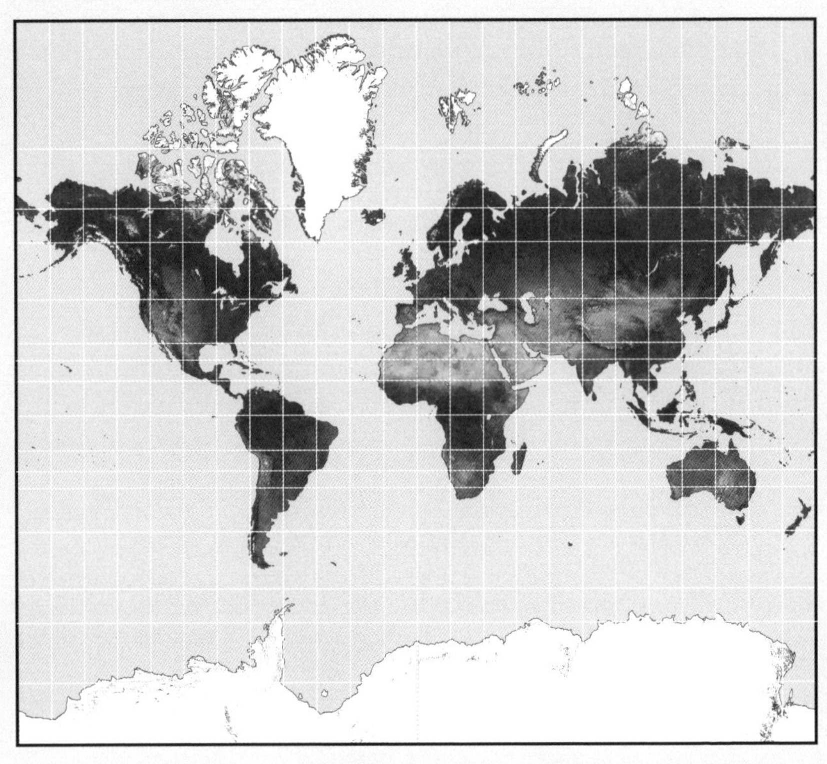

메르카토르 도법

제 이러한 패턴을 전면적으로 재검토하면서 이야기를 다시 고쳐 써야 할 때가 되었다.

책을 함께 집필할 계획을 논의하려고 처음 만났을 때만 해도 우리 두 사람, 케이트 기타가와와 티머시 레벨은 이 책의 이야기가 어디로 흘러갈지 전혀 감도 잡지 못했다. 우리는 런던 채링크로스의 한 서점에서 차를 마시면서 둘 다 수학을 얼마나 좋아하는지 이야기하다가 누구나 쉽게 접근할 수 있는 수학의 역사에 관한 책을 쓰기로 합의했다. 수학사학자인 케이트의 해박한 지식과, 수학자이자 저널리스트로 활동하는 티머시의 훌륭한 경력을 감안할 때, 우리는 그 작업이 아주 쉽게 풀려가리라고 생각했다.

하지만 큰 오산이었다. 수학의 역사를 더 깊이 파고들수록 왜곡된 이야기가 더 많이 드러났다. 그러면서 우리가 이 문제를 바로잡기 위해 뭔가를 해야겠다는 의욕도 더욱 불끈 솟아올랐다.

수학의 이런저런 기원들에 관한 이야기는 아름다울 정도로 다양하다. 어떤 개념이 한 장소에서 툭 튀어나온 것이 아니라, 오랜 역사에 걸쳐 변형된 개념들이 여기저기서 나타난 경우가 많은데, 이것은 합리적으로 사고하려는 인간의 성향이 얼마나 강력한지 보여준다. 개념이라는 것은 국경을 초월하는 법이어서 교역이나 문화 교류와 함께 이곳에서 저곳으로 확산되었다. 하지만 수학의 발전은 선형적으로 일어나지 않았다. 앞으로 갔다 뒤로 가는가 하면 지구를 훌쩍 돌아가거나 접선 방향으로 튀어 나가면서, 온갖 모험을 겪고 때로는 막다른 길에 이르기도 했다. 그러면서 수학은 더욱 풍요로워졌다. 수학은 엄밀한 논리를 바탕으로 진보한다는 명성에도 불구하고, 실제로는 훨씬 혼란스러운 분야이다.

하지만 우리가 흔히 접하는 수학 이야기는 그렇지 않다. 고대 그리스인을 현대 수학을 창시한 원조인 양 높이 떠받들지만,

오늘날 우리가 아는 지식 중에는 고대 중국과 인도, 아라비아반도를 비롯해 다른 지역에서 유래한 것도 아주 많다. 유럽 방식이 다른 방식보다 우수하다는 이 가정은 수학에서 유래한 것이 아니라, 실제로는 수백 년간 지속된 서구 제국주의에서 유래해 수학에 침투한 것이다. 그 결과로 고대 그리스 밖에서 발생한 수학은 '민속수학ethnomathematics'이라 부르면서 마치 진짜 역사에서 벗어난 곁가지 이야기인 양 별개의 분야로 취급했다.

수학의 수천 년 역사를 파헤치는 과정에서, 우리가 잘 안다고 생각했던 거의 모든 것이 이런저런 식으로 의심의 대상이 되었다. 유명한 이야기가 사실은 와전된 것으로 밝혀지기도 했고, 심지어는 순전히 날조된 이야기도 있었다. 수많은 수학자와 수학이 부당하게도 역사의 외면을 받아왔다. 이 책에서는 수학 이야기가 왜곡되어온 여러 가지 실태를 밝힐 것이다. 진짜 이야기는 그야말로 세계적인 차원의 노력에 대한 이야기다. 수학은 개념을 탐구하고, 이런 개념을 바탕으로 어떤 결론을 이끌어내는 방법을 탐구하는 분야이다. 생각의 다양성은 수학에서만 중요한 게 아니다. 모든 분야에서 기본적인 것이다.

미적분을 예로 들어보자. 사물이 시간의 흐름에 따라 어떻게 변하는지 기술하고 결정하는 이 수학 이론은 인류 역사상 가장 중요하고 유용한 발전 중 하나이다. 미적분은 공학에 필수적이며(미적분이 없다면 다리나 로켓을 정확하게 만들 수 없다), 거의 모든 과학 분야에 쓰이면서 세계를 더 잘 이해하는 데 도움을 준다.

오늘날 우리 삶의 많은 요소는 미적분 없이 이루어내기가 불가능하다.

그렇다면 미적분을 발명한 사람은 누구일까? 흔히 17세기에 영국 수학자 아이작 뉴턴Isaac Newton과 독일 수학자 고트프리트 빌헬름 라이프니츠Gottfried Wilhelm Leibniz가 거의 동시에 각자 독자적으로 발명했다고 이야기한다. 이 이야기는 대체로 사실이지만, 이것만 안다면 메르카토르 도법으로 제작된 지도를 바라보는 것과 별다를 바가 없다. 즉, 왜곡된 견해인 셈이다. 미적분의 배경을 이루는 개념들을 훨씬 앞서 생각한 사람들이 있었다.

14세기에 인도 케랄라에는 많은 수학자들이 활약한 천문학 및 수학 학파가 있었다. 그 창시자인 상가마그라마의 마다바Mādhava는 아주 뛰어난 수학자였는데, 그의 업적 중에는 미적분 이론을 설명한 것도 있었다. 마다바는 미적분을 가능케 한 핵심 개념들을 탐구했고, 케랄라 학파의 수학자들이 이를 더 갈고닦으면서 발전시켰다. 이 이론은 완전하거나 완벽하진 않았지만, 이런 문제점은 새로운 것에 늘 따라다니게 마련이다. 최초로 만들었던 전구 중 상당수가 설계 결함 때문에 너무 빨리 꺼져버리거나 유리가 검게 변하면서 실패했지만, 토머스 에디슨Thomas Edison은 19세기에 이루어진 이 발명에 기여한 공로를 지금도 널리 인정받고 있다. 이제 마다바도 그 공로를 인정받을 때가 되었다.

개념은 수학의 모든 역사에서 그 중심에 자리 잡고 있는데, 이런 개념을 처음 떠올린 사람을 떼놓고 이야기할 수는 없다. 어떤 수학 개념의 기원을 제대로 설명하려면, 수학자의 기원도 살펴보아야 한다. 이 책에서 소개한 수학자 중 어떤 이들은 그저 인상적인 수학자에 불과한 게 아니라, 큰 장벽을 허물어뜨림으로써 수학을 더 포괄적이고 세계적인 분야로 만드는 데 크게 기여했다. 이 책에서 우리는 이 잊힌 수학자들에게 더 초점을 맞추어, 이들에 대한 거짓되고 와전된 사실을 바로잡을 뿐만 아니라 이들이 종래의 수학사에서 차지했어야 마땅한 자리를 찾아주고자 했다. 중요한 역할을 했는데도 기존의 수학자 개념에 들어맞지 않았던 사람들은 생전에 박해와 억압을 받는 데 그치지 않고 그 후에도 끊임없이 역사학자와 주석자에게 공격을 받았다.

크림 전쟁 직전인 1850년에 모스크바에서 태어난 소피야 코발렙스카야Sofya Kovalevskaya*가 대표적인 예이다. 코발렙스카야는 수학을 공부하려고 했지만, 평생 동안 계속 주변의 반대와 금지에 시달렸다. 아버지는 딸에게 적절한 교육을 시키길 거부했는데, 박학다식한 지식인 딸은 가문의 수치가 될 거라고 믿었기 때문이다. 그 당시에는 이런 견해가 일반적이었다. 그럼에

* 코발렙스카야의 이름에는 몇 가지가 있다. 자신의 학술 저작에는 주로 '소피 코발렙스키Sophie Kowalevski'라는 이름을 사용했다.

도 불구하고, 코발렙스카야는 수학을 계속 공부해 박사 학위를 받아도 손색이 없을 정도로 훌륭한 연구 업적을 세웠다. 하지만 여성이라는 이유만으로 많은 대학에서는 박사 과정에 진입할 수 있는 시험 기회조차 허용하지 않았다.

불굴의 의지로 끈질기게 노력한 끝에 코발렙스카야는 마침내 스톡홀름대학교에서 일자리를 얻는 데 성공하여 세계 최초의 여성 수학 교수가 되었다. 하지만 급여가 없는 교수직이었다. 코발렙스카야는 생계를 유지하기 위해 개인적으로 학생들에게서 수강료를 받아야 했다. 하지만 코발렙스카야가 교수 자리에 올랐다는 사실 자체를 불만스럽게 여긴 사람들도 있었다. 유명한 극작가 아우구스트 스트린드베리August Strindberg는 여성 교수라는 개념을 "유해하고 불쾌한 현상"이라고 묘사했다.[1]

세상을 떠난 뒤에도 코발렙스카야의 유산은 사실보다는 주로 성 고정관념에 얽매여 이야기를 서술한 몇몇 전기 작가를 통해 왜곡되었다. 코발렙스카야는 비범한 수학자였지만, 외모와 매력에 의존해 성공을 거둔 일종의 팜 파탈femme fatale로 묘사되었다. 그랬다는 증거가 거의 없는데도 이런 식으로 이야기를 왜곡하여 전하는 작태를 이제 끝낼 때가 되었다.

우리는 수학 이야기를 이렇게 고쳐 쓰는 것이 중요하다고 믿지만, 그저 여기에 그치지 않기를 바란다. 수천 년 동안 수학 분야에는 흥미로운 인물들이 넘쳐났다. 수학은 경천동지할 만큼 획기적인 생각과 정리로 진리를 추구하는 분야이다. 아무 열정도 없이 냉철한 사고에만 의지하는 연구가 아니라 매우 창조적인 탐구 분야이다. 코발렙스카야는 "수학은 엄청난 상상력이 필요한 과학"이라고 말하기도 했다.[2] 수학의 역사에서는 결코 놓칠 수 없는 최고 지성들의 무용담이 흥미진진하게 펼쳐진다.

한 권의 책만으로 모든 잘못을 바로잡거나 완전한 역사를 들려줄 수는 없지만, 새로운 지도가 세계를 바라보는 방식을 바꿀 수 있는 것처럼 새로운 역사도 같은 일을 할 수 있다. 이 책에서 우리는 있는 그대로의 수학 이야기(아름답도록 혼란스럽고 협력적인 이야기)를 들려준다. 오늘날의 수학은 전 세계 각지에서 인종과 성별, 국적을 이유로 사회가 가한 제약을 무시하고 수학의 경계를 허문 사람들이 개척한 개념들의 경이로운 종합을 통해 발전한다. 수학은 풍부하고 다양한 역사를 지닌 분야이다. 이제 그 진짜 이야기를 들려줄 때가 되었다.

추천의 글

김민형
에든버러대학교 석좌 교수

역사 공부는 늘 이중성을 지니고 있다. 근거가 비교적 명확한 역사는 꽤 지루하고, 재미있는 역사는 소설에 가까워진다. 전자는 보통 학술 논문에 나타나고, 후자는 종종 베스트셀러가 되기도 하는 대중 역사서에 소개된다. 그래서 즐기면서 읽을 만한 책은 자칫 학술적 근거에 소홀해지기 마련이다.

불행히도 지금 '역사'라고 알려진 내용 가운데에는 이 두 가지 스타일의 구분이 별로 없던 시대에 쓰인 책들에 의해 확산된 것이 많다. 또, 현재의 관점에서 그 근거를 파악하는 일은 당연히 먼 과거로 올라갈수록 어려워져서, 중세 이전의 책들의 경우 신화와 잘 구별이 안 되기도 한다(우리의 《삼국유사》와 비교할 수도 있을 것이다).

이렇듯 역사의 특정한 시간, 특정한 장소에서 일어난 사건의 정황을 정확하게 파악하는 것도 굉장히 어려운 일인데, 이런 시공간의 사건들이 수없이 뒤얽혀 역사의 복잡다단한 줄거리가 형성되는 과정을 뚜렷하게 기술하려면 얼마나 많은 노력이 필요할까?

수학의 역사에도 별 근거가 없는 전설이 수없이 많다. 그리스 수학, 바빌로니아의 실용성, 이슬람 문명의 기여도 등과 관련한 오해는 역사를 꽤 깊이 공부한 사람 가운데서도 의외로 흔하다(어쩌면 그들 사이에 특히 흔할 수도 있다). 또한 과거에 활동한 사람의 정체는 도대체 무엇이었는지, 혹은 누가 수학자이고 누가 수학자가 아니었을까를 결정하는 과정 역시 많은 오해를 빚는다.

오늘날의 수학자들 사이에 알려진 전설들은 대체로 19세기에 쓰인 것들이 많은데, 대체로 유럽의 소수 엘리트 계층의 세계관과 정체성 철학을 강하게 반영한다. 따라서 유럽 밖의 기여도에 대해서는 당연히 소홀하고, 특히 유럽 문명의 이슬람 선조들을 잊어버리려는 의지, 나아가 인류 문명을 분열된 관점에서 해석하려는 사고의 틀이 자주 표현된다.

이렇듯 역사에 주관이 개입되는 가장 중요한 이유 중 하나가 정치·사회적 어젠다라는 점은 잘 알려져 있다. 그런데 이런 좁은 시야와 무지의 사회적 파급 효과는 상당히 클 수 있다. 가령 미국의 주요 초기 대통령이었던 토머스 제퍼슨은 1785년에 '흑인은 에우클레이데스(유클리드)의 수학을 이해하지 못할 것'이라는 신념을 표현한 적이 있는데, 사실 에우클레이데스의 인종은 아무도 모르며, 그가 이집트에 살았을 것이라는 추정 외에 뚜렷하게 그의 생애에 대해서 알려진 것이 없다. 그런데도 제퍼슨은 막연하게 에우클레이데스가 흑인보다는 자신과 인종적으로 가까웠을 것이라 지레짐작했고, 이런 무지와 편견이 그의 정치관에도 깊은 영향을 미쳤을 위험을 생각하지 않을 수 없다.

그러나 지금은 훨씬 더 엄밀한 근거를 바탕으로, 세계 수학사에 대한 체계적인 이론이 재형성되고 있는 시기이다. 지난 약 50년 동안 수학사 전문가들은 좀 더 정확한 연구를 기반으로 과거의 수학을 이해하고 기술하기 위해 심혈을 기울여왔다. 그 결과 일종의 '혁명적인' 분위기 속에서 유럽 중심의 역사관은 계속적으로 개정되고 있다.

이 책은 이와 같은 학문적 노력의 훌륭한 대중적 표현이다. 이 책을 통해서 독자는 유라시아와 아프리카 전체의 수학 역사를 훑어보면서 문명의 진화에 대한 새로운 시각을 공부할 수 있을 것이다.

중요한 점은 세계 수학의 역사가 서양 수학, 동양 수학, 아프리카 수학, 인도 수학 등으로 나누어서 생각할 수 없다는 사실이다. 문명은 인류 전체의 부단한 노력과 상호 작용 속에서 형성돼왔고, 지금 이 순간도 이 중대한 협업은 숨 가쁘게 진행되고 있다.

세계화 시대의 세계 시민에게 필요한 소양은 다양하지만, 아마도 정확한 역사관이 그중에 중요하게 포함돼야 할 것이다. 특히 문명의 발전에 절대적으로 기여했으면서도 수많은 문화적 편견의 대상이 돼왔던 '수학의 세계사'가 새롭게 학구적으로 형성되어, 이런 흥미로운 책을 통해 일반 대중 독자에게 소개되고 있다는 것은 실로 반가운 일이다.

2024년 9월

영국 런던 근교에서

차례

1

맨처음에

우리 종인 호모 사피엔스*Homo sapiens*는 나타난 지 약 30만 년이 되었지만, 우리가 아는 한 수학은 비교적 최근에 생겨났다. 많은 인공물이 사라지거나 오래 지속되지 못했기 때문에, 우리가 얻어낸 그림은 그 일부에 지나지 않는다. 인간의 수학적 활동을 보여주는 최초의 흔적은 약 2만 년 전에 동물 뼈에 새긴 탤리 마크tally mark(수를 세는 선 모양의 기호)의 형태로 나타나기 시작했다.

그중에서 가장 오래되고 유명한 것은 오늘날의 우간다와 콩고민주공화국 사이 국경 지역에 있는 이샹고에서 발견된 이샹고 뼈이다. 기원전 2만~1만 8000년의 것으로 추정되는 이 뼈는 개코원숭이의 종아리뼈로 보이는데, 늑대나 비슷한 크기의 동물 뼈일 수도 있다. 꼭대기에 석영 조각이 붙어 있는 것으로 보아 아마도 도구로 사용되었을 것이다. 길이 방향으로 탤리 마크가 3단으로 새겨져 있다. 이것은 도구를 붙잡기 편리하도록 만든 자국일 수도 있지만, 단순히 그런 용도에 불과한 것이 아닐 가능성이 있다.

첫 번째 단에 새겨진 탤리 마크의 수는 모두 48개이고, 두 번째와 세 번째 단에는 각각 60개가 있다. 각각의 단은 서로 분명한 구획으로 나뉘어 있는데, 세 번째 단이 특히 흥미를 끈다. 여기에 새겨진 60개의 탤리 마크는 11, 13, 17, 19개 집단으로 나뉘어 있다. 이것들은 모두 소수素數이다. 소수는 1과 그 수 자신 이외의 자연수로는 나누어지지 않는 자연수로, 수학에서 가장 중요한 수 중 하나이다. 후대 수학자들이 밝혀냈듯이, 소수는 나머지 모든 수의 기본 구성 요소이다. 2만 년 전의 뼈에서 소

이샹고 뼈(앞면과 뒷면)

수를 발견한 것은 외계인이 보낸 메시지를 받은 것에 비견할 정도로 매우 흥분되고 놀라운 사건이다. 다만 이것이 정확히 무엇을 의미하는지는 파악하기 어렵다.

여기에 나타난 수학적 패턴은 그저 우연의 일치에 불과한 것일 수도 있지만, 우리 조상의 수리 능력을 보여주는 것일 수도 있다. 48과 60은 각각 4×12와 5×12에 해당하는데, 뼈에 탤리 마크를 새긴 사람들이 (오늘날 우리가 사용하는 10 대신에) 12를 바탕으로 한 수 체계를 사용했음을 암시한다. 최초로 나타난 수 체계 중 하나가 60을 바탕으로 한 것이기 때문에, 이것은 전혀 터무니없는 이야기는 아니다. 또 다른 가능성은 이 뼈가 6개월에 해당하는 음력이고, 탤리 마크는 달의 위상을 나타낸다는 것이다. 그런가 하면 20세기의 수학자 클로디아 자슬라브스키 Claudia Zaslavsky는 이 뼈가 한 여성이 자신의 생리 주기를 표시하기 위해 사용한 것이라고 주장했다. 또, 씨를 뿌리거나 강이 범람하는 때를 알아내기 위해 계절 변화를 측정하는 도구로 쓰였을 가능성도 충분히 있다. 다른 아프리카 지역을 비롯한 여러 곳에서도 비슷한 뼈들이 발견되었다. 수를 세는 것은 수만 년 전부터 인간성의 필수적인 부분이었던 것으로 보인다.

인류의 수학적 사고를 보여주는 초기의 징후들 중 오늘날까지 남아 있는 것은 이샹고 뼈와 매우 유사하다. 그러한 유물은 우리 종에게 거대한 개념적 도약(수학적 추상 개념을 생각하기 시작한 순간)이 일어났음을 보여주는 것일 수도 있지만, 단순히 사물에 새긴 선에 불과한 것일 수도 있다. 고대의 기념물이나 도자기에 정교한 기하학적 문양이 남아 있는 경우가 많은데, 과연 제작자가 그 문양 뒤에 숨어 있는 수학을 이해하고서 그렇게 만든 것일까? 아니면 그저 그런 패턴이 마음에 들어서 만든 것일까?

우리 종이 발전시킨 최초의 수학은 문자 기록이나 물리적 흔적을 전혀 남기지 않았을 수도 있다. 더 최근의 증거는 오로지 말만을 사용해 깊은 수학적 이해가 발달할 수 있다는 것을 보여준다. 예를 들면, 서아프리카의 아칸족은 정교한 수학적 도구들을 사용해 도량형을 다루었는데, 이 지식은 구전을 통해 전수되었다. 이들의 수학 체계는 구술적 성격 덕분에 15세기부터 19세기 후반까지 아랍인과 유럽인 상인과 거래를 하는 데 완벽한 도구가 되었다. 하지만 치명적 약점도 있었는데, 수백 년간의 대서양 노예무역으로 인해 제대로 전승되지 못한 채 사라지고 말았다. 2019년에 박물관에 남아 있는 몇 가지 인공물 유물을 이용하여 그 방식을 복원하는 데 성공한 연구자들은 이 체계가 몹시 경이롭다며 유네스코 세계문화유산으로 지정해야 한다고 주장했다.

아칸족의 이 체계는 비교적 최근까지 사용되었고 몇 가지 인공물이 아직 남아 있지만, 그 밖에도 시간이 흐르며 사라진 구술적인 수학 체계가 많이 있을 것이다. 수를 세는 것과 그 결과는 많은 공동체와 문명에 필수적이었을 테지만, 이를 기록으로 남길 필요성을 느끼지는 못했을 것이다. 설령 남겼다 하더라도, 지금까지 살아남지 못하고 사라지고 말았을 것이다. 수학적 사고가 생겨난 이러한 최초의 순간들은 흐릿한 채로 남아 있으며 앞으로도 그럴 것이다. 하지만 문자가 발명되고 거대 문명들이 출현한 시기에 이르면, 우리의 그림은 좀 더 선명해진다.

바빌론 강가에서

티그리스강과 유프라테스강 사이에는 비옥한 평야가 넓게 펼쳐져 있는데, 이곳은 많은 고대 문명의 발상지가 되었다. 두 강은 오늘날 튀르키예의 서로 다른 지역에서 발원해 이라크와 시리아, 이란을 구불구불 지나가면서 페르시아만으로 흘러 들어간다. 두 강은 한때 메소포타미아Mesopotamia(직역하면 '두 강 사이에 있는 도시'라는 뜻)라고 불리던 지역의 자연 경계를 이룬다.

기원전 3000년경에 이곳에서 수메르 문명이 번성했다. 수메르인은 광대한 관개 시설을 건설하면서 복잡한 도시들을 세웠다. 그들은 법원과 감옥, 정부 기록까지 완비한 최초의 법체계도 만들었다. 또한 (그런 기록을 위해) 최초의 문자 체계인 쐐기 문자와 수 체계도 개발했다. 심지어 우편 제도도 창안했다.

그다음 1000년 동안은 아카드인이 이 지역의 지배 세력이 되었다. 아카드인도 나름의 기술을 발전시켰는데, 그중에는 이들이 발명한 주판도 있었다(중국 주판 같은 후대의 주판과는 다소 다른 방식으로 작동했다). 결국 이들의 제국도 멸망하면서 아카드어를 쓰는 두 집단이 남았는데, 북쪽에는 아시리아인이, 남쪽에는 바빌로니아인이 자리를 잡았다. 두 집단은 각자 광대한 문명을 일구었지만, 수학이 크게 발전한 곳은 남쪽이었다.

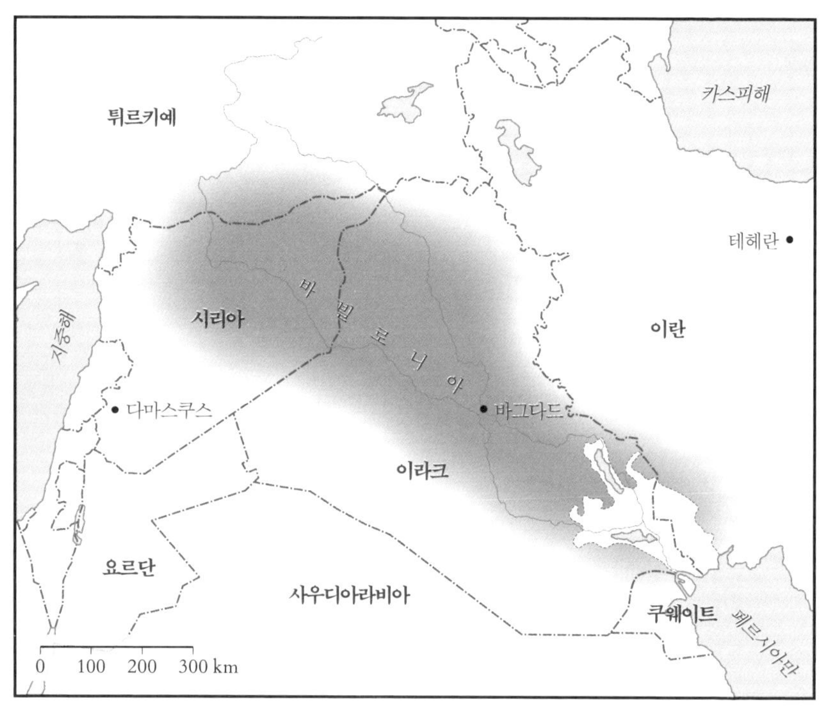

메소포타미아는 오늘날의 이라크와 시리아 지역 일부에 걸쳐 있었다.
바빌로니아는 메소포타미아 중남부에 위치한 아카드어 사용 국가로,
수도는 바빌론이었다.

오늘날의 이라크 바그다드에서 남쪽으로 100km쯤 떨어진 곳에 있었던 바빌론은 바빌로니아 제국의 수도였다. 기원전 1792년부터 기원전 1750년까지 통치한 함무라비Hammurabi 왕 시절에 바빌로니아는 아무도 무시할 수 없는 강대국으로 성장했다. 함무라비 왕은 이 지역의 도시 국가 여러 곳을 지배하면서 바빌로니아를 아주 부강한 나라로 만들었다. 이런 환경은 수학 공동체가 발전하고 번성하는 데 필요한 안정과 자원을 제공했다.

이 시절에 만든 점토판이 오늘날까지 많이 남아 있는데, 여기에는 이 시대의 바빌로니아에 대해 많은 정보를 알려주는 기록이 새겨져 있다. 필경사는 뾰족한 막대로 젖은 점토판 위에 쓰고 싶은 것을 새긴 뒤에 점토판을 햇볕 아래에 두어 굳어지게 했다. 이 점토판은 오늘날의 종이와 스프레드시트(기록을 위한 필수 도구)에 해당하는 것이었다. 점토판에는 '함무라비 법전'으로 알려진 함무라비 왕의 법체계가 기록돼 있는데, 여기에는 282개 법 조항과 함께 유죄가 입증되기 전에는 무죄라는 원칙(다만 유죄 정도는 재산 유무와 자유민인지 노예인지에 따라 달라졌다)을 주장한 최초의 사례 중 하나도 담겨 있다. 그런가 하면 상거래 내역이라든가 창조 신화 등의 이야기, 이런저런 소식을 전하는 내용도 기록되어 있다

한 점토판에는 사실상 나쁜 리뷰에 해당하는 내용이 남아 있다. 이것은 기원전 1750년경에 에아나시르라는 상인에게서

구리 주괴를 사기로 한 난니라는 고객이 작성한 것이다. 하지만 도착한 구리는 난니가 생각한 것보다 품질이 많이 떨어졌다. 불만을 품은 난니는 받은 구리가 마음에 들지 않으며, 그 상인이 계약을 체결할 때 자신의 하인에게 무례하게 굴었다고 기록했다. 리뷰를 점토판에 새기고 햇볕에 구워 수천 년간 지속될 형태로 남긴 것은 소비자의 힘을 최고조로 과시한 사례라 할 만하다.*

바빌로니아인은 토지 분할과 세금 계산 등 많은 실용적 목적에 수학을 사용했다. 어떤 점토판 작성자들은 수입과 예산을 기록했고, 따라서 수를 잘 알고 있었다. 안타깝게도 그들은 점토판에 자신의 서명을 남기지 않았고, 그래서 그 당시의 개개 수학자들에 대한 정보는 전혀 알 길이 없다. 하지만 어떤 이들은 수학을 체계적으로 연구한 게 틀림없는데, 대수학 같은 주제를 다루거나, (훨씬 후대에 피타고라스Pythagoras의 이름이 붙게 될) 삼각형에 관한 유명한 정리를 발견하기도 했다. 심지어 2의 제곱근 근삿값을 소수 여섯째 자리까지 정확하게 구하기도 했다.

그 당시 사용한 수 체계는 수메르인이 만든 60진법이었다. 원을 360°로, 한 시간을 60분으로 나누는 것은 바로 60진법에서 유래했다. 다음은 1부터 59까지의 수를 나타내는 데 사용했

* 만약 여러분이 이 책에 대한 호의적인 리뷰를 점토판으로 구워 남김으로써 소비자의 힘을 보여주고 싶어 한다면, 우리와 미래의 고고학자들은 매우 고마워할 것이다.

던 쐐기 문자 기호이다.

바빌로니아 수 체계는 오늘날 우리가 사용하는 것과 같은 자릿값 체계를 사용했다. 즉, 각각의 숫자가 위치한 자리에 따라 그 숫자가 나타내는 값이 달라진다. 예를 들면, 271이라는 수에서 맨 오른쪽에 있는 숫자 1은 1의 자리를 나타내고, 그 왼쪽에 있는 7은 10의 자리를, 다시 그 왼쪽에 있는 2는 100의 자리를 나타낸다. 즉, 100이 2개, 10이 7개, 1이 1개 있다는 뜻이다. 수식으로는 다음과 같이 나타낼 수 있다.

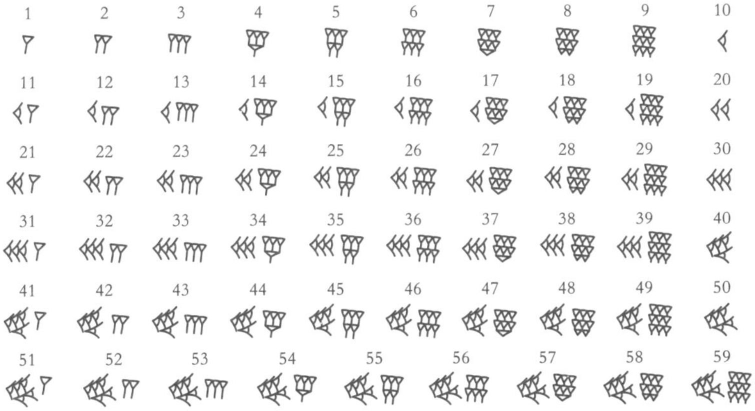

바빌로니아의 쐐기 문자 숫자

$$271=\left(2\times10^{2}\right)+\left(7\times10^{1}\right)+\left(1\times10^{0}\right)$$

이와 비슷하게, 바빌로니아인의 60진법에서는 각각의 자릿수가 60의 거듭제곱에 해당한다. 따라서 271은 다음과 같이 나타낼 수 있다.

$$271=\left(4\times60^{1}\right)+\left(31\times60^{0}\right)$$

혹은 쐐기 문자로 적으면 다음과 같다.

바빌로니아 수 체계가 우리 수 체계와 가장 다른 점은 0이 없다는 것이다. 진정한 0은 훨씬 나중에 발명되었다. 이 때문에 바빌로니아인은 어떤 수의 크기를 맥락을 감안해 짐작해야 했다. 예컨대 42를 나타내는 쐐기 문자 기호를 본다면, (몇 가지 선택지만 열거하자면) 42인지, 42×60^{1}인지, 42×60^{2}인지, 혹은 $\frac{42}{60^{1}}$이나 $\frac{42}{60^{2}}$인지 추론해내야 했다. 이 때문에 종종 오해가 생기기도 했겠지만, 그렇다고 해서 아주 비합리적인 것은 아니다. 우리도 만약 누가 집값이 '300'이라고 말한다면, 그 나라가 어디냐에 따라 그것이 300인지 300만인지 300억인지 혹은 그 이상인지 어렵지 않게 알 수 있다.

60진법은 처음에는 10진법보다 복잡해 보이지만, 편리한 점도 있다. 60이라는 수는 약수가 아주 많은 합성수이다. 60은 1,

2, 3, 4, 5, 6, 10, 12, 15, 20, 30, 60으로 나누어떨어진다. 그래서 60진법은 다루기에 편리할 때가 많은데, 특히 분수를 나타내기에 편리하다.

소수점에서 왼쪽으로 한 칸씩 옮겨 갈수록 자릿값이 1, 10, 100, …로 변하듯이, 소수점에서 오른쪽으로 한 칸씩 옮겨 갈수록 자릿값은 $\frac{1}{10}$, $\frac{1}{100}$, $\frac{1}{1000}$, …로 변한다. 예컨대 0.347은 사실은 다음 수를 간단하게 표현한 것이다.

$$0.347=\frac{0}{10^0}+\frac{3}{10^1}+\frac{4}{10^2}+\frac{7}{10^3}$$

이번에는 $\frac{1}{3}$이라는 분수를 소수로 표시해보자. 이것은 다음과 같이 쓸 수 있다.

$$0.333\cdots=\frac{0}{10^0}+\frac{3}{10^1}+\frac{3}{10^2}+\frac{3}{10^3}\cdots$$

우리는 $\frac{1}{3}$을 0.333…라는 소수로 표현하는 데 익숙하지만 (여기서 '…'는 같은 숫자인 3이 무한히 반복된다는 것을 뜻한다), 이것은 10진법 체계가 어쩔 수 없이 사용하는 편법이다. 10이 3으로 나누어떨어지지 않기 때문에 이런 편법을 사용할 수밖에 없다. 하지만 60은 3으로 나누어떨어진다. $\frac{1}{3}$은 $\frac{20}{60}$과 같으므로, 60진법에서는 0.20이라는 소수로 간단히 나타낼 수 있다. 혹은 다음과 같이 쓸 수도 있다.

$$\frac{1}{3}=\frac{0}{60^0}+\frac{20}{60^1}$$

바빌로니아인이 구한 $\sqrt{2}$의 근삿값. 60진법으로 나타낸
그 값은 1 24 51 10인데, 10진법으로 바꾸면 대략 1.414213이 된다.

60은 약수가 아주 많은 합성수이기 때문에, 60진법에서는 10진법에 비해 깔끔하게 나타낼 수 있는 분수가 더 많다.

고대 이집트인도 같은 무렵에 비슷한 진전을 이루었다. 기원전 3000년경부터 이집트인은 10진법을 이루는 기수基數(수를 나타내는 기초가 되는 수. 10진법에서는 0에서 9까지의 정수를 사용한다)를 각각 다른 기호로 나타냈다. 선 1개는 1, 선 2개는 2, … 선 9개는 9를 나타냈다. 그리고 10, 100, 1000, …를 나타내는 상형문자가 따로 있었고, 분수를 나타내는 기호들도 따로 있었다. 어떤 수를 적으려면 그에 해당하는 상형 문자들을 조합해 죽 늘어놓아야 했다.

고대 이집트의 수학자이자 필경사인 아메스Ahmes가 남긴 린드 파피루스*에 이집트 수학에 관한 소중한 정보가 남아 있다. 린드 파피루스는 현존하는 가장 오래된 수학 교과서로, 서

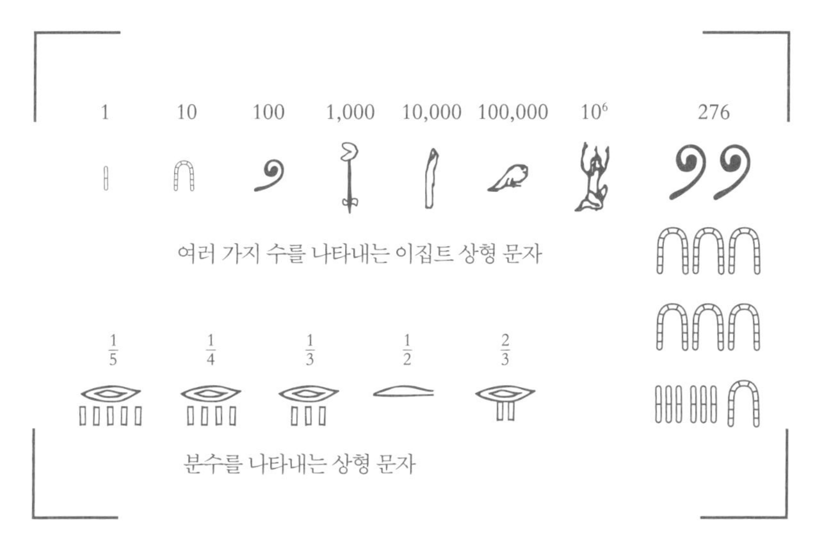

여러 가지 수를 나타내는 이집트 상형 문자

분수를 나타내는 상형 문자

두에 "정확한 계산. 존재하는 모든 사물과 난해한 모든 비밀에 대한 지식으로 들어가는 문"이라는 특이한 구절이 있다.[1] 기원전 1550년경에 이 글을 쓴 아메스는 기원전 2000년경부터 존재한 문헌들을 종합한 것이라고 기록했다. 여기에 적힌 수학

* '린드 파피루스'라는 이름은 1863년에 이 파피루스를 구입한 영국 고고학자 알렉산더 헨리 라인드Alexander Henry Rhind에게서 유래했다. 오늘날 린드 파피루스는 대부분 런던의 대영박물관에 보관돼 있다.

지식이 적어도 4000년이나 되었다는 사실을 믿기 어려운데, 오늘날 우리가 알고 있는 수학과 아주 많은 것이 비슷하기 때문이다.

이 교과서에는 수학 문제 84개와 풀이 방법이 실려 있다. 여섯 문제는 삼각법과 비슷한 개념을 사용해 피라미드의 높이와 밑변의 길이로부터 빗면 길이를 계산하는 것이다. 수학의 형식은 그것을 개발한 사람들의 생각에 큰 영향을 받는다. 따라서 이집트 수학자들이 피라미드의 수학에 관심을 가진 것은 전혀 놀랍지 않은데, 그 당시 파라오들은 피라미드 건설에 집착했기 때문이다. 하지만 수학 개념은 보편적이기도 하다. 고대 중국부터 르네상스 시대의 유럽에 이르기까지 다른 문화들도 동기는 제각각 달랐지만 독자적으로 삼각법을 발견했다. 린드 파피루스에는 구구단 표라든가, 부피와 넓이를 계산하는 방법도 실려 있다. 또, 오늘날 우리가 알고 있는 산술과 대수학, 기하학 개념 중 많은 것이 이런저런 형태로 나온다.

린드 파피루스에 나오는 개념들과 바빌로니아 점토판에 새겨진 개념들은 서로 겹치는 부분이 있다. 두 문명은 수 체계와 믿음과 문화가 서로 달랐지만, 각자 비슷한 수학적 진리를 발견했다. 이것은 두 문명 사이에 문화 교류가 활발하게 일어난 결과가 아니라, 기본적인 수학 개념들을 탐구하다가 각자 독자적으로 비슷한 결론에 이른 것으로 보인다.

겨드랑이에 두루마리를 낀 수학자

거의 같은 시기에 대서양 건너편에서는 다른 문명이 다른 각도에서 수학에 접근했는데, 그것은 천문학에서 탄생한 수학이었다. 기원전 2600년경부터 시작된 마야 문명은 단일 제국이 아니라 오늘날의 멕시코와 온두라스 지역에 퍼져 있던 도시 국가들을 각자 독자적으로 지배한 통치자들의 연합체였는데, 이들은 공통의 문화와 신화와 달력으로 연결돼 있었다. 신전들은 태양과 달과 행성들의 움직임과 일치하는 방향으로 늘어서 있었고, 바깥쪽으로 넓게 뻗어 나가면서 발전한 도시들도 있었다. 오늘날의 과테말라 북부에 있던 티칼은 주민 수가 약 5만 명이었고, 궁전과 신전, 주택을 포함한 건물이 3000채 정도 있었으며, 광장과 저수지도 있었다. 티칼은 경제와 종교 의식의 중심지였고, 옥과 케찰quetzal(마야 문명이 신성하게 여긴 새) 깃털, 카카오 같은 귀중한 상품이 광범위하게 거래되었다. 다른 문명처럼 마야 문명도 농작물에 물을 대기 위해 관개 시설을 건설했다. 제올라이트 광물로 물을 정화해 식수를 공급하는 장치도 만들었는데, 이 방법은 오늘날에도 사용되고 있다.

수학자는 아주 중요한 인물이어서 벽화에도 등장하는데, 겨드랑이에 두루마리를 끼고 있는 모습으로 묘사되었다. 마야 문화의 우연한 특징들이 이 수학자들의 명성을 높이는 데 도움을

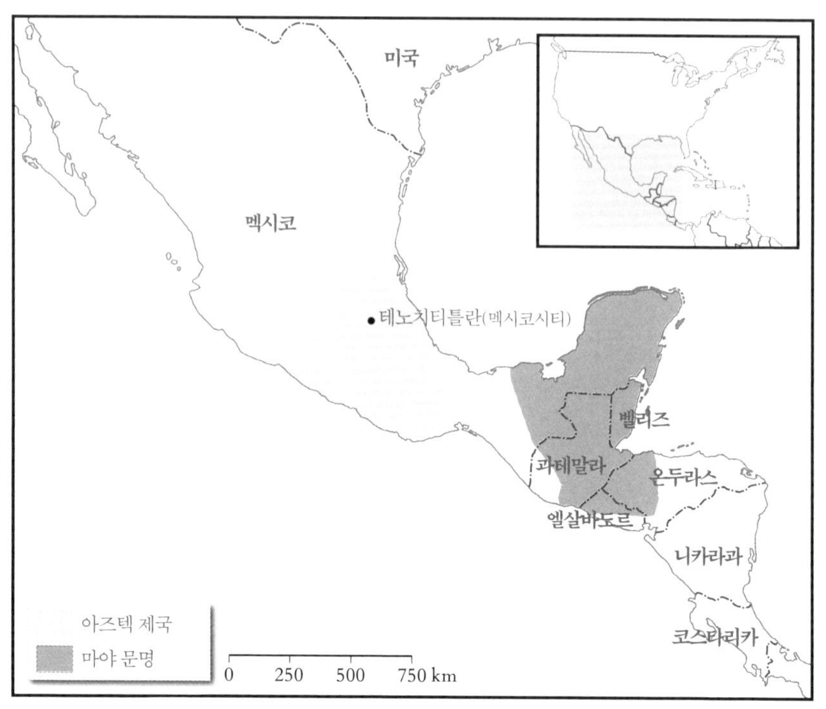

마야 문명은 오늘날의
멕시코, 과테말라, 벨리즈, 온두라스, 엘살바도르에 걸쳐 있었다.

주었다. 마야인에게는 여러 가지 지역 언어가 있었지만 문자 체계는 오직 한 가지밖에 없었다. 이 체계는 음절을 나타내는 상형 문자와 숫자를 나타내는 신들의 옆모습으로 이루어져 있었다(42쪽 그림 참고). 대다수 사람들은 문맹이었지만, 필경사들은 말하는 언어에 상관없이 무화과나무 속껍질로 만든 종이 위에 상형 문자로 쓴 책을 통해 서로 의사소통을 할 수 있었다.

마야 문명에는 이보다 화려함은 덜하지만 더 실용적인 수 체계가 한 가지 더 있었다. 이 체계는 점과 막대의 두 가지 기호를 사용했다. 점은 1을, 막대는 5를 나타냈다. 마야의 수 체계는 10진법이나 60진법이 아니라 20진법이었다. 하지만 아쉽게도 이 수 체계를 제대로 이해하려면 상당한 추측이 필요하다. 16세기에 에스파냐 정복자들이 메소아메리카를 침략했을 때, 가톨릭 신부들은 무화과나무 속껍질로 만든 마야 문명의 책들에 '악마의 거짓말'이 들어 있다고 믿고서 많은 책을 불태워버렸다.

그럼에도 불구하고, 우리는 마야인이 자신들의 수 체계를 실용적으로 잘 사용했다는 사실을 알고 있다. 마야 수학자들이 수행한 핵심 역할 중 하나는 천문학자였는데, 그들이 한 일은 하늘에서 일어나는 사건과 종교 의식이 일치하도록 계획을 짜는 것이었다. 마야인은 단순하지만 실용적인 천문대를 지어 천체를 관측하고, 계절 변화와 농작물 파종 시기를 예측했다. 비록 건물 자체는 나중에 건설되었지만, 오늘날의 멕시코 지역에 있었던 카라콜천문대의 창문들은 춘분 때 태양이 지는 장면처럼 중요한 천문학적 사건들을 관측하기에 아주 좋은 장소였다.

'달력의 집'이라 불린 마야 필경사들의 작업실 유적은 천문학자들이 데이터를 어떻게 기록했는지 알려준다. 기원전 9세기 초에 만들어진 이 작업실의 벽과 천장은 여러 인물과 숫자와 상형 문자를 다채로운 색으로 표현한 그림으로 장식돼 있다. 벽은 아마도 일종의 칠판으로 사용되었을 것이다. 벽에는 달력과 천문학 계산에 사용된 것으로 보이는 상형 문자가 여러 가지 색으

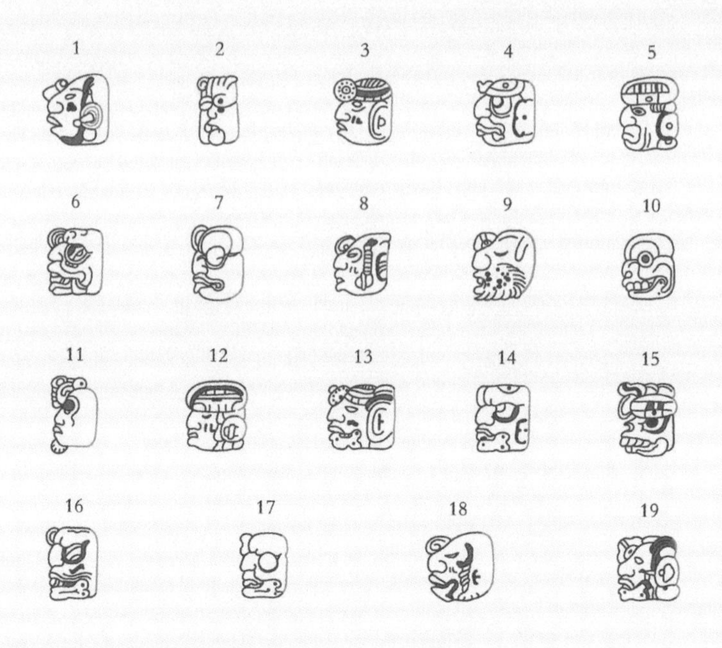

여러 가지 머리 형태로 숫자를 나타내는 상형 문자

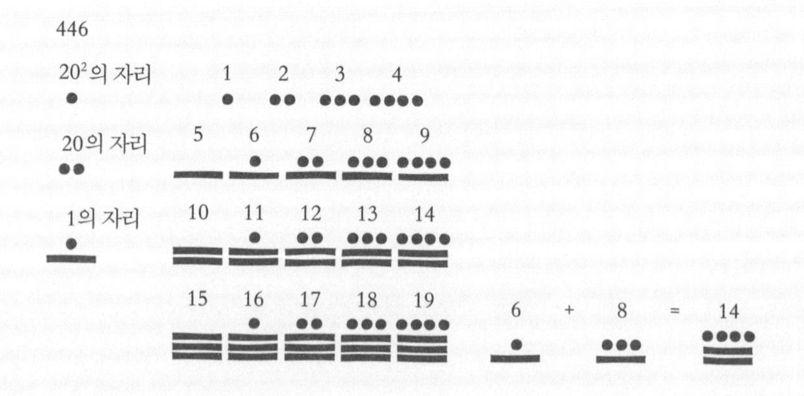

마야 숫자와 덧셈 예시(6+8=14)

로 적혀 있다. 두 계산표의 흔적은 달의 움직임을 보여주는데, 어쩌면 화성과 금성의 움직임을 나타냈을 수도 있다.

마야의 수학자–천문학자는 대부분 사제 계급 출신이어서 큰 존경을 받았다. 이들은 일식을 정확하게 예측할 수 있었고, 심지어 8년을 주기로 반복되는 금성의 기묘한 움직임(금성이 보이지 않도록 가리는 태양도 한 가지 원인이다)도 예측해냈다. 그들은 금성을 태양의 짝별(동반성)로 생각해 '큰 별'이란 뜻으로 '차크 에크Chak Ek''라고 불렀다.

마야인은 달과 별들의 움직임을 놀랍도록 정확하게 측정했다. 예를 들면, 음력(태음력)으로 149개월이 4400일이라고 계산했다. 이것은 음력으로 한 달이 29.5302일에 해당한다는 뜻인데, 오늘날 우리가 측정한 값은 29.5306일이다. 또한 1년의 길이가 365.242일이라고 계산했는데, 오늘날 우리가 알아낸 값은 365.242198일이다.

밤하늘을 이해하고 지상에 미치는 영향을 알아내려는 열망에 사로잡힌 마야인은 수학을 발전시켰다. 그들은 천문학을 제대로 이해하면 농사를 잘 지을 수 있을 것이라고 믿었다. 지구의 또 다른 곳에서도 이와 비슷한 메커니즘이 수학의 발전을 이끌었는데, 이것은 적어도 바빌로니아에서 수학이 발전한 것과 같은 시기에 시작되어 수천 년 동안 계속되었다. 중국에서는 수학이 비와 농사 문제에 그치지 않고, 천하를 다스리는 권위와 하늘의 뜻과 밀접한 관련이 있는 분야가 되었다.

2

거북과 황제

전설에 따르면, 약 4000년 전의 어느 날, 하나라의 우禹 임금은 홍수를 다스리는 치수 사업을 하다 황하黃河(황허강)의 지류인 낙수洛水(뤄허강洛河)를 거닐고 있었다. 흘러가는 강물을 바라보고 있는데, 발치에서 검은색 물체가 움직이는 게 보였다. 내려다보았더니 거북이었다. 그런데 자세히 살펴보니 등딱지의 금들이 3×3의 격자 모양을 이루고 있었고, 각 칸에 숫자에 해당하는 무늬가 새겨져 있었다. 그것은 수학의 완전성을 보여주는 상징이었다.

그가 본 패턴은 오늘날 '마방진魔方陣'이라 부르는 것이었는데, 간단히 나타내면 다음과 같다.

4	9	2
3	5	7
8	1	6

가로, 세로, 대각선 중 어느 방향의 세 수를 더하든지 간에 모두 15가 된다는 사실에 주목하자. 고대 중국인이 보기에 이러한 일치는 상서로운 조짐이었다. 옛날부터 중국 황제와 군주는 나라에서 가장 중요한 인물로서 우주의 조화를 유지하기 위해 제사 의식을 주관했다. 중국 최초의 왕조인 하나라를 세운 우임금은 나라에서 일어나는 모든 일에 전적인 책임을 졌는데, 전투에서부터 출산과 질병, 수확에 이르기까지 모든 일의 길흉화복을 예언하는 점占이 중요한 역할을 했다. 낙수에서 이 상서로운 패턴을 발견함으로써 우임금은 나라의 정통성 있는 지도자라는 권위를 얻을 수 있었다. 이른바 천명天命을 받은 지도자가 된 것이다.

중국에서는 이와 같은 이야기들을 통해 수학이 시작되었다. 그 후 1000년 동안 수학과 점은 각 왕조에서 핵심적 역할을 차지했다. 통치자들은 교역 같은 실용적 목적과 하늘의 계시를 알기 위해 점에 의존했고, 수학적 방법을 사용해 우주에서 일어날 일을 알아내려고 했다. 고대 중국에서 수학은 곧 힘이었다.

동아시아 밖에서는 과소평가되기는 하지만, 이 시대에 발전한 중국의 수학은 상당히 정교하고 우아하고 시대를 앞선 것이었다. 예를 들면, 마방진은 중국에서 맨 먼저 나타났지만 결국엔 인도와 서아시아에서도, 훨씬 뒤에는 유럽에서도 출현했다. 이런 현상은 하나의 패턴이 되었다. 오랜 역사에 걸쳐, 전 세계 각지의 수학자들은 자신이 새로운 것을 발견했다고 믿었지만,

나중에 가서야 이미 (수천 년 전까지는 아니더라도) 수백 년 전에 중국에서 발견된 것이라는 사실이 밝혀지곤 했다.

산가지

중국의 수학을 알려주는 가장 오래된 기록은 뼈, 특히 점을 칠 때 사용한 뼈이다. 우임금이 우연히 특정 메시지가 등에 새겨진 거북을 만나긴 했지만, 대개는 점술사가 점을 쳐서 미래를 예언했다. 점술사는 궁금한 내용을 죽은 거북의 등딱지나 소의 어깨뼈에 문자로 새겨* 신에게 직접 물었는데, 이 갑골을 가열해 어떻게 쪼개지는지 관찰했다. 그리고 쪼개진 모양을 보고서 신의 뜻을 해석했다.

우임금은 중국에서 가장 오래된 문자 기록을 남긴 시대보다 수백 년 전에 살았던 인물이기 때문에, 실제 삶에 대해서는 여러 가지 설이 있다. 그에 대해 알려진 내용은 구전으로 수 세대 동안 전해지다가 후대에 기록된 이야기들이다. 하지만 갑골에 새겨진 갑골문은 많이 남아 있다. 가장 오래된 중국의 수 체계도 갑골문으로 남아 있다. 갑골 문자는 기원전 14세기 무렵부

* [옮긴이] 이를 거북 등딱지를 가리키는 갑甲과 짐승의 뼈를 가리키는 골骨을 합쳐 '갑골甲骨'이라 하고, 여기에 새긴 문자를 '갑골문甲骨文'이라 부른다.

점술에 사용된 거북 등딱지 복제품

터 사용된 문자로 한자의 원형에 해당한다.

갑골문으로 남아 있는 수 체계는 10진법이지만, 자릿값 체계를 사용하진 않았다. 대신에 숫자들을 결합해 더 큰 수를 나타내는 방식을 사용했다(오른쪽 그림 참고). 하지만 이 방식으로 수를 표현하는 데에는 한계가 있었다. 고고학자들이 갑골문에서 발견한 숫자 중 가장 큰 것은 3만이다.

갑골문의 숫자는 단분수(분모와 분자가 모두 정수의 형태로 된 분수)를 나타내는 데에도 쓸 수 있었다. 이것은 가장 오래된 구구단표에서 볼 수 있는데, 이 구구단표는 기원전 300년경에 만들어진 죽간竹簡 약 2500개가 2008년에 베이징의 칭화대학교에 기증되면서 발견되었다. 이 죽간의 정확한 출처는 알 수 없지만,

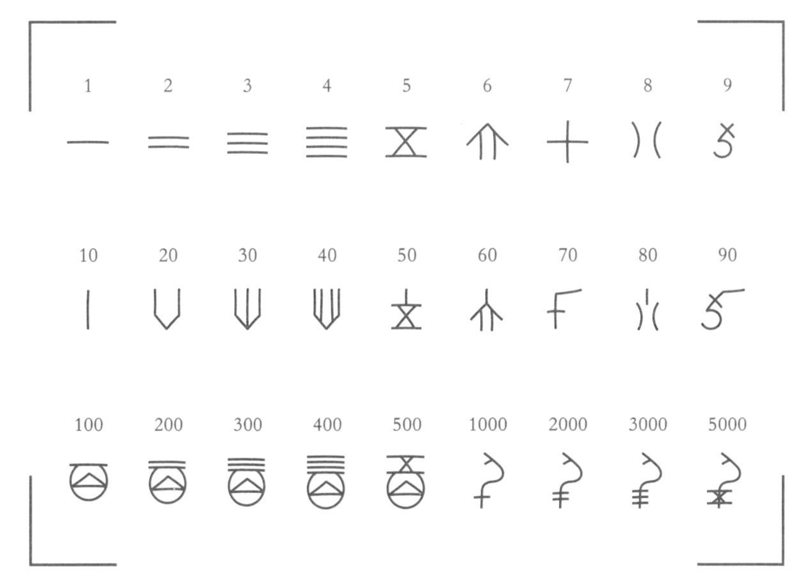

갑골문에 나타난 숫자

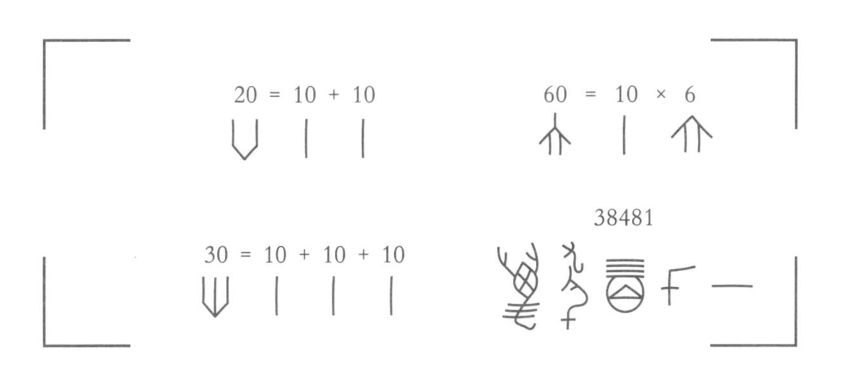

아마도 불법 도굴된 뒤에 팔 곳을 찾아 여기저기 떠돌다가 결국 칭화대학교로 왔을 것이다.[1] 그중 21개의 죽간에는 0.5에서 99.5 사이의 어떤 정수나 반정수라도 곱할 수 있는 구구단표가

기원전 300년경의 죽간

실려 있다. 이런 종류의 표는 복잡한 셈을 빨리 계산할 수 있는 계산기처럼 사용되었다. 중국인보다 앞서 고대 바빌로니아인도 약 4000년 전부터 (10진법을 사용한 것은 아니었지만) 구구단표를 사용했다. 유럽 최초의 구구단표는 르네상스 시대에 나왔다.

이들 죽간이 만들어지고 나서 얼마 지나지 않아 중국에서 또 다른 수 체계가 등장했다. 산算가지를 사용한 이 수 체계는 특히 상인들 사이에서 유용하게 쓰였다. 산가지 숫자는 선을 바탕

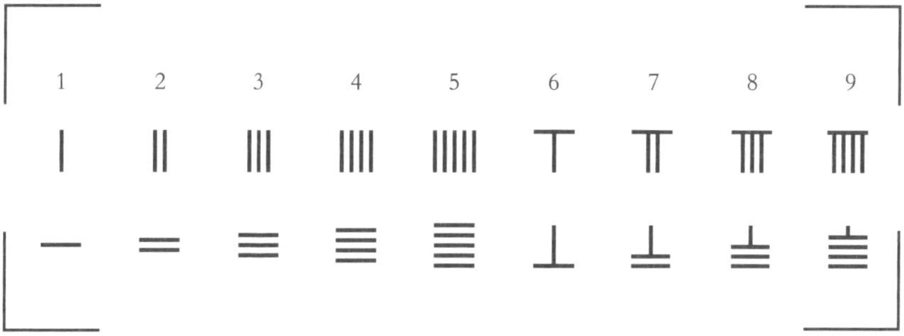

1 2 3 4 5 6 7 8 9

산가지로 수를 나타내는 예

으로 한 기호를 사용해 진흙이나 모래 위에 쉽게 새길 수 있었지만, 많은 사람들은 실제로 선 모양의 막대(이것을 '산가지' 또는 '산목算木'이라고 부름)를 사용했다. 그 당시 중국 상인들은 부유한 지주 엘리트 계급에 속했는데, 대나무 산가지 묶음을 가지고 다니면서 그때그때 필요한 계산을 했다.

산가지 수 체계의 중심에는 작은 수들로부터 더 큰 수를 만드는 비결이 숨어 있었다. 1부터 9까지의 숫자를 각각 나타내는 방법이 두 가지 있었다. 첫 번째 방법에서는 산가지를 하나씩 세로로 놓으면서 1부터 5까지의 숫자를 나타냈고, 6에서 9의 경우에는 가로로 놓인 산가지 1개가 5에 해당하고 여기에 세로로 덧붙이는 산가지 수에 따라 6부터 9까지를 나타낼 수 있었다. 두 번째 방법에서는 가로 산가지와 세로 산가지의 역할이 서로 바뀐다. 예컨대 위 그림에서 보듯이, 7은 가로 산가지 1개와 세로 산가지 2개로 나타낼 수도 있고, 세로 산가지 1개와 가로 산가지 2개로 나타낼 수도 있다.

더 큰 수를 나타낼 때에는 1부터 9까지의 숫자를 나타내는 이 두 가지 방법을 번갈아가며 사용했다. 1의 자리는 주로 세로 산가지로, 10의 자리는 주로 가로 산가지로 나타내며 자릿수를 옮겨 가는 식이었다. 예컨대 264는 다음과 같이 나타낼 수 있었다.

𝍡 𝍮 𝍣

비록 0을 나타내는 기호는 없었지만, 두 가지 방법 중 하나(가로나 세로)를 연속으로 사용함으로써 0의 존재를 암시할 수는 있었다. 예컨대 209는 다음과 같이 표시할 수 있다.

𝍡 𝍨

100의 자리에 있는 2와, 1의 자리에 있는 9 사이에 가로 숫자가 없다는 사실은 10의 자리가 0이라는 것을 분명히 말해준다. 0을 나타내는 기호가 발명되기(자세한 이야기는 5장에서 다룰 것이다) 수백 년 전에 중국 수학자들은 자릿값으로서 0이 지닌 유용성을 이해했다. 고대 중국과 바빌로니아 수학자들이 간파한 것처럼, 수가 특정 위치를 차지하는 숫자들로 이루어진다고 바라보는 개념은 실로 혁명적인 것이었다. 자릿값을 바탕으로 한 수 체계에 너무나도 익숙한 지금은 이것이 왜 그토록 혁명적인 개념인지 이해하기 어려울 수도 있지만, 수학에서 일어난 이 도약은 팔을 퍼덕이면서 하늘을 날길 소망하던 단계에서 갑자기 제트 엔진을 발명한 것과 맞먹을 만큼 대단한 발전이었다. 숫자를 나타내는 두 가지 방법을 번갈아 사용함으로써 옛 상인과 수학자는 새로운 기호나 이름을 발명할 필요 없이 숫자들을 죽 늘어세우기만 하면 얼마든지 더 큰 수를 나타낼 수 있었다. 즉, 그저 몇 가지 기호와 그 위치만 알면 모든 수를 표현할 수 있었다.

산가지는 중국에서 발명된 것으로 보이지만, 인도에서 유래했다는 증거도 몇 가지 있다. 어쨌든 산가지는 중국에서 꽃을 피웠고, 사람들에게 아주 요긴한 도구가 되었다. 산가지를 이리저리 옮기는 간단한 알고리듬을 배움으로써 상인은 덧셈과 뺄셈, 곱셈과 나눗셈을 쉽고 빠르게 할 수 있었다. 두 수를 곱하려면, 산가지들을 바닥에 놓고 각각의 자릿수에서 특정 방식으로 결합했다. 심지어 산가지를 사용해 제곱근을 구하거나 연립방정식(미지수를 2개 이상 포함한 2개 이상의 방정식들로 이루어진 방정식)을 푸는 방법도 있었다.

고대 중국인은 음수 개념도 알고 있었는데, 양수는 검은색 산가지로, 음수는 빨간색 산가지로 나타냈다. 다만 음수가 답으로 나오는 경우는 결코 없었고, 오직 계산 과정에서만 나왔다. 지금은 음수를 당연하게 여기지만, 오랜 역사에 걸쳐 수는 물리적 실체와 밀접하게 결부되었던 탓에 중국 이외의 많은 문명에서는 음수가 유용하게 쓰일 가능성을 전혀 고려하지 않았다. '−7마리 양'은 도대체 말이 되지 않는 것처럼 보였다. 다음 절에서 보게 되겠지만, 중국 수학은 음양의 조화 개념에 큰 영향을 받았고, 이러한 견해는 음수 개념을 쉽게 받아들이는 데 도움을 주었다.

산가지 체계는 놀라운 발명이었다. 수백 년 동안 산가지는 중국인의 계산과 상업에서 중요한 부분을 차지하다가 마침내 그 당시의 슈퍼컴퓨터라고 할 수 있는 주판으로 대체되었다. 주판은 산가지보다 사용하기가 더 쉽고 계산도 더 빨라 기원전 190년 무렵에 중국에서 지배적인 계산 도구가 되었다.

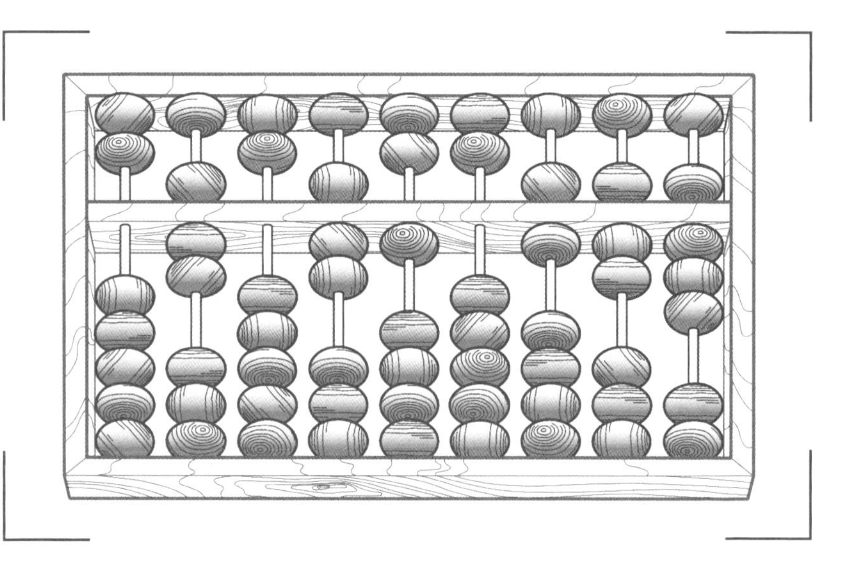

고대 중국의 수학은 대개 실용적인 문제를 다루었지만, 점술과 연관되기도 했다. 한 예는 우임금이 자신의 전임자인 순舜임금 시절에 일어난 홍수가 되풀이되는 것을 방지하기 위해 보인

행동이다. (두 사람은 중국에서 신화에 가까운 인물인데, 실존 인물인지 확실하지 않기 때문이다.) 우임금은 강물의 유량을 면밀히 관찰하고, 복잡한 운하 체계를 만들어 범람하는 물을 들판으로 흐르게 했다. 우임금은 13년 동안 집을 떠나 농부들과 같은 거처에서 잠을 자고 강바닥을 준설하는 노동을 함께 도우면서 전체 공사를 몸소 감독했다고 한다.

그런 노력은 효과가 있었다. 황하와 위수渭水(웨이수이강)를 비롯해 중국 중심부를 흐르는 강들은 더 이상 범람하지 않았다. 이것은 강가에서 살아가면서 강을 이용해 여행을 하거나 상품을 운송하는 사람들에게는 아주 중요한 의미가 있는 일이었다. 강 유역을 따라 사람들의 삶이 번성하게 되었고, 그래서 위대한 우가 물을 다스렸다는 '대우치수大禹治水' 전설이 생겨났다. 그런 거대한 계획을 시작하려면 큰 자신감이 필요했을 것이다. 이 같은 자신감은 길조를 암시하는 마방진을 갖고 나타난 거북에게서 얻었을 수도 있다.

우주 만물의 이치가 숨어 있는 《주역》

수학은 정치권력과 함께 나란히 성장했다. 기원전 1046년경부터 기원전 256년까지 이어진 주 왕조는 중국 역사에서 가장 오래 지속된 왕조이다. 유교 사상가 공자孔子와 군사 전략가 손자孫子도 이 시대에 살았으며, 이 시대에 남겨진 기록은 이전 시대의 기록보다 훨씬 정교하다. 수학에 초점을 맞춘다면, 모든 시대를 통틀어 가장 영향력 있는 책 두 권이 나타난 시기이기도 하다. 바로《주역周易》과《구장산술九章算術》이다.

《역경易經》이라고도 부르는《주역》은 그 범위가 아주 모호하다. 기본적으로는 우주 만물의 이치를 포괄적으로 설명하면서, 올바른 결정을 내리는 방법, 미래를 예측하고 우리 자신의 궁극적 목적을 찾는 방법을 안내하는 책이다. 이 책으로 과연 그 목적을 달성할 수 있는지는 논란의 여지가 있지만, 이 책이 문화적으로나 수학적으로 미친 중요성은 아무리 강조해도 지나치지 않다.

《주역》의 정확한 기원은 알 수 없다. (전설에 따르면, 천제의 아들이자 삼황三皇 중 한 명인 복희씨伏羲氏가 만들었다고 한다.)《주역》이 처음 편찬된 시기는 기원전 1000년에서 기원전 750년 사이로 추정된다. 점을 치는 방법은 다음과 같다. 먼저 시초蓍草(톱풀) 가지들을 공중으로 여러 차례 던져 땅에 떨어진 형태를 보고, 그것이 다음 그림의 64가지 형태(64괘) 중 어느 것에 해당하는지 판단한다. 각각의 괘는 6개의 효(육효六爻)로 이루어져 있으며, 효에는 음효(--)와 양효(—) 두 가지가 있다.《주역》은 각 괘에 대한 해석을 한 장씩 할애하고 있다. 따라서 점을 쳐서(시초 가지 대신에 산가지를 사용할 수도 있다) 괘를 얻었으면,《주역》에서 그에 해당하는 장을 찾아 읽고 해석하면 된다. 하지만 그 정확한 의미를 해석하는 것은 결코 간단하지 않다.

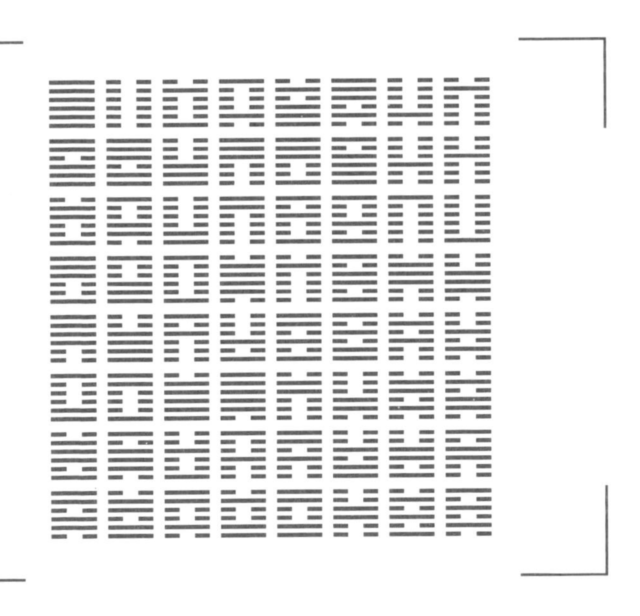

《주역》에 담긴 철학은 고대 중국 문화에 스며 있던 음양 개념과 연결돼 있다. 이것은 상호 보완적인 음과 양의 두 절반이 합쳐져 완전한 전체를 이룬다는 개념이다. 음陰이란 글자는 언덕의 그늘진 부분을, 양陽이란 글자는 양지바른 부분을 나타낸다. 음과 양은 사람을 비롯한 만물의 근본을 이룬다고 한다. 고대 중국인은《주역》의 도움을 받아 세상을 이런 관점에서 바라보면, 세상이 돌아가는 이치를 이해할 수 있다고 믿었다. 괘에서 끊어진 선은 음을, 실선은 양을 나타내고, 이 64괘 도표는 음효와 양효를 6개 단위로 조합할 수 있는 64가지 방법을 보여준다. 수백 년 동안 훌륭한 사람과 선량한 사람은 모두 결정을 내리거나 인생의 목적을 이해하기 위해《주역》을 참고했고, 그래서 모두가《주역》을 아주 중요한 책으로 받아들이게 되었다.

기원전 10년, 천문학자 유흠劉歆은 밤하늘을 관찰한 결과를《주역》을 사용해 해석하고 계산했다. 그가 만든 역법이자 책력인 삼통력三統曆은 달과 태양과 행성들의 움직임을 기술하고 이를 64괘와 연결 지었다. 삼통력은 나름의 결함이 있었지만, 그 당시로서는 가장 복잡한 우주 모형 중 하나였다. 유흠의 체계는 음력 한 달의 평균 길이를 29.5309일로 계산했는데, 마야인이 계산한 결과에 못지않게 아주 정확한 것이었다.

장거리 해상 여행이 발전하던 시대에 가톨릭교회는 전도와 개종을 위해 예수회 선교사들을 중국으로 보냈다. 중국인은 선교사들을 환영했다. 17세기에 청나라를 다스린 강희제康熙帝는 특히 '서학西學'에 관심이 많아, 예수회 선교사들을 궁으로 불러 수학을 포함해 다양한 주제에 관한 강연을 들었다. 예수회 선교사들은 중국의 지적 문화를 로마에 보고했고, 중국의 고전을 번역한 책들도 유럽으로 흘러갔다. 하지만 가톨릭교회는 이러한 쌍방향 교류를 탐탁지 않게 여겼는데, 선교사를 파견한 것은 중국인을 교화시키기 위한 것이었지 중국인에게서 배우려고 한 것이 아니었기 때문이다. 그리고 기독교 신앙이 중국인의 믿음과 양립할 수 없다고 믿었다. 일부 선교사는 유럽과 중국이 공통의 역사와 조상과 신을 갖고 있다고 주장했는데, 가톨릭교회는 그런 생각을 신성 모독으로 여겼다. 그래서 가톨릭교회는 중국인의 의례를 배우는 것을 금지했다.

그럼에도 불구하고, 17세기 독일의 수학자이자 박식가였던 고트프리트 빌헬름 라이프니츠Gottfried Wilhelm Leibniz는 《주역》을 입수하는 데 성공했다. 그것을 읽다가 라이프니츠는 《주역》의 괘가 자신이 연구하던 수 체계를 그림으로 나타낸 것이란 사실을 알고서 크게 놀랐다. 그래서 그 책에 관심을 갖게 해 준 예수회 선교사 조아킴 부베Joachim Bouvet에게 보낸 편지에 이렇게 썼다. "그 체계가 내가 새로 고안한 산술 방식과 완벽하게 일치한다는 사실이 너무나도 놀랍소."[2]

라이프니츠의 수 체계는 존재와 무의 두 가지 상태를 구분하는 기독교 개념에서 나왔다. 라이프니츠는 이 두 상태를 1과 0으로 표현했고, 이 두 가지 수만으로 모든 수를 나타내는 방법을 고안했다. 이 체계는 2진법으로 알려지게 되었다. 라이프니츠가 0부터 63까지의 수를 나타내는 데 사용한 1과 0의 조합은 《주역》의 64괘에 사용된 실선과 끊어진 선의 조합과 똑같았다.

《주역》의 2진법은 음양 철학에, 라이프니츠의 2진법은 기독교 사상에 깊은 뿌리를 두고 있었다. 그럼에도 불구하고, 그 결과로 만들어진 수학은 보편적인 것이었고, 중국과 유럽의 문화(그리고 그 밖의 많은 문화) 모두와 충분히 양립할 수 있는 것이었다. 2진법은 린드 파피루스와 기원전 2세기의 인도 수학, 그리고 적어도 라이프니츠가 태어나기 300년 전에 프랑스령 폴리

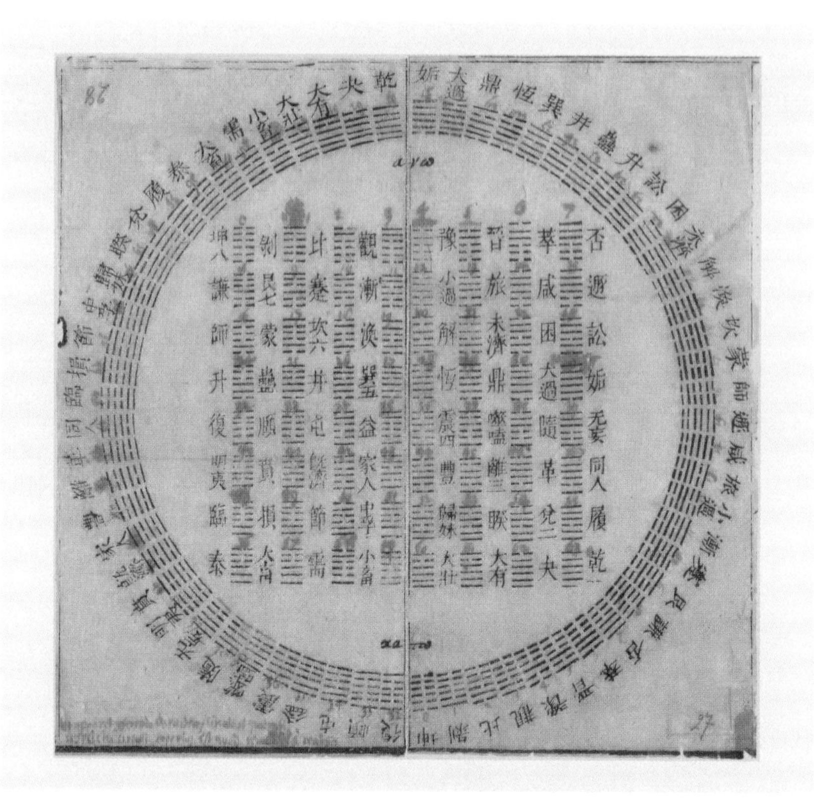

《주역》에 나오는 64괘. 이것은 17세기에 고트프리트 빌헬름 라이프니츠가 보았던 것과 같은 형태의 그림이다. 그는 거기에 잉크로 주석을 덧붙였다.

네시아의 망가레바섬 주민들이 사용하던 수 체계에서도 발견된다.

기원은 제각기 다르겠지만, 2진법의 기본 원리는 모두 똑같다. 수학은 종교와 정치, 문화, 정체성과 뒤얽히는 경우가 많다. 수학도 결국 사람이 하는 일이므로 그럴 수밖에 없다. 하지만

2진법 사례가 보여주듯이, 수학적 개념에 이르는 방법은 여러 가지가 있다.

세상을 바꾼 아홉 장

《주역》의 64괘를 2진법으로 해석하는 방식은 가장 오래된 《주역》 판본에서는 등장하지 않았다. 이것은 후대인 11세기에 가서야 북송의 학자 소옹邵雍이 추가했다. 이전 시대에 수학자들이 주로 한 일은 기존의 저작을 베껴 적으면서 이미 발견된 지식을 보존하는 것이었다. 많은 수학자가 내용을 건드리지 않고 단순히 베끼는 데에만 치중했지만, 《주역》의 2진법 사례처럼 그 과정에서 내용을 개선하거나 첨가한 사람들도 일부 있었다. 고대 중국의 중요한 수학 책 《구장산술》에도 똑같은 일이 일어났다.

《구장산술》은 동아시아 밖에서는 《주역》보다 덜 알려져 있지만, 그 영향력은 매우 컸다. 《구장산술》은 수백 년 동안 동아시아에서 수학의 기반이 되었고, 시간과 세금을 기록하는 것과 같은 실용적인 문제는 물론이고, 점을 통해 미래를 예측하는 일에서도 수학을 그 근간으로 삼도록 하는 데 큰 영향을 미쳤다.

《구장산술》은 곡물과 노동력, 시간 같은 자원을 관리하기 위해 수학을 배워야 하는 정부 관리들에게 완벽한 입문서 역할을 했다. 1장은 농경지의 면적을 계산하는 방법을 설명하고, 2장은 상품의 교환을 다룬다. 하지만 갈수록 난이도가 빠르게 증가한다. 8장에서는 미지의 양을 여러 개 포함한 문제를 다루면서 대수학의 기초를 설명한다. 마지막 장에서는 기하학을 복잡하게 다루는데, 삼각형과 직사각형, 사다리꼴, 원 같은 2차원 도형뿐만 아니라, 각기둥과 원기둥, 각뿔, 구 같은 입체도형에 관한 문제까지 다룬다. 책은 뒤로 갈수록 더 추상적이고 일반적인 내용을 다루지만, 각각의 장은 실제적인 예를 보여주면서 시작한 뒤 더 일반적인 문제를 푸는 방법을 설명한다.

전하는 판본 중 가장 오래된 것은 3세기의 수학자 유휘劉徽가 주석을 달아 편찬한《구장산술주》이다. 서문에서 유휘는 자신이 태어나기 전에 실전된 내용을 아쉬워하면서《구장산술》원본은 기원전 1000년경에 저술되었다고 주장한다. 하지만 이것은 너무 이르다는 게 역사학계의 중론이고, 기원전 3세기 진시황秦始皇의 통치 시절이나 그 후 어느 시기에 처음 편찬되었을 가능성이 높다. 천하를 통일한 중국 최초의 황제인 진시황은 사람들이 자신의 통치 방식을 이전 왕조의 군주들과 비교하면서 정치적 비판을 하는 것을 막기 위해, 무수한 책을 불태우고 유학자들을 구덩이에 파묻은 분서갱유焚書坑儒 사건을 일으킨 것으로 유명하다. 이 때문에 많은 책이 역사 속에서 사라지고 말았다.

《구장산술》 원본이 처음 편찬된 시기가 언제이건 간에 유휘의 《구장산술주》는 수학의 향연이라 일컬을 만한 저술이었다. 유휘의 책에서 특별히 주목할 만한 것은 오늘날 흔히 π*라는 기호로 나타내는 원주율의 근삿값이었다. 유휘가 π의 값을 처음 발견한 것은 아니지만, 이전의 어느 누구보다도 더 정확한 값을 구했다. 바빌로니아인은 π의 값이 약 3이라고 알고 있었다. 기원전 3세기에 그리스 수학자 아르키메데스Archimedes는 그 값의 범위를 3.140과 3.142 사이로 좁혔다. 유휘는 아르키메데스와 동일한 방법을 사용해(하지만 그 방법이 정말로 그리스에서 중국으로 전해진 것인지는 알 수 없다) π의 값을 소수 다섯째 자리까지 정확한 3.14159로 구했다. 지금은 슈퍼컴퓨터를 사용해 π의 값을 소수 50조째 자리까지 계산하는 데 성공했다. 하지만 우주로 보내는 로켓을 정확하게 제어하는 데에는 소수 열넷째 자리까지만 알아도 충분하기 때문에, 그 이상으로 지나치게 정확한 값을 아는 것은 실용적으로는 별 의미가 없다. 그런 노력은 그저 π에 대한 우리의 사랑, 그리고 슈퍼컴퓨터와 그 알고리듬의 능력과 한계를 시험해보고 싶은 호기심의 발로일 뿐이다.《구장산술》에 수록된 일상적인 종류의 계산을 위해서는 유휘가 구한 값만으로도 충분했다. 그리고 유휘가 π의 값을 구하는 데 사용한 방법은 다소 교묘한 것이었는데, 바로 다각형을

* 원주율을 π로 나타내는 관행은 1706년에 웨일스의 수학자 윌리엄 존스William Jones가 처음 사용하면서 시작되었다.

이용하는 방법이었다.

정다각형의 둘레 길이와 중심에서 변까지의 거리는 쉽게 계산할 수 있다. 정다각형에서 변의 수를 늘릴수록 그 모양은 점점 더 원에 가까워진다. 따라서 변의 수가 많아질수록 정다각형의 둘레 길이와 중심에서 변까지의 거리는 원의 둘레 길이와 반지름에 점점 더 가까워진다. 유휘는 변의 수가 3072개인 정다각형을 사용해 π의 근삿값을 구했다.

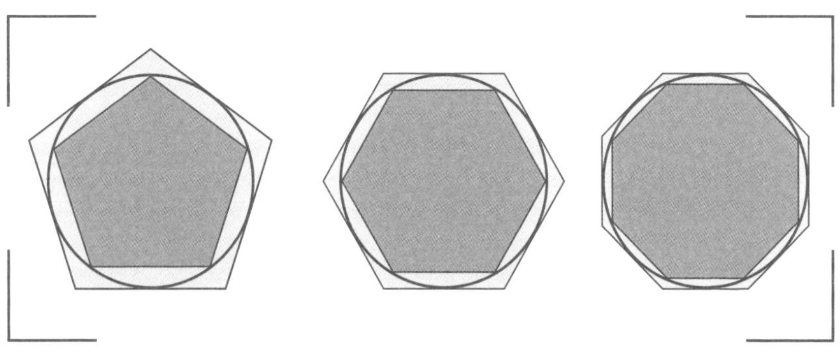

원에 내접한 다각형과 외접한 다각형.
옛날 수학자들은 변의 수를 점점 늘려가는 방법으로 π의 근삿값을 구했다.

5세기에 중국 수학자 조충지祖冲之는 유휘와 같은 방법으로 24576각형을 사용해 π의 값을 소수 일곱째 자리까지 더 정밀하게 구했다. 이것이 한동안 세계 기록으로 남아 있다가, 15세기 초에 아랍 수학자 잠시드 알 카시Jamshīd al-Kāshī가 π의 값을 소수 열여섯째 자리까지 정확하게 구하면서 갱신되었다. 지금도 실제로 필요한 것 이상의 정밀한 값을 이미 600여 년 전의 수학자가 계산한 것이다.

유휘는 《구장산술주》에서 통상적인 중국 수학의 관행에서 벗어나, 실용적인 문제를 다루는 것에 그치지 않고 수학적 증명까지 덧붙였다. 실례를 다루면서 더 폭넓은 패턴을 보여주는 대신에 유휘는 수학적 증명이라는 연장통에 있는 도구들을 사용해 반박할 수 없는 논리적 주장을 전개했다. 이 기법은 오늘날 모든 수학의 기반을 이루고 있다.

유휘가 증명한 것 중 하나는 오늘날 '피타고라스의 정리'라 부르는 것으로, 중국에서는 '구고 정리勾股定理'* 라고 불렀다. 그 당시 수학자들에게 삼각형은 실용적으로 특별히 중요한 도형이었다. 예컨대 본토에서 바라본 섬의 높이나 멀리 떨어진 성곽 도시의 크기, 멀리서 바라본 협곡의 깊이나 하구의 폭 등을 계산하는 데 유용했다. 《구장산술》과 같은 책에서는 이런 것을 실례로 든 문제를 많이 다루었다.

《구장산술》에 실린 구고 정리는 이 정리를 다룬 기록으로는 가장 앞선 것이어서, 이 정리는 '피타고라스의 정리' 대신에 '구고 정리'라고 불러야 마땅해 보인다. 어쨌건 이 정리는 바빌로니아, 이집트, 인도, 그리스를 비롯한 세계 각지에서 재발견되

* 직각삼각형에서 직각을 낀 두 변을 '구勾'와 '고股'라고 하고, 빗변을 '현弦'이라 한다. 직각삼각형을 '구고삼각형'이라 부르기도 했다. '구고'라는 용어는 여기서 나왔다.

청나라 때 간행된 방대한 백과전서
《고금도서집성古今圖書集成》(1726년판)에 실린 유휘의 문제

었다. 유휘는 직각삼각형들을 복제해 재배열함으로써 이 정리를 증명하는 통찰력을 보여주었는데, 이것은 다음 절에서 소개하는 증명과 아주 유사한 방법이다. 그가 사용한 논증은 조금 다른 것이긴 하지만, 삼각형을 조작하는 방법을 비롯해 많은 기본 원리는 동일하다.

그런데 증명이란 무엇인가?

수학적 '증명'이라는 개념은 이 책에서 반복해서 등장한다. 따라서 그것이 무엇인지 정확하게 짚고 넘어갈 필요가 있다.

증명이란 수학에서 어떤 것이 참이라는 것을 알아내는 방법이다. 어떤 정리를 증명하려면, 수학자는 기본적인 가정(공리)과 논리 규칙을 제시해야 한다. 그러고 나서 공리와 규칙만 사용하면서 그것들을 잘 조합해 어떤 것이 참이라는 것을 증명해야 한다.

증명은 우아하고 아름다울 때가 많다. 증명은 놀랍고 즐거울 수도 있다. 또한 서툴게 표현되거나 복잡하고 이해하기 어려울 수도 있다. 어떤 것을 증명하는 방법은 한 가지 이상이 있을 수도 있지만, 일단 어떤 정리가 증명되면, 그것은 영원히 증명된 것이다.* 그래서 먼 옛날부터 알려진 정리들은 오늘날에도 여전히 성립한다.

일례로 구고 정리(피타고라스에겐 죄송!)를 살펴보자. 구고 정리는 직각삼각형에서 a, b, c가 세 변의 길이라고 할 때, 빗변 c의 제곱은 나머지 두 변 a와 b의 제곱을 합한 것과 같다고 말한

* 물론 증명에서 실수가 발견되는 경우도 가끔 있지만, 그런 경우에는 애초에 그것이 과연 제대로 된 증명이었는지 의심하게 된다.

다. 즉, $a^2+b^2=c^2$.

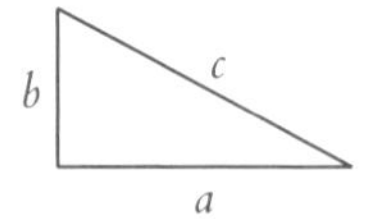

오늘날 구고 정리를 증명하는 방법은 100가지 이상이나 알려져 있다. 비교적 현대적인 증명을 아래에 소개한다.

똑같은 직각삼각형을 4개 그린다.

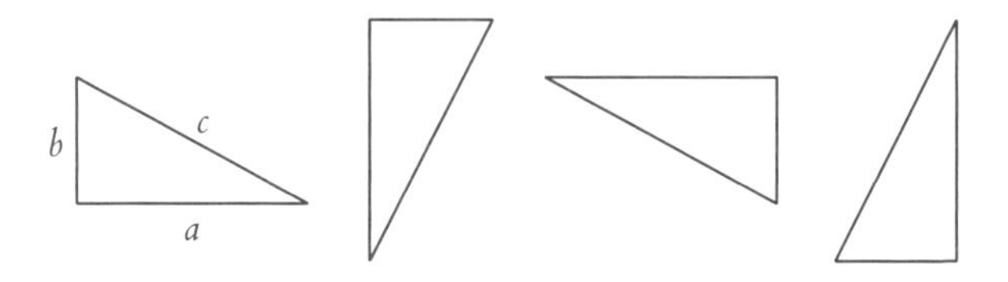

아래 그림처럼 삼각형들을 배열해 가운데에 구멍이 있는 정사각형 모양으로 만든다.

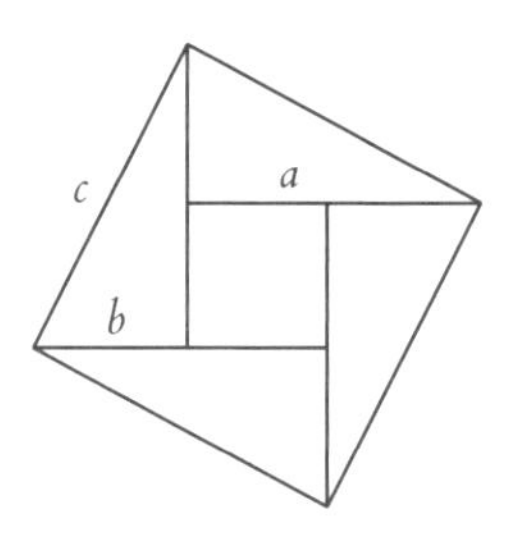

바깥쪽의 (삼각형 4개와 중앙의 정사각형으로 이루어진) 큰 정사각형 넓이를 구하는 방법은 두 가지가 있다. 첫 번째는 단순히 한 변의 길이를 제곱하는 것인데, 그 값은 c^2이다.

두 번째 방법은 중앙의 정사각형 넓이를 삼각형 4개의 넓이와 더하는 것이다. 작은 정사각형은 한 변의 길이가 $(a - b)$이므로, 그 넓이는 $(a - b)^2$이다. 삼각형의 넓이는 밑변 길이에 높이를 곱한 것의 절반이므로, 각 삼각형의 넓이는 $\frac{1}{2}ab$이다. 삼각형이 모두 4개이므로, 이것들을 합친 넓이는 $2ab$가 된다.

두 결과를 같다고 놓으면, 다음 식이 성립한다.

$$c^2 = (a-b)^2 + 2ab$$

이제 괄호를 풀어 계산하면,

$$\begin{aligned} c^2 &= a^2 + b^2 - 2ab + 2ab \\ &= a^2 + b^2 \end{aligned}$$

증명 끝! 혹은 일부 수학자들이 정리를 증명했을 때 즐겨 사용하는 표현인 QED를 써도 된다. (QED는 라틴어 quod erat demonstrandum의 머리글자를 딴 것으로, '증명 끝'이란 뜻으로 쓰인다. 유클리드와 아르키메데스가 자주 쓰던 그리스어 문장 ὅπερ ἔδει δεῖξαι에서 유래한 이 라틴어 표현은 "이것이 바로 증명하려던 것이었다"는 뜻이다.)

구고 정리가 긴 시간이 지나는 동안에도 전혀 흔들리지 않고 굳건히 버텼다는 사실은 수학에서는 특별하면서도 아주 정상적인 일이다. 다른 과학 분야의 개념들과 비교해보면, 수학적 증명이 얼마나 강력한 도구인지 알 수 있다. 다른 과학 분야의 믿음은 거의 다 시간이 지나면 이런저런 방식으로 수정되거나 다시 정의되었다. 이것은 원래 그럴 수밖에 없는데, 과학적 방법은 이전의 발견이나 이론을 계속 반복적으로 개선하는 과정이기 때문이다. 과학 이론은 영원히 살아남는 경우가 드물다. 모든 이론은 더 나은 이론이 나올 때까지만 유효할 뿐이다. 하지만 수학에서는 어떤 것이 참으로 증명되면, 그것은 영원히 참이다.

하지만 이것은 실제 세계의 진리와 수학의 진리가 다르다는 것을 보여주는 예이기도 하다. 수학은 많은 과학 이론의 기반을 이룬다. 수학의 정리들은 참이라는 것이 증명되었지만, 그 정리들을 바탕으로 세운 과학은 가끔 틀린 것으로 드러난다. 그것은 수학과 실제 세계가 만나는 지점이 복잡하기 때문이다. 우리는 우주의 기본 가정이 무엇인지 모르며, 어떤 논리가 허용되는지도 모른다. 우리가 만들어낸 수학적 우주 속에서는 우리가 증명한 정리가 영원히 참이지만, 수학적 우주가 우리가 사는 현실 우주와 어느 정도나 일치하는지 항상 명백한 것은 아니다.

그렇다고 해서 실제 세계를 기술하는 수학의 힘이 약해지는 것은 아니다. 수학과 그 증명이 없다면, 양자물리학에서 세포 연구에 이르기까지 그 어떤 것도 제대로 할 수 없을 것이다. 하지만 많은 고대 문화가 보여주듯이, 증명은 수학적 능력의 필요조건이 아니다. 중국 수학에서는 수학적 증명이 가끔씩만 등장했지만, 그래도 고대 중국은 수학 강국이었다. 통치자들도 수학을 중시했는데, 수학이 나라를 통치하는 권위와 연결돼 있었기 때문이다. 따라서 황제의 측근들에게 수학을 가르치는 사람은 아주 중요한 사람으로 대우받았다.

여성을 위한 교훈서

《구장산술》이 나오고 나서 얼마 후인 기원전 202년에 한나라가 천하를 통일했다. 한나라 시대에는 기술이 크게 발전했다. 종이와 개량된 해시계와 물시계가 이 시대에 발명되었고, 유흠이 새로 만든 책력인 삼통력三統曆도 이때 나왔다. 비범한 역사학자이자 수학자인 반소班昭도 이 시대 사람인데, 반소는 세계 최초의 여성 수학자 중 한 명이기도 하다.

반소는 기원전 45년경에 유명한 학자 집안에서 태어났다. 아버지 반표班彪는 유명한 역사학자로, 기원전 206년부터 기원후 23년까지 한 왕조(전한)의 공식 역사를 기록한《한서漢書》를 저술하기 시작했다. 하지만 반소가 아직 어릴 때 아버지는《한서》를 완성하지 못한 채 세상을 떠났고, 반소의 오빠 반고班固가 그 일을 이어받았다. 반소는 열네 살 때 함양(지금의 셴양)에 살던 조세숙曹世叔에게 시집갔지만, 남편은 얼마 후에 세상을 떠났다. 과부가 된 반소는 여생을 학문에 바쳤다. 어린 시절에 집에서 읽고 쓰는 법을 배웠고, 공자의 가르침도 교육받았다. 공자의 덕목과 철학은 중국의 지배 계층이 숭상했고, 지적 수준이 우수한 사람을 가려내기 위한 목적으로 설계되어 어렵기로 악명 높았던 과거 제도의 근간을 이루었다. 반소는 뛰어난 지식 덕분에 한나라 화제(효화 황제 유조劉肇)의 조정에 부름을 받았다. 화제는 반소의 학식을 높이 사 황후 등씨鄧氏에게 수학과 천문학을 가르치는 직책을 주었다. 반소와 등씨는 중국 수학사에서 최초로 등장한 스승-제자 팀일 수도 있다.

반소가 무엇을 가르쳤는지는 정확히 알 수 없지만, 몇 가지 단서가 있다. 반소는 유교 경전에 해박했고,《주역》도 읽었을 것이다. 황실 도서관인 동관東觀에는 수학과 천문학을 비롯해 온갖 분야의 책들이 소장돼 있었다. 반소는 많은 책들이 불살라져 사라진 진시황 시대 이후에 태어났기 때문에, 반소가 읽은 문서와 책은 모두 비교적 새로운 것이었다. 오빠 반고는 처음에는《한서》집필에서 큰 성과를 거두었고, 전한 왕조 200여 년의 역사를 다 포함하도록 그 범위를 확대했다. 하지만 반고는 관리와 황제가 저지른 실수까지 포함해 세세한 내용을 모두 기록하려고 했는데, 그러자 조정은 반고가 기록하는 역사를 의심스러운 눈으로 바라보기 시작했다. 반고는 역사를 사사로이 바꾼다는 고발을 받아 구금당했지만, 무고함이 밝혀져《한서》를 계속 저술할 수 있었다. 그러나 훗날 억울하게 모반죄를 뒤집어쓰는 바람에 또다시 투옥되었다가 옥사하고 말았다.

그때 40대 중반이었던 반소는 오빠가 다 마치지 못한 일을 이어받으라는 명을 받았다. 그래서 반소는《한서》를 마무리 짓는 일에 수십 년 동안 매달렸는데, 화제의 어머니와 황실 내 여성의 이야기에 특별히 관심을 기울였다. 역사에 여성의 이야기가 포함되는 경우는 극히 드물던 시절이었다. 반소는 반고가 《한서》에서 끝마치지 못한 천문지天文志도 완성했다. 여기에는 한나라 시대 별들의 움직임과 일식과 월식, 날씨 등에 관한 해석과 분석이 실려 있다. 황실을 가르치는 선생이라는 지위 덕분에 반소는 상당한 정치적 영향력을 행사했다. 화제가 죽은 뒤 섭정에 오른 황후 등씨는 중요한 국정 문제에 대해 반소에게 자문을 자주 구했다. 조정 사람들은 반소를 재능과 업적을 칭송하는 의미로 '조대가曹大家'라고 불렀는데, 이는 그 남편의 성을 딴 것이었다.* 황실 여성들은 반소를 '재녀才女'라고 불렀다.

평생 동안 반소는 공자의 가르침에는 여성을 위해 쓴 것이 별로 없다는 점을 아쉬워하다가, 60대에 들어 마침내 이를 바로잡는 일에 착수했다. 이렇게 해서 탄생한 《여계女誡》는 중국 사회에서 올바른 처신을 위해 여성이 지켜야 할 규범을 총 7편에 걸쳐 기술했다.

첫머리는 이렇게 시작된다. "보잘것없는 자인 나는 어리석고 아둔하며 타고난 성품이 민첩하지 못하다." 물론 실제로는 전혀 그렇지 않았지만, 유교 사상은 겸양을 강조한다. 많은 독자

* [옮긴이] 당시에는 학문이 높고 덕행이 뛰어난 부인을 흔히 '가家' 또는 '고姑'라는 호칭으로 불렀다.

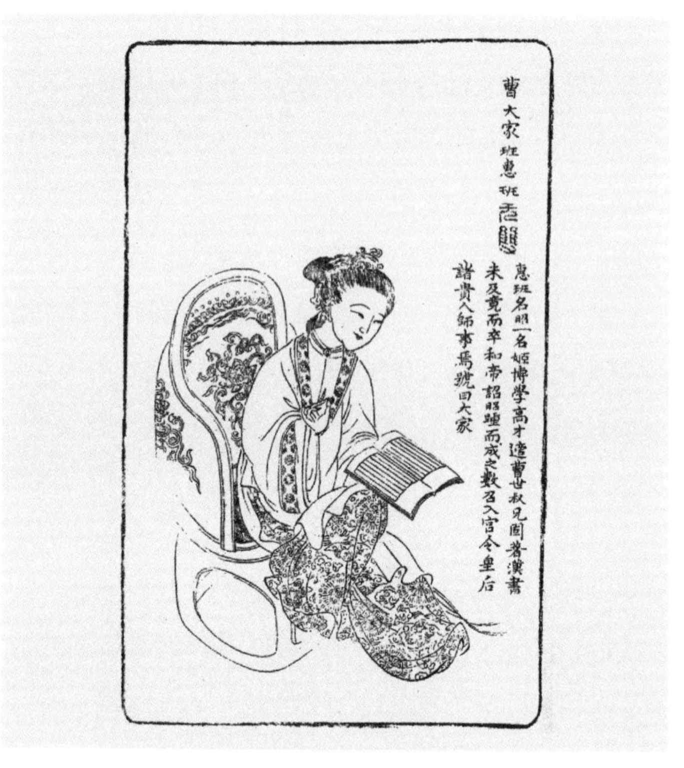

후대에 청나라 화가 금고량金古良(금사金史라고도 함)이 엮은 책
《무쌍보無雙譜》(1690)에 실린 반소.
무쌍보는 '비할 데 없는 위인들의 기록'이라는 뜻이다.

는 이것을 읽으면서 정반대의 인상을 받을 것이다. 즉, 겸손한 척하지만 실제로는 자신의 똑똑함을 드러내는 것으로 받아들일 것이다.

얼핏 보면,《여계》에 실린 많은 내용은 남편에게 순종하는 아내의 본분을 강조하면서 그 시대의 규범(유교 사상을 떠받치는 전통적인 기둥)에 부합하는 것처럼 보인다. 하지만 반소의 삶과 그 시대의 맥락에서 바라보면, 가부장제 사회에서 여성이 어떻게 처신하는 게 현명한지 일러주는 지침서로 읽을 수도 있다. 그중에는 여성의 문해력과 교육을 강조한 내용도 있었으니, 여성의 교육을 적극적으로 옹호한 중국 최초의 문헌이었다. 1000년도 더 지난 후, 명나라와 청나라 시절에 여성 지식인들은 성 평등 주장을 뒷받침하기 위해, 여성 교육을 강조한 반소의 이 글을 인용했다.

반기를 든 기하학자들

수백 년 동안 중국 수학은 결코 무시할 수 없는 위상을 자랑했다. 돌이켜보면 중국 수학이 이룬 성과는 인류 역사를 통해 어느 시대, 어느 장소에서 이루어진 것보다 훌륭한 것이었다. 성세를 이끈 황제들은 수학을 지원하기 위해 자원을 아끼지 않았는데, 자신의 통치에 유리한 진실을 밝혀낼 수 있는 것이라면 특히 그랬다. 중국 수학은 특히 한국과 일본, 베트남 같은 동아시아와 동남아시아 국가들에 큰 영향을 미쳤다. 과거에 중국에 조공을 바치던 이 나라들은 중국의 문자인 한자를 사용하고, 실제 사례 위주로 실용적인 문제를 다루면서 수학 책을 기술하는 방식도 받아들였다. 이러한 접근법은 중국 수학에서 필수적

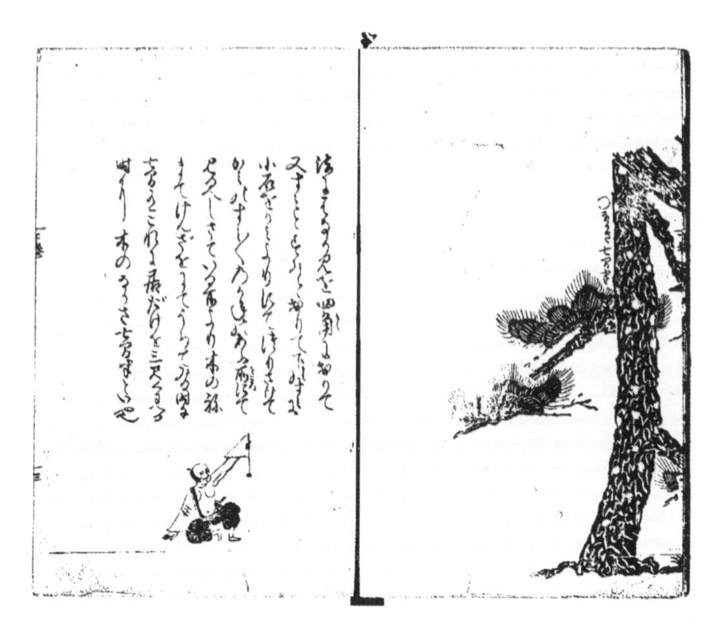

1627년 일본 수학자 요시다 미쓰요시吉田光由가
저술한《진코키塵劫記》중에서

인 부분이었지만, 기원전 5세기에 잠깐 동안 아주 다른 접근법이 무대를 장악한 것처럼 보인 적이 있었다.

묵자墨子는 새로운 사상들이 봇물처럼 터져 나오며 활짝 꽃핀 제자백가諸子百家 시대에 살았던 철학자이다. 기원전 4세기 중엽에 묵자는 자신이 배운 공자의 사상을 비판하면서 계급보다는 능력을 중시하는 사회를 옹호하는 학파를 세웠다. 이러한 사상의 일환으로 묵가(묵자와 그 제자들로 이루어진 학파)는 기존의 것과는 완전히 다른 방식으로 기술한 기하학을 전개했다. 구체적인 실례를 들면서 시작하는 대신에 일반적인 가정에서 출발하여 그것들을 합쳐 하나의 논리 체계를 구축했고, 이를 바탕으로 점과 선, 형태의 성질을 증명했다. 그러고 나서 구체적인 사례들을 일반적인 이론과 연결 지었다. 이것은 유휘가 구고 정리를 증명할 때 시도한 것보다 한발 더 나아간 것이었다. 묵자는 단지 논증만 사용하는 데 그치지 않고 논증의 기반을 이루는 가정도 깊이 들여다보았다.

묵가 사상은 짧은 기간 큰 인기를 끌었고, 잘되었더라면 중국 수학을 완전히 다른 방향으로 나아가게 할 수도 있었다. 하지만 진나라가 통일한 중국에서 공자의 유학이 다시 지배적인 사상이 되면서 묵가 사상은 시들해지고 말았다. 하지만 다른 곳에서 이와 비슷한 접근법이 독립적으로 발전했다. 중국에서 수천 킬로미터 떨어진 곳에서, 일반적인 원리를 중심으로 증명을 쌓아나가는 방식의 수학 전통이 발전하고 있었다.

3

알렉산드리아

415년 당시 이집트에 위치한 동로마 제국의 도시 알렉산드리아는 어림잡아 30만에서 50만 명에 이르는 세계 최대 인구가 거주하는 도시였다. 알렉산드리아는 항구를 통해 유럽과 서아시아로 연결되었다. 그곳은 당대 최고의 지성들이 만나는 장소였다. 알렉산드리아는 사실상 나일강 삼각주와 지중해와 이집트 서부 사막의 학문적 수도였다.

알렉산드리아에서는 걸출한 지식인이 많이 배출되었다. 지배 엘리트는 도서관과 박물관에 지원을 아끼지 않았고, 그 덕분에 알렉산드리아에서는 수 세대 동안 유명한 철학자와 천문학자, 수학자가 많이 나왔다. 물론 지배층이 지식 자체를 위한 지식 장려라는 숭고한 이상에 따라 지원한 것은 아니었다. 그저 위대한 유산을 남기길 원했을 뿐이고, 방대한 지식의 집대성은 통치자의 힘을 과시하기에 아주 좋은 수단이었다. 알렉산드리아에서는 권력이 스며들지 않은 곳이 없었다.

베일에 싸인 인물, 유클리드

알렉산드리아는 알렉산드로스 대왕(영어로는 알렉산더 대왕)이 기원전 332년에 이집트를 정복하면서 세운 도시이다. 알렉산드로스는 그리스와 마케도니아 병사들을 이끌고 도착했지만, 현지 주민인 이집트인이 자기들을 지배하고 있던 페르시아인을 몰아내길 열망하고 있었기 때문에 손쉽게 그곳을 점령할 수 있었다. 알렉산드로스는 그곳에 그리스풍 도시를 건설하는 데 착수했고, 그래서 이 도시는 그의 이름을 따 알렉산드리아가 되었다. 알렉산드로스가 죽고 나서 그의 부하 장군이었던 프톨레마이오스 1세Ptolemaios I가 기원전 300년경에 자신을 이집트의 파라오로 선포하고 알렉산드리아를 이집트의 수도로 삼았다. 그는 그리스와 이집트의 융합을 널리 알리기 위해 두 문화의 주신들을 합쳐 제우스-암몬이라는 보편적인 신을 만들었다. 알렉산드리아는 아테네 같은 도시들과 긴밀한 관계를 구축하여 학자들의 왕래와 함께 수학을 비롯한 최신 지식의 교류를 촉진했다.

고대 그리스인에게 수학은 다른 문화들과 마찬가지로 단순히 실용적인 계산을 위한 것만이 아니었다. 많은 그리스 수학자는 수학에 신성한 미의 형상이 깃들어 있으며, 수학은 인간 존재의 이유를 이해하는 관문이라고 믿었다. 플라톤Platon은 《국

가》에서 "기하학은 정신을 진리로 이끈다"고 썼다. 수학은 '영원한 지식'을 밝혀내는 도구였다.[1]

일부 수학 개념은 마법적 성질 때문에 다른 개념보다 더 중요하게 여겨졌다. 피타고라스학파(피타고라스의 추종자들로 이루어진 집단)는 10이 가장 완벽한 수라고 믿었다. 또한 1이 만물의 근원이라고 믿었는데, 반복적인 덧셈을 통해 어떤 정수라도 만들 수 있기 때문이었다(10=1+1+1+1+1+1+1+1+1+1). 이러한 믿음 중 많은 것은 수학적 발견을 추구하는 노력에 도움을 주었지만, 수학적 논리를 따라 결론에 이르는 능력을 방해하기도 했다. 예를 들면, 수학자이자 철학자인 이암블리코스Iamblichos는 0이라는 수를 생각했지만, 0은 그리스인의 세계관과 들어맞지 않았기 때문에 주류 수학에 편입되지 못했다. 이와 관련해 아리스토텔레스Aristoteles는 "일부 사람들의 주장처럼 별도로 존재하는 진공은 없다"라고 쓰기도 했다.[2]

아리스토텔레스와 플라톤과 피타고라스는 초기 그리스 수학에 크게 기여했지만, 후세에 가장 큰 영향력을 떨친 사람은 유클리드Euclid(그리스어로는 에우클레이데스Eukleides)였다. 유클리드의 삶에 대한 이야기는 알려진 것이 거의 없다. 기원전 325년경에 태어난 것으로 보이지만, 그에 관한 기록이 거의 남아 있지 않아 어디서 태어났는지조차 알 수 없다. 다만 '알렉산드리아의 유클리드'로 자주 불린 것으로 보아 적어도 그곳에서 살았던 것으로 보인다. 같은 지역 출신으로 유클리드 이전이나 이후에 살았던 학자들의 전기는 많이 남아 있지만, 유클리드에 관해 우리가 아는 것은 거의 다 그가 죽고 나서 한참 지난 뒤에 기록된 것이다.

유클리드는 프톨레마이오스 1세가 스스로를 이집트의 파라오로 선포하고 나서 알렉산드리아에 왔을 가능성이 높다. 그 후계자인 프톨레마이오스 2세는 지식의 집대성에 예산과 지원을 아끼지 않으면서 왕실 부속 연구소인 무세이온Museion을 세웠다. 무세이온은 학문의 중심지가 되었고, 여기에는 유명한 알렉산드리아 도서관도 있었다. 세계 최대 규모의 이 도서관은 이집트의 엄청난 부를 과시하기 위해 지은 것이었다. 수십만 권의 두루마리와 수많은 문서가 소장돼 있었고, 식당과 회의실뿐만 아니라 정원과 강당까지 갖추고 있었다. 유클리드는 알렉산드리아 도서관과 무세이온과 제휴한 최초의 학자 중 한 명이었다. 우리가 유클리드라는 인물에 대해 알고 있는 것은 이것이 전부다.

유클리드의 삶에 대한 자료는 이렇게 빈약한 데 반해 그의 연구 업적은 너무나도 잘 알려져 있는데, 그것은 오래도록 살아남았을 뿐만 아니라 현대 수학의 기초가 되기까지 했다. 모두 13권으로 이루어진 《유클리드의 원론》('기하학 원론'이라고도 함)은 역사상 가장 큰 영향력을 떨친 책 중 하나이다. 유럽과 북아메리카에 미친 그 영향력은 동아시아에서 《구장산술》이 미친 영향력에 맞먹는다.

《유클리드의 원론》에는 대부분 기하학(2차원과 3차원 도형을

19세기에 고고학적 증거를 바탕으로
예술적으로 재현한 알렉산드리아 도서관

모두 다룬다)에 관한 내용이 실려 있지만, 수론數論(수와 그 성질을 연구하는 학문)에 관한 내용도 일부 있다. 무엇보다 혁신적인 측면은 증명의 기본 원리를 엄격하게 따른 데 있다. 책에 실린 내용 중 많은 것은 유클리드 시대 이전에 이미 알려진 것이지만, 유클리드는 명백한 가정(공리나 공준)을 바탕으로 논증을 펼쳐 나가면서 그런 내용들을 모두 일관성 있는 하나의 틀로 통합하는 데 성공했다.

유클리드는 첫 권에서 점을 "위치는 있지만 차지하는 공간은 없는" 것이라고 정의하면서 시작한다. 그러고 나서 네 가지 공리를 더 나열하는데, 그중에는 "선은 폭이 없는 길이이다"도

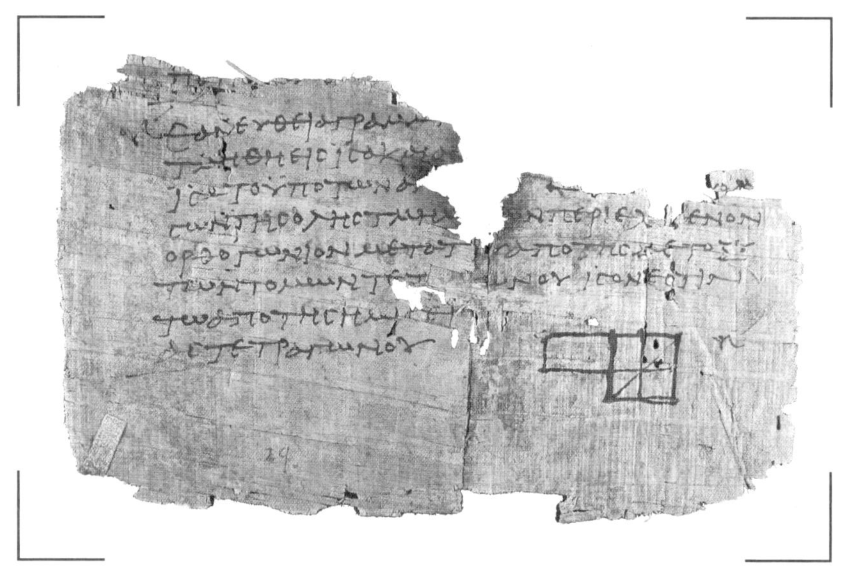

가장 오래된《유클리드의 원론》판본 중 하나.
100년 무렵에 파피루스에 기록된 것이다.

있다. 이러한 기하학의 기본 정의들을 바탕으로 나머지 기하학 지식을 이끌어낸다. 가장 단순한 공리를 가지고 시작해 더 복잡한 개념과 정리를 쌓아나가는 유클리드의 이 방법은 수학의 중심 교리가 되었고, 그 결과《유클리드의 원론》은 20세기 중엽까

지 유럽에서 수학을 가르치는 기본 토대가 되었다.

이 접근법은 실제 사례를 다루면서 일반적인 원리를 이끌어 내는《구장산술》의 접근법과는 차이가 있다. 하지만 어느 것이 더 낫거나 못하다고 할 수는 없다. 공리를 바탕으로 한 그리스인의 접근법은 많은 찬사를 받아왔지만, 실제 세계의 사례를 바탕으로 한 이해도 그에 못지않게 유효한 접근법이다.

《유클리드의 원론》은 수학적 논증을 구축하는 방법에 대한 최상급 강의를 제공하지만, 수천 년 동안 학생들이 증언했듯이 그것이 말처럼 항상 쉬운 것은 아니다. 비록 출처가 확실치 않긴 하지만, 유클리드와 프톨레마이오스 1세 사이에 오간 대화를 통해 훗날 학생들이 겪은 고통을 짐작해볼 수 있다.《유클리드의 원론》의 방대한 분량과 어려움에 애를 먹던 프톨레마이오스 1세가 수학에 통달하는 지름길이 없느냐고 묻자, 유클리드는 이렇게 대답했다고 한다. "기하학에는 왕도가 없습니다."[3]

위대한 도시,
알렉산드리아

유클리드 외에도 알렉산드리아는 중요한 수학자를 많이 배출했다. 그중에서도 특히 흥미로운 삶을 살아간 사람으로는 판드로시온Pandrosion을 꼽을 수 있다. 이 책에서 자주 보게 되겠지만, 역사학자들이 임의로 생각한 가정을 후대 사람들이 대대로 곧이곧대로 믿는 바람에 당사자나 그의 삶에 대해 잘못된 인상이 굳어진 경우가 많다. 판드로시온도 바로 그런 경우이다.

300년 무렵에 시작된 판드로시온의 생애에 관한 이야기 중 대다수는 전혀 기록되지 않거나 오래전에 사라졌지만 한 가지만큼은 확실한데, 고대 기하학의 가장 골치 아픈 문제 중 하나를 대략적으로 해결하는 방법을 찾아냈다. 그 문제는 바로 정육면체의 부피를 2배로 늘리는 것이었다. 정육면체의 모서리 길이를 알고 있을 때, 그 부피를 2배로 하려면 모서리 길이를 얼마로 늘려야 할까?

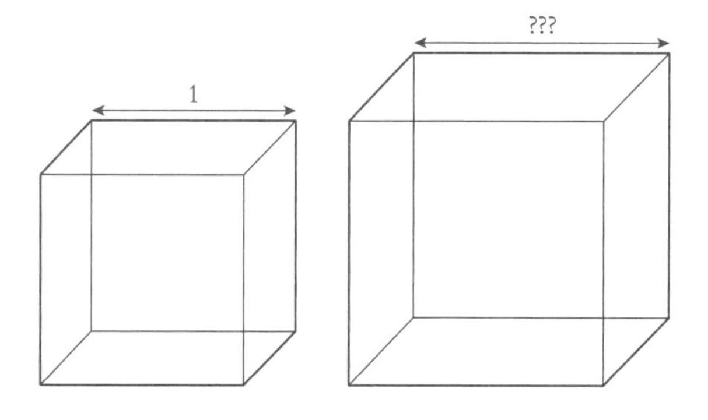

오늘날 우리는 대수학을 사용해 부피가 2배인 정육면체의 모서리 길이를 쉽게 구할 수 있지만,* 고대 수학자들은 이 편리

* 답: $\sqrt[3]{2}$. 하지만 고대 그리스인은 이 답을 알지 못했다.

한 도구를 몰랐다. 그들은 직선 자와 컴퍼스만으로 두 번째 정육면체를 작도하는 방법을 찾으려고 애썼다. 이 같은 기법은 기하학 전반에 보편적으로 사용되었는데, 기본 개념은 이 두 가지 도구만으로 처음의 도형을 바탕으로 원과 직선을 얼마든지 그려나갈 수 있다는 것이었다. 실제 물리적 도구를 사용해 그 과정을 재현할 수도 있지만, 유클리드는《유클리드의 원론》에서 이 도구들에 관한 공준들을 소개했는데, 그 덕분에 수학자는 이 도구들의 이론적 버전을 상상하면서 어떤 것이 가능할지 추론할 수 있게 되었다.

혹은 바로 이 문제처럼 제대로 된 추론이 나오지 못하는 경우도 있었다. 직선 자와 컴퍼스만으로 정육면체의 부피를 완벽하게 2배로 늘리는 것은 실제로는 불가능하기 때문에(비록 19세기에 피에르 방첼Pierre Wantzel이 현대 대수학을 사용해 증명할 때까지는 불가능하다는 것이 확실히 알려지진 않았지만), 이 문제가 그토록 오랫동안 해결되지 않은 것은 전혀 놀라운 일이 아니다.

파포스Pappos는 판드로시온과 같은 시대에 살았던 알렉산드리아 시민이었다. 8권으로 이루어진《수학 집성》에서 파포스는 이 문제를 해결하기 위해 판드로시온이 사용한 방법을 언급했다(다만 비꼬는 어투로 그것을 조롱하기 위해서였다). 그의 비판은 대체로 현학적인 것이었다. 파포스는 판드로시온과 그녀의 제자들이 '문제'를 '정리'와 혼동했다고 지적했다.[4] 그는 문제는 참일 수도 있고 거짓일 수도 있는 반면, 정리는 옳다는 것이 증명되어야 한다고 썼다. 하지만 판드로시온과 그 제자들이 이를 구분하지 못했을 가능성은 극히 희박하며, 따라서 이 비판은 기록으로 남아 있는 최초의 맨스플레인mansplain 사례 중 하나일 것이다. 이 비판 때문에 파포스와 판드로시온이 경쟁자였을 거라는 추측도 있지만, 두 사람의 관계에 대해 알려진 사실이 거의 없기 때문에 확실한 것은 알 수 없다.

하지만 파포스가 《수학 집성》에서 판드로시온을 언급할 때 항상 여성의 직함과 여성형 형용사를 사용한 것은 분명한 사실이다. 따라서 판드로시온이 여성이라고 생각하는 것이 합리적이지만, 고대 수학의 역사를 연구한 프리드리히 훌치Friedrich Hultsch는 19세기에 그리스 원전을 라틴어로 번역할 때, 파포스가 판드로시온을 여성으로 언급한 것은 실수가 분명하다고 판단하고서 정반대 견해를 취했다. 그 후로 많은 역사학자들이 훌치의 견해를 따랐다. 1988년에 가서야 《수학 집성》을 영어로 번역한 알렉산더 존스Alexander Jones가 판드로시온이 여성이라고 주장하면서 주류 견해에 반기를 들었다. 그 후 다른 학자들도 이를 뒷받침하는 증거들을 내놓으면서 지금은 이 주장이 보편적으로 받아들여지고 있다. 이로써 서양 최초의 여성 수학자라는 타이틀은 판드로시온에게 돌아가게 되었다. 그 전까지는 더 유명한 수학자인 히파티아Hypatia가 이 영예를 차지하고 있었다.

히파티아

고대 그리스에 여성 수학자가 없었던 것은 아니지만, 많은 이름이 역사 기록에서 사라지고 말았다. 17세기에 프랑스 학자 질 메나주Gilles Ménage는 그 시대에 활동한 여성 지식인 65명의 이름을 언급한 기록을 수집했다. 몇 명만 거론하자면, 그 당시 아주 유명했던 지식인 살롱을 운영한 아스파시아Aspasia(기원전 470?~400?)가 있는데, 소크라테스Socrates 같은 유명한 철학자들이 그 살롱에 드나들었다. 아스파시아의 이름은 플라톤의 글에도 등장하는데, 플라톤은 그녀의 지성과 위트에 깊은 인상을 받았다고 전한다. 키레네의 아리스티포스Aristippos(기원전 400?~300?)는 철학과 자연과학에 관한 책을 400권 이상 썼지만, 안타깝게도 후세에 전하는 것은 하나도 없다. 그리고 남자 옷을 입고 남편과 평등한 관계로 살면서 철학에 관한 책을 여러 권 쓴 히파르키아Hipparchia(기원전 325?~?)도 있다. 히파르키아의 저술 역시 모두 시간이 지나면서 실전되고 말았다.

이런 예들로 고대 그리스 사회가 평등한 유토피아였다고 착각해서는 안 된다. 고대 그리스 사회는 여전히 남성이 지배했다. 히파르키아의 경우, 사람들은 그들 부부의 생활 방식에 충격을 받았을 것이다. 공공장소에서 남성과 여성이 함께 일하는 경우는 드물었다. 이 여성들에 대해 우리가 알고 있는 지식이, 이야기를 전하는 사람들에 의해 얼마나 왜곡되었는지는 가늠

할 길이 없다. 앞에서 가장 기본적인 사실만 열거했지만, 캐슬린 와이더Kathleen Wider가 1980년대에 고대 세계의 여성 철학자에 관해 쓴 논문에서 지적했듯이, 옛날 자료와 현대 자료 모두 "성 차별주의에 사로잡혀 있고, 이들 여성과 그 업적에 관한 견해를 쉽게 왜곡시킨다."[5]

곧 보겠지만, 역사는 히파티아에게도 불공평했다. 히파티아는 350년에서 370년 사이에 태어났다. 어머니에 관해서는 아무것도 알려진 것이 없는데, 남아 있는 기록에 전혀 등장하지 않기 때문이다. 하지만 아버지는 유명한 수학자 테온Theon으로, 주로 천문학과 수학을 가르치던 무세이온(알렉산드리아의 무세이온 연구소와는 별개의 학교)이라는 학교의 교장이었다. 테온은《유클리드의 원론》을 개정한 것으로 유명하다.[6] 원본이 처음 나온 지 700여 년 뒤에 테온이 주석을 덧붙여 편찬한 이 개정판은 그 후 수백 년 동안 가장 많이 읽힌 버전이 되었다.

테온은 히파티아에게 "생각할 권리를 누려라. 차라리 틀린 생각을 하는 것이 전혀 생각하지 않는 것보다 낫다"라고 말했다고 한다. 히파티아는 곧 수학에서 두각을 나타냈다. 히파티아의 전기를 쓴 에드워드 와츠Edward Watts의 표현에 따르면, 히파티아는 "금방 자신이 아버지보다 유능함을 보여주었고, 아버지보다 더 뛰어난 능력을 개발했으며," 그래서 "아버지의 학교에서 수학을 배우던 학생에서 아버지의 동료로" 성장했다.[7]

우리는 히파티아가 왜 전통에서 벗어나는 이 길을 걸어갔는지 정확한 이유를 모른다. 지식인 가문의 딸이 철학자나 수사학자처럼 다른 지식인 가문으로 시집갈 준비를 하기 위해 교육을 받는 일은 흔했다. 일부 여성, 특히 상류층 여성은 교육을 계속 받으면서 철학을 정식으로 공부하기도 했는데, 그 당시 철학에는 천문학과 기하학, 산술, 그리고 아리스토텔레스와 플라톤의 저술이 포함되었다. 하지만 히파티아처럼 수학자가 되어 학교에서 선생으로 가르치는 것은 그 당시의 여성이 정상적으로 밟는 경로가 아니었다.

히파티아가 맨 먼저 한 연구는 수학 텍스트에 추가한 주석이었다. 그 당시의 수학 텍스트에는 설명이라고 부를 만한 것이 거의 포함돼 있지 않았는데, 대부분 구두로 논의되고 전해졌기 때문이다. 그런 관행은 자연히 혼란을 낳았고, 그래서 수학자들은 자신의 전문 지식을 사용해 텍스트를 해독하고, 그것을 쉽게 이해할 수 있는 방식으로 설명할 필요가 있었다. 유능한 수학자가 어떤 수학 텍스트를 크게 개선하면, 그 텍스트의 수명을 연장시킬 수 있었다. 그 당시에 주석은 자신이 일류 수학자임을 입증하는 방법이었다. 히파티아는 많은 수학과 천문학 텍스트에 주석을 달았는데, 그중에는 디오판토스Diophantos의 《산수론》과 아폴로니오스Apollonios의 《원뿔곡선론》, 프톨레마이오스Ptolemaeos의 《알마게스트》도 있었다. 이것들은 훗날 각각 대수학, 기하학, 천문학 분야의 기본 텍스트가 되었다.

《산수론》은 오늘날 우리가 x와 y를 쓰는 것처럼 역사상 최초로 미지의 양을 기호로 표시한 책이다.* 예를 들면, 디오판토스는 다음과 같은 기호를 사용해 수식을 썼다.

$$\mathrm{K}^{\upsilon}\overline{\alpha}\ \zeta\bar{\iota}\ \pitchfork\ \Delta^{\upsilon}\overline{\beta}\ \mathrm{M}\overline{\alpha}\ \ddot{\iota}\sigma\ \mathrm{M}\bar{\varepsilon}$$

이것을 오늘날의 기호로 바꾸어 쓰면 다음과 같이 될 것이다.

$$x^3 - 2x^2 + 10x - 1 = 5$$

디오판토스의 표기법은 완전한 대수학적 표기법으로 발전하진 못했다. 기호는 수식을 간결하게 표현하기에는 편리했지만, 그 당시 수학자들은 기호를 수학적으로 조작할 수 있는 대상으로 간주하지 않았다. 그러한 도약은 6장에서 만나게 될 바그다드의 수학자를 통해 9세기에 일어난다. 하지만 디오판토스의 표기법은 계산에서 미지수를 빈칸으로 남겨두었다가 나중에 채워 넣는 방법뿐만 아니라, 아주 일반적인 수학적 관계를 손쉽게 표현하는 방법을 완성하는 길로 나아간 중요한 진전이었다. 그렇게 하는 방법이 없었더라면, $E=mc^2$과 같은 수식은 절대로 나올 수 없었을 것이다.

히파티아가 《산수론》에 덧붙인 것은 학생을 위한 연습 문제들이었다. 히파티아는 그 책의 수학 내용을 보고는 학생들에게 연립방정식을 푸는 훈련 과정이 필요하다고 느꼈던 게 분명하

* 하지만 이것들은 훗날의 개정판에 가서 추가되었을 가능성이 있다.

다. 그래서 다음 방정식들을 풀어보라고 추가했다.

$$x - y = a$$
$$x^2 - y^2 = (x - y) + b$$

여기서 a와 b는 그 값을 알고 있는 상수이다.[8] 이 방정식의 출처는 불분명하지만, 이것을 소개한 의도는 명백하다. 연립방정식을 푸는 것은 천문학을 공부하던 그 학교 학생들에게 아주 유용한 기술이었을 것이다. 천문학을 하다 보면 연립방정식을 자주 만나기 때문이다.

히파티아는 아버지가 프톨레마이오스의 《알마게스트》에 달아놓은 주석을 수정하기도 했다. 우리가 이 사실을 알 수 있는 것은 테온 자신이 딸의 업적을 인정했기 때문이다. 그는 "이 개정판의 준비 작업은 철학자인 내 딸 히파티아가 진행했다"라고 썼다.[9] 이 책은 특히 교사들에게 유용했는데, 히파티아 자신이 교사였기 때문에 자신의 편의를 위해 쓴 측면도 있었을 것이다. 이 책은 천문학이나 《유클리드의 원론》에 대한 사전 지식이 전혀 없는 독자를 위해 고대 그리스인이 알고 있던 최대한의 수준에서 태양계의 운행 방식을 설명했다.

그 당시 사람들은 태양이 지구 주위를 돈다고 믿었고, 프톨레마이오스는 매일 태양이 지구에 대해 어느 정도 움직이는지 기술하는 계산을 제시했다. 그러려면 긴 나눗셈이 필요했는데, 히파티아는 그 과정을 간단히 할 수 있는 표를 포함시켜 개선한

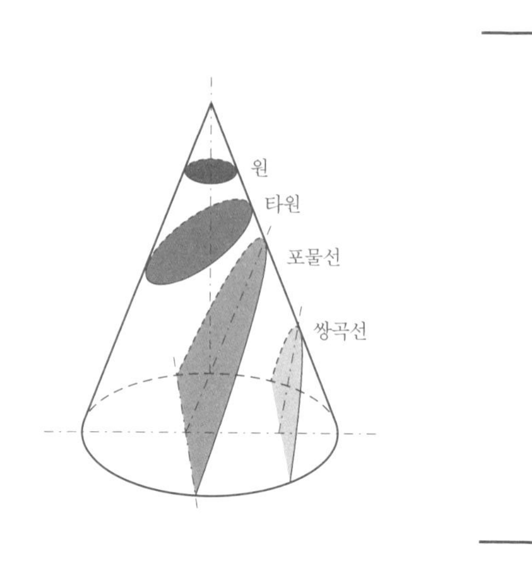

새 방법을 제안했다.[10]

히파티아는 아폴로니오스의 《원뿔곡선론》 개정판을 편집하는 일도 했다. 《원뿔곡선론》은 원과 타원, 쌍곡선, 포물선 같은 도형을 탐구하는데, 각각의 도형은 원뿔을 평면으로 자를 때 생겨난다.

히파티아의 연구는 그녀의 방식을 부분적으로 모방한 책들과 함께 아폴리니오스의 개념이 17세기에 재검토될 때까지 살아남도록 하는 데 도움을 주었다. 천문학자 요하네스 케플러 Johannes Kepler도 아폴로니오스의 《원뿔곡선론》을 연구한 사람 중 한 명인데, 태양계 행성들의 궤도를 기술하는 데 사용한 타원 개념을 이 책에서 배웠을지도 모른다.

히파티아의 관심은 과학 도구로까지 확대되어, 별과 행성의 미래 위치를 예측하는 데 쓰이던 아스트롤라베의 설계를 정밀하게 개선하는 데 도움을 주었다. 아스트롤라베는 히파티아 시대보다 훨씬 이전부터 사용했지만, 히파티아는 아폴로니오스와 그가 쓴《아스트롤라베에 관하여》에서 많은 것을 배웠다. 아마도 이것은 아스트롤라베를 수학적으로 기술한 최초의 책일 것이다. 자신의 제자이던 키레네의 시네시우스Synesius가 원래의 아스트롤라베보다 더 작고 간편한 평면 아스트롤라베를 만들길 원하자, 히파티아는 그것을 만드는 법을 가르쳐주었다.[11]

시네시우스는 히파티아에게 액체의 밀도를 측정하는 액체 비중계를 만드는 것을 도와달라고 부탁한 적도 있었다. 이 도구

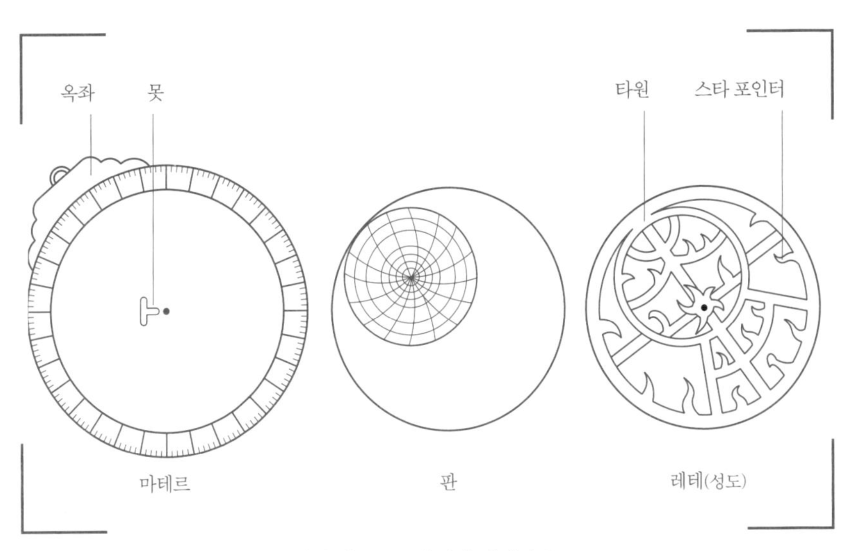

평면 아스트롤라베의 메커니즘.
히파티아는 제자가 이것을 만드는 작업을 도와주었다.

는 액체가 담긴 용기와 그 위에 띄우는 플로트로 이루어져 있었고, 용기 한쪽 면에 눈금이 매겨져 있었다. 시네시우스와 히파티아 사이에 오간 편지에 이 도구에 대한 가장 오래된 기록이 남아 있다. 어떤 사람들은 이 편지를 근거로 히파티아가 액체 비중계를 발명했다고 주장하지만, 또 어떤 사람들은 히파티아는 단순히 그것을 복제해 만들 수 있는 전문 지식만 가지고 있었을 가능성이 높다고 말한다.

30세로 접어들 무렵에 히파티아는 알렉산드리아에서 손꼽히는 학자가 되었다. 55세 가까이 된 아버지가 일선에서 서서히 물러나기로 결정하자, 히파티아는 아버지의 학교를 떠맡았다. 아마도 테온은 이 결정에 안심했을 텐데, 딸의 손에서 학교가 잘 운영되리라고 믿었기 때문이다.

알렉산드리아에는 히파티아 이전에도 여성 지식인들이 있었지만, 우리가 아는 한 히파티아는 유명한 여성 지식인으로서 사회적 지위를 최초로 확실하게 인정받은 인물이다. 히파티아의 강연을 들으려고 사람들이 알렉산드리아를 찾아왔다. 그녀의 집은 철학과 수학, 천문학의 여러 주제를 논의하고 연구하기 위해 지식인들이 모여드는 장소가 되었다. 히파티아는 이교도였지만, 종교를 가리지 않고 모든 사람을 환영했다.

하지만 여성이 지식인으로 살아간다는 것은 결코 쉬운 일이 아니었다. 여성 교사들은 자신의 성생활에 관한 소문에 시달렸는데, 젊은 미혼 남성을 개인적으로 가르치는 경우가 많았기 때문이다. 히파티아의 처녀성은 알렉산드리아 주민들 사이에서 많이 회자된 주제였다. 히파티아는 이시도로스Isidoros라는 철학자와 결혼했을 가능성이 있지만, 그보다는 독신으로 살아가면서 학생들의 접근을 음악으로 진정시키며 뿌리쳤을 가능성이 더 높다.

380년경에는 알렉산드리아 주민 대다수가 기독교도였는데, 그 후 수십 년 만에 도시는 기독교도와 비기독교도로 양분되었다. 도시는 갈수록 양극화가 심해졌고, 종교적 견해도 점점 극단으로 치달았다. 412년, 알렉산드리아의 총대주교 테오필로스Theophilos가 사망하자 유혈 권력 투쟁이 발생했다. 그의 조카 키릴로스Kyrillos가 권력 투쟁에서 승리해 도시를 장악하고, 자신에게 반대한 사람들을 탄압하기 시작했다. 그는 특히 유대인에게 적개심을 품어 많은 유대인을 도시에서 추방하고 유대교 회당을 폐쇄했다. 알렉산드리아의 로마 집정관 오레스테스Orestes는 키릴로스의 행동에 분개해 이 상황을 설명하면서 그를 비난하는 편지를 제국의 수도인 콘스탄티노플 궁정에 보냈다. 키릴로스는 처음에는 오레스테스와 화해하려고 했다. 그러나 오레스테스는 화해를 거부하면서 키릴로스의 분노를 사게 되었고, 그 때문에 히파티아도 위험에 빠졌다.

히파티아는 키릴로스를 의심스럽게 여기긴 했지만, 어느 한쪽 편을 확실히 들었는지는 분명하지 않다. 공공 지식인은 일반적으로 정치적 분쟁에 관여하지 않는 성향이 강했기 때문에, 히파티아가 그 분쟁에 휘말렸을 거라고 생각해야 할 근거는 거의 없다. 하지만 지식인에게 조언을 구하는 일은 흔했기 때문에, 히파티아는 오레스테스에게 자주 조언을 제공했다. 키릴로스는 히파티아의 명성과 지위를 짓밟을 공작을 시작했다. 키릴로스와 오레스테스가 동맹이 되지 못하게 방해한 사람이 바로 히파티아라는 소문이 나돌았다. 훗날 7세기에 니키우의 요한 주교는 "히파티아가 마법으로 [오레스테스를] 홀렸다"라고 썼다.[12] 어떤 여성을 마녀라고 선언하는 것은 잔인한 일이지만, 여론을 불리하게 돌아서게 하는 데 효과적인 방법이다. 이런 술수는 역사를 통해 여러 차례 반복되었다.

키릴로스는 오레스테스를 협박하기 위해 생각지도 못한 집단을 소집했는데, 그들은 500명의 기독교 수도사였다. 수도사들은 알렉산드리아에서 건물과 재산을 파괴하고, 더러는 사람들을 고문하고 처형하기까지 했다. 수도사 무리를 시켜 정적을 공격하는 것은 흔히 사용하던 위협 전술이었다. 한번은 키릴로스가 동원한 수도사 폭도 중 한 명이 광분한 상태에서 오레스테스에게 돌을 던져 머리를 맞혔다. 부상을 입고도 살아남은 오레스테스는 그 수도사를 붙잡아 고문을 가해 죽였다.

그러자 도시가 온통 아수라장으로 변했다. 분노한 기독교도 폭도가 거리로 몰려나와 정치적 분쟁이라는 장기판의 졸이 되어 미쳐 날뛰었다. 파괴 행위를 일삼던 폭도는 마차를 타고 가던 히파티아를 발견했다. 폭도는 히파티아를 근처 건물로 끌고가 깨진 도자기 조각으로 마구 찔러 죽인 뒤, 시체를 들고 거리를 행진하다가 불에 태워버렸다. 이 끔찍한 공격은 알렉산드리아 주민이 최악의 범죄자에게 가하는 처벌에 해당하는 것이었다. 하지만 히파티아는 범죄자가 아니었다. 오히려 그리스의 수학 지식에 아주 큰 기여를 한 사람이었다. 저술한 책과 주석과 가르침을 통해 히파티아는 자신이 최고 수준의 수학자라는 것을 입증했다. 오레스테스와 키릴로스 사이의 권력 투쟁이 거리로 번져 나갔고, 그 와중에 히파티아는 정치적 분쟁의 십자 포화에 휘말려 목숨을 잃고 말았다.

후대의 평가

히파티아가 살해된 후, 그녀의 학교와 연관이 있던 학자들 중 많은 이가 알렉산드리아를 떠나 아테네로 갔다. 그중에는 순전히 히파티아 때문에 알렉산드리아에 잠시 머물고 있던 사람들도 있었고, 권력을 잡은 키릴로스 때문에 무슨 화가 닥칠지 몰라 떠난 이들도 있었다. 아테네에서 이교도 지식인들은 히파티아의 생애를 이야기하면서 그녀가 어떻게 살해당했는지 들려주었는데, 기독교도가 이교도를 박해하는 상황에서 그런 일이 일어났다고 설명했다. 히파티아는 이교도 순교자로 대우받았다. 5세기에 교회사학자 소크라테스 스콜라스티코스

Sokrates Scholastikos는 히파티아 이야기를 쓰면서 기독교도가 한 행위에 비난을 가하며 그들을 부끄럽게 했다. 반면에 어떤 기독교 저술가들은 키릴로스와 살해 행위를 변호했다. 니키우의 요한은 폭도를 "하느님을 믿는 군중"이라고 불렀다.[13] 그리고 그들의 행동이 "시민 정화 의식"이었다고 하면서 히파티아의 살해를 도시에서 이교도를 말살하는 노력의 일환으로 정당화했다.[14]

물론 후대 역사학자들의 관심을 끈 것은 단지 종교적 분쟁에서 히파티아가 담당한 역할뿐만이 아니었다. 5~6세기에 영향력 있던 학자 다마스키오스Damaskios는《이시도로스의 생애》에서 히파티아 이야기를 하면서 그녀가 입었던 트리본(전통적으로 철학자가 입던 토가 비슷한 옷)을 조롱했다. 그는 책에서 남성들에게는 그런 비아냥대는 말을 하지 않았다.[15] 17, 18세기의 저술가들도 히파티아의 생애를 다루었다. 예를 들면, 존 톨런드John Toland는 1720년에 쓴《히파티아》에서 그녀를 모범으로 삼을 만한 인물로 소개하면서 여성들에게 히파티아처럼 학식이 높은 전문가가 되라고 권장했다. 히파티아의 삶에 존경과 찬사를 보내긴 했지만, 톨런드는 기독교에 반대하는 주장을 펴는 데 그 이야기를 이용했다. 톨런드의 책에 대한 비판이 곧 잇따랐다. 기독교 저술가 토머스 루이스Thomas Lewis는 히파티아를 "알렉산드리아의 대단히 무례한 여교장"*이라고 부르면서 톨런드의 책을 비판하고 키릴로스의 행동을 옹호했다.

빅토리아 시대에 히파티아는 또다시 저술가들에게 매력적인 인물로 떠올랐는데, 이번에는 영국 국교회 사제이자 기독교 사회주의자인 찰스 킹즐리Charles Kingsley가 나섰다. 킹즐리가 쓴 소설《히파티아》는 여러 유럽 언어로 번역되어 널리 읽혔다. 하지만 히파티아의 수학적 재능은 소리 없이 전체 이야기에서 삭제되었다. 대신에 소설은 그녀의 몸에 초점을 맞추었다. 소설의 클라이맥스 대목에서 히파티아는 기독교로 개종하고, 예수의 초상이 내려다보는 제단 앞에서 수도사들에게 발가벗겨진 채 살해당한다. 이 소설은 1859년에《흑마노, 새로운 얼굴의 숙적들》이란 제목의 희곡으로 각색되었고, 그 이야기는 다른 시각 예술 분야로도 흘러가 히파티아 누드화 열풍을 불러오기도 했다.

19세기 후반의 작품들은 히파티아를 철학자의 옷을 입고 있는 모습으로 묘사했다. 성적 측면에 초점을 맞추던 것에서 벗어난 이 흐름은 20세기에 들어서도 계속되었고, 역사학자들은 그녀의 명성을 반복적으로 손상해온 허구들을 밝혀내기 시작했다. 폴란드 역사학자 마리아 지엘스카Maria Dzielska가 1995년에 쓴 전기《알렉산드리아의 히파티아》는 히파티아가 살던 시대에 존재했던 문서들을 바탕으로 그녀의 생애를 재구성했다.

* 루이스가 쓴 책의 제목은 엄청나게 긴데,《톨런드의 비난으로부터 성 키릴로스와 알렉산드리아 성직자들을 옹호하기 위해 쓴, 군중에게 살해당하고 갈기갈기 찢긴 알렉산드리아의 대단히 무례한 여교장 히파티아 이야기》(1721)이다.

스웨덴 화가 율리우스 크론베리Julius Kronberg가 1889년에 그린 히파티아(왼쪽)와, 독일 화가 알프레트 자이페르트Alfred Seifert가 1901년에 그린 히파티아(오른쪽)

"히파티아는 성적 자유 및 이교 신앙의 쇠퇴를 상징하는 인물, 그리고 그와 함께 자유로운 사상, 자연 이성, 탐구의 자유의 쇠락을 상징하는 인물이 되었다. … 실제 역사 자료에만 초점을 맞추는 사람들은 비역사적인 이상화에 왜곡되지 않은 히파티아의 분명한 프로필을 스케치할 수 있다."[6] 지엘스카는 사실들을 일일이 확인하고, 철학자이자 수학자로서 히파티아의 삶을 재구성하면서 수백 년 넘게 계속 덧칠된 다양한 이념적 편견을 제거했다.

1998년, 히파티아는 백과사전《고대부터 현재까지의 유명한 수학자들》에 수록되었다. 히파티아 항목은 누드 이미지 대신 초상화와 함께 이런 설명으로 시작한다. "알려진 최초의 여성 수학자로, 여러 수학 고전에 주석을 달았다."[17] 비록 지금은 더 이상 '알려진 최초의 여성 수학자'(그 타이틀은 반소에게 돌아간다)는 아니지만, 이 간단한 항목은 우리가 잔인한 죽음 이외에 히파티아에 대해 알고 있는 세부 사실이 매우 빈약하다는 현실을 반영하고 있다. 하지만 에드워드 와츠가 히파티아 전기에 쓴 것처럼 "히파티아의 영웅적 면모는 삶의 마지막 순간에 겪었던 잔혹성을 감수한 데 있는 게 아니라, 매일 살아가면서 마주친 미묘한 장벽을 극복한 데 있다."[18]

4

시간의 새벽

지금까지 우리는 한 장소와 시대에 초점을 맞추어 살펴본 뒤에 다음 장소와 시대로 옮겨 가는 방식으로 수학의 역사를 살펴보았다. 이 방법은 옛 역사의 개개 단편을 이해하는 데에는 충분하지만, 일부 수학 분야에 대해서는 더 넓은 접근 방식을 택할 필요가 있다. '시간'의 수학이 바로 그런 분야이다. 그러니 잠깐 시간을 훌쩍 건너뛰어 현대에 가까운 시대로 가보자.

1883년 4월, 인도 뭄바이대학교* 평의회는 특이한 회의를 열었다. 중요한 문제를 논의하기 위해 40여 명의 대학교수와 시 공무원, 판사가 모였는데, 향후 인도의 공공 생활을 좌우할 기본 원칙을 결정하기 위한 회의였다. 문제의 중심에는 단순해 보이는 수학적 질문이 자리 잡고 있었지만, 그것은 아주 큰 논란

* 그 당시 이름은 봄베이대학교였다.

을 야기해 시위와 폭동까지 일어났다.

그것은 바로 "지금은 몇 시인가?"라는 질문이었다.

몇 년 전에 이 대학교에 런던의 빅벤과 비슷한 양식으로 설계한 85m 높이의 시계탑을 세우는 공사가 끝났다. 이 라자바이 시계탑은 스카이라인에 중요한 변화를 가져온 장관이었지만, 분명히 영국의 제국주의를 상징하는 것이었다. 그래서 시계탑이 보여주는 시간은 단지 시각과 분뿐만이 아니라 정치와 권력도 과시했다.

전 세계의 여느 장소와 마찬가지로 뭄바이에서도 대다수 사람에게 시간은 태양과 긴밀하게 연결돼 있었다. '봄베이 시간'을 따르는 시계는 태양이 뜨고 지는 것을 기반으로 돌아갔는데, 사람들이 일상생활을 영위하는 데에는 아무 문제가 없었다. 하지만 기차와 전신을 이용하는 시대가 되자, 지리적 속성이 이전과 딴판으로 변하게 되었다. 이제 사람과 정보가 이곳에서 저곳으로 훨씬 빨리 이동할 수 있게 되었고, 일을 처리하는 기존의 방식에 균열이 생겨났다. 첸나이(당시의 마드라스)와 콜카타(당시의 캘커타)를 비롯해 인도의 여러 도시들은 시간대가 서로 달랐는데, 지리적 위치에 따라 그 차이가 고작 몇 분에 불과하기도 했다.

몇 차례의 시도가 실패로 돌아간 뒤 19세기 말에 보편적인 인도 표준시가 제안되었고, 1906년부터 시행하기로 정해졌다. 하지만 많은 사람이 이 제안에 반대했다. 일부 사람들은 인도 식민지를 통치하던 영국이 그 시행령을 발표했다는 사실에 불만을 품었다. 어떤 사람들은 자신의 근무 시간이 다른 곳에서 태양이 지는 시간에 따라 결정된다는 사실을 받아들이려 하지 않았다. 시간이라는 개념과 시간을 측정하는 방식은 모든 사람의 일상생활에 큰 영향을 미쳤다. 그래서 뭄바이대학교 평의회 회의가 열리고 나서 몇 년 뒤에 시간을 둘러싼 이 갈등 때문에 수천 명의 방적 공장 노동자가 폭동을 일으켰다. 이 시간 분쟁은 수십 년 동안 계속되었다.

시간 개념이 항상 그렇게 중요했던 것은 아니다. 초와 분, 시간 단위로 하루의 경과를 추적한다는 개념은 비교적 최근에 나타난 현상이며, 이 측정치들을 모든 지리적 장소에서 동기화해야 한다는 개념도 마찬가지다. 하지만 인류가 존재하기 시작한 이래 사람들은 태양이 뜨고 지고, 달이 차고 기울고, 계절이 변하는 현상에 주목해왔다. 이러한 관찰의 결과로 최초의 달력들이 만들어졌고, 우주를 더 정교하게 이해하게 되었다. 그런데 이 모든 것의 기반에는 수학이 있다.

우주 달력

이 책에서 다루는 많은 수학적 문명은 각자 나름의 달력을 발전시켰는데, 사람들이 계획을 세우고 결정을 내리는 것을 돕기 위해 별을 추적하는 것이 주요 목적이었다. 고대 바빌로니아인은 고대 중국인과 마찬가지로 지상에서 일어나는 모든 일은 하늘에서 일어나는 일로 설명할 수 있다고 믿었고, 궁정에 점성술사를 고용해 중요한 결정을 내릴 때 조언을 구했다. 점성술사는 점술가인 동시에 수학자이기도 했다. 기원전 350년에서 기원전 50년 사이의 어느 시기에 만들어진 한 점토판에는 바빌로니아 점성술사들이 목성이 일정 시간 동안 얼마나 이동했는지 계산한 기록이 남아 있다. 그런데 이들이 사용한 계산 방법은 14세기에 유럽에서 발명되었다고 알려진 것이었다. 변이 4개인 사다리꼴 도형을 사용해 곡선 아래의 면적을 알아냄으로써 점성술사들은 목성의 움직임을 자세히 추적할 수 있었고, 그 정보를 이용해 날씨와 역병과 곡물 가격을 예측했다.

바빌로니아 천문학자들은 많은 천체의 움직임을 점토판에 자세하게 기록했으며, 정밀한 관측을 위해 여러 도구 중에서도 특히 아스트롤라베를 사용했다. 이들이 만든 달력은 수 체계와 함께 대부분 수메르인에게서 이어받은 것으로, 12개의 태음월*을 기반으로 했다. 각각의 달은 해가 질 때 서쪽 지평선 위로 초승달이 처음 나타나는 때부터 시작되었다. 달력과 계절의 불일치가 심해지면, 달력에 주기적으로 윤달을 추가했다. 그러면 역년曆年(달력에서 정한 일 년)이 태양년과 비슷해져 먼젓번 달력보

* [옮긴이] 초승달이 된 때에서 다음 초승달이 될 때까지의 시간. 약 29.5일.

다 더 정확하게 계절과 일치시킬 수 있었다.

기원전 3세기 초에 바빌로니아의 천문학자이자 수학자인 키딘누Kidinnu가 달력을 개선했다. 그 전의 천문학자들은 달의 속도가 일정하다고 믿었지만, 키딘누는 달의 위치를 파악하고 보름달과 다음 보름달 사이의 시간을 계산하는 기존의 방법을 개선해 그 속도가 주기적으로 변한다는 사실을 알아냈다.* 이 지식 덕분에 바빌로니아의 달력은 더 신뢰할 만한 수준으로 개선되었고, 얼마 지나지 않아 알렉산드리아와 로마의 천문학자들도 이를 채택했다.

중국에서 달력을 사용한 최초의 단서는 상나라** 때 나타났다. 중국의 달력은 달의 주기를 바탕으로 했고, 일 년을 열두 달로 나누었는데, 한 달이 30일이어서 일 년의 길이가 360일이었다. 이 달력은 달과 태양의 주기를 모두 고려했고, 계절에 맞춰 조정되었다. 왕은 달력을 바탕으로 전쟁의 공격 시기나 의식의 거행 날짜 등을 정해 칙령을 내렸다.

메소아메리카에서는 기원전 800년에서 기원전 500년 무렵부터 마야인이 적어도 세 가지 이상의 달력을 사용했다. 첫 번째 달력인 '촐킨'은 주로 의식을 거행하거나 종교 행사 계획을

* 이 현상은 달의 궤도가 원이 아니라 타원이기 때문에 일어난다.

** [옮긴이] 중국 역사상 최초의 왕조(기원전 1600년~기원전 1046년). 마지막으로 옮긴 수도가 은殷이기 때문에 흔히 은나라라고 부른다.

세울 때 사용되었지만, 질병을 진단하고 작업이나 추수에 대한 중요한 결정을 내리는 데에도 쓰였다. 한 달은 20일이고 일 년은 13개월이어서 일 년이 260일이었다. 왜 이런 수들을 선택했는지 그 이유는 알 수 없지만, 마야의 신이 모두 열셋이고, 20은 사람을 나타내는 중요한 수(손가락과 발가락이 각각 10개씩이므로)였기 때문이라는 주장도 있다. 또 이 지역에서는 태양이 머리 바로 위에 오는 두 날 사이의 간격이 260일과 105일이기 때문이라는 주장도 있다.

두 번째 달력인 '하브'는 일 년이 365일인데, 각각 20일로 이루어진 18개월에 5일짜리 작은 달이 하나 추가되었다. 하브의 각 달에는 농사와 종교와 관련된 사건의 이름이 붙어 있다. 자신의 생일이나 결혼기념일을 이야기할 때에는 하브를 사용했다. 마야인은 종종 이 두 가지 달력을 결합해 사용하면서, 어떤 날을 언급할 때 촐킨과 하브 두 가지 날짜로 이야기했다.

마야인이 시간의 흐름을 측정하는 데 사용한 세 번째 방법은 '장기력Long Count'이다. 장기력은 마야인이 시간의 새벽(기원전 3113년 8월 12일)이라고 믿었던 시점부터 경과한 시간을 나타내며 5125년을 주기로 한다. 마야의 많은 기념물에는 장기력으로 표시한 연대가 남아 있고, 촐킨과 하브를 나타내는 기호도 함께 있는 경우가 많아 연대를 측정하는 데 좋은 단서를 제공한다. 2010년대 초에 종말론이 들끓던 시절에 일부 사람들은 장기력의 한 주기가 2012년 12월 21일에 끝난다는 사실을 지적하면서, 마야인이 세상의 종말이 닥칠 날을 예언한 것이라고 주장했다. 하지만 정작 마야인은 이것이 많은 부활의 주기 중 하나에 불과하며, 만물은 이전과 다름없이 계속 이어진다고 믿었다. 당연한 일이지만, 실제로도 그랬다.

하루마다 하나의 신

바빌로니아와 중국과 마야의 달력은 우리가 아는 한 분명히 가장 오래된 달력들이다. 이집트인도 일찍부터 시간의 경과를 기록했는데, 365일을 각각 120일로 이루어진 세 계절과 나머지 5일로 쪼갰다. 하지만 2019년에 튀르키예에서 '야질리카야'라는 웅장한 석회암 성역聖域이 발견되면서 또 다른 고대 달력의 이야기가 드러났다.

야질리카야의 높은 암벽은 웅장하게 하늘을 향해 뻗어 있다. 기원전 16세기 후반 이전의 어느 시기에 청동기 시대 히타이트 제국 사람들이 의도적으로 그렇게 만든 것이다. 암벽에 신들과 상징을 묘사한 조각들이 새겨져 있는 이곳은 야외 피정 장소로 쓰였을 것이다. 이 구조물은 3000년 이상 이곳에 서 있었지만, 그 목적은 얼마 전까지만 해도 정확하게 알려지지 않았다.

히타이트인은 잘 조직된 군대를 갖추고 있었고, 북쪽의 흑해 연안에 살던 카스카족, 남쪽의 이집트 신왕국과 아시리아 제국

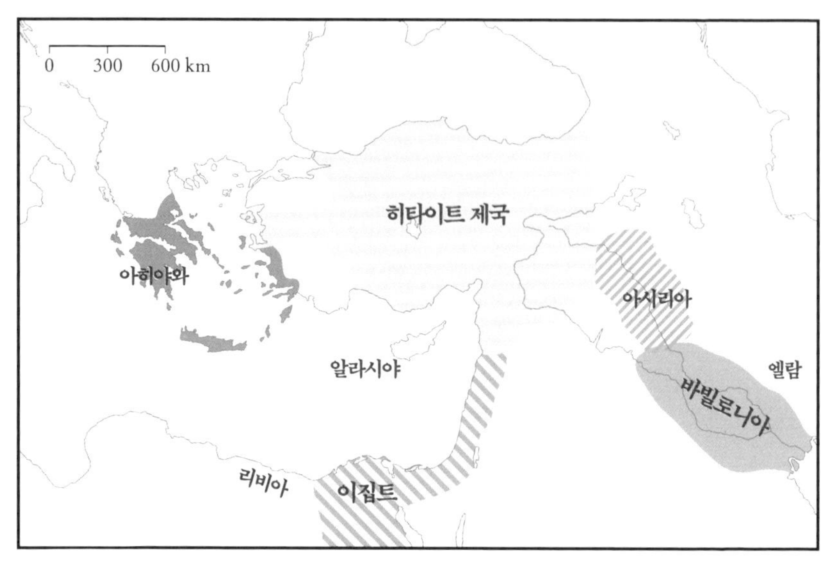

히타이트 문명(기원전 1600년경~기원전 1180년경)

과 자주 싸웠다. 하지만 결국 히타이트인은 주변 지역의 많은 대립 집단과 평화롭게 지내는 법을 터득했고, 그때부터는 전사보다는 외교가로 더 명성을 떨쳤다. 히타이트인은 문제를 일으키고 싶지 않다는 뜻을 문서로 전할 때에는 널리 사용되던 아카드어를 썼다.

특별히 유명한 외교관으로는 기원전 13세기에 살았던 히타이트의 왕비이자 사제인 푸두헤파Puduhepa가 있는데, 평화 조약 문서를 작성하고 자신의 인장을 찍은 것으로 유명하다. 푸두헤파는 남편과 함께 나라를 통치하면서 정치와 종교 문제에 깊숙이 관여했다. 푸두헤파는 히타이트의 많은 신 중에서 자신이 중요하다고 여기는 신들을 모아 만신전을 만들기로 결정했다. 그래서 태양신인 아린나를 신들의 여왕으로 삼았다. 이 위계질서는 야질리카야에 분명히 나타나 있다. 그래서 이 유적은 히타이트 왕국에서 가장 신성한 장소 중 하나였던 것으로 보인다. 최근에 고고학자들은 푸두헤파의 만신전이 시간의 경과를 표시하는 데 사용되었을 가능성을 생각하기 시작했다.

야질리카야 석회암 채석장의 한 통로에는 신과 인간, 동물, 신화 속 인물이 90개 이상이나 암벽에 돋을새김으로 새겨져 있다. 2019년, 한 연구팀은 이것들이 음력의 한 달에 해당하는 날들을 기록하는 데 쓰였을 거라고 주장하면서, 각각의 날에 이 인물들 앞에 돌 표지를 굴리면서 이동시켰을 거라고 했다. 첫날은 초승달이 뜬 날부터 시작되었을 것이다. 만약 이게 사실이라면, 이 성스러운 장소는 걸어서 돌아다니면서 보는 3차원 달력인 셈이다.[1]

야질리카야의 A실에는 64명의 신이 30m에 이르는 줄을 이루며 죽 늘어서 있다. 북쪽을 향해 있는 왼쪽의 신들(둘을 제외하고는 모두 남신)과, 오른쪽의 신들(모두 여신)은 모두 정상의 고원에서 만나게 된다. 이 고원에는 최고신 가족이 거주한다. 최고신은 폭풍의 신이자 우주 질서의 수호신인 테슈브와 그 아내 헤바트이다. 헤바트는 태양신 아린나를 나타내는 최고 여신이기도 하다. 둘 사이에는 아들 하나와 딸 둘이 있다.

64명의 신들이 모여 있는 곳 한쪽에는 동일한 모양의 남신

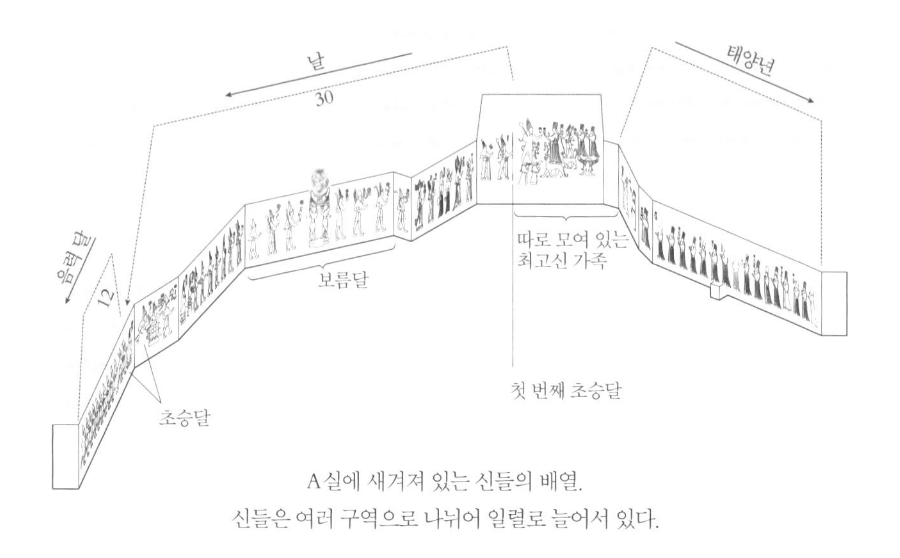

A실에 새겨져 있는 신들의 배열.
신들은 여러 구역으로 나뉘어 일렬로 늘어서 있다.

이 12명 있다. 연구팀은 이들이 일 년의 삭망월(초승달이 된 때에서 다음 초승달이 될 때까지의 시간) 수를 나타내는 산가지 역할을 한다고 주장한다. 그다음에는 같은 형태의 신 30명 집단이 늘어서 있는데, 이들은 한 달의 날짜를 세는 데 쓰였을 것이다. 비슷한 크기의 여신 17명 집단도 있는데, 원래 집단에서 두 여신이 사라진 것으로 추정된다. 처음에 모두 19명의 여신이 있었다면, 이것은 히타이트인이 달력을 다시 조정할 필요가 있을 때까지 경과하는 태양년의 수를 세고 있었다는 것을 의미한다.

삭망월은 약 29.53일이므로, 삭망월 12개를 합한 일 년은 354.36일이 되어 1태양년에서 약 11일이 모자란다. 이 간극을 메우기 위해 3, 6, 8, 11, 14, 17, 19년째 해에 윤달을 집어넣었을

1 2 3 4 5 6 7 8 9 10 11 12
13 산신 山神
14 산신
15 산신
16
16a 산신
17 남니
18 19 20 21 22 23 24 25
26 피샤이샤피 (?)
27 네르갈 (?)
28 셰리슈
29 후리슈
30 자바바 (헤슈에)
31 피린키르
32 람마
33 아슈타비
34 시메기 (태양신)
35 쿠슈 (달의 신)
36 쿨리타
37 니나타
38 샤우슈카 (이슈타르)
39 에아
40 쿠마르비
41 타슈미슈 (폭풍의 신 하티)
남니 하지
42 테슈브
43 헤바트
44 샤루마
45 알란주
46 쿤지샬리
46a 다루 다키두 (?)
47 후데나
48 후델루라
49 알라투
50
51 나바르비
52 샬루슈-피디니
53 담키나
54 니칼
55 아인-에칼두
예브카스
56 샤우슈카 (이슈타르)
57 58 59 60 61 62 63

A실에 있는 신들

것이라고 연구팀은 추측한다. 19태양년이 지난 뒤에는 이 달력은 실제 태양년과 2시간 5분 20초 차이가 났을 것이다. 스무 번째 태양년이 시작될 때, 이 오차는 새로운 초승달이 뜰 때 날을 세는 작업을 재개함으로써 조절할 수 있었을 것이다. 정말로 야질리카야가 이런 식으로 사용되었는지는 결코 알 수 없을 테지만, 이 신성한 기념물이 대규모 달력이었다고 생각하면 아주 흥미롭다.

시계의 등장

인류의 역사에서 시간 측정은 결코 사소한 일이 아니었다. 많은 사회는 단순히 하루 동안 시간이 조금씩 흐르는 것을 추적하기보다는 달의 주기와 행성의 운동, 일식과 월식이 일어나는 때를 추적하는 방법을 개발하는 데 큰 관심을 보였는데, 하늘에서 일어나는 사건이 자신들의 삶에 영향을 미친다고 믿었기 때문이다. 대다수 사람에게 태양은 오랫동안 충분히 정확한 시계였지만, 얼마 지나지 않아 상황이 바뀌게 되었는데, 그것을 가능케 한 기술의 바탕에는 수학이 있었다.

그노몬gnomon(막대를 세워 그림자 길이를 재는 해시계)은 기원전 3500년경부터 고대 세계 전역에서 낮에 시간을 재는 데 사용되었다. 가느다란 막대를 세워놓고 그 그림자의 길이를 측정하는 방식이었다. 해시계는 그노몬에 숫자판을 추가한 것으로, 공공 장소에 설치해 낮 동안 사람들에게 시간을 알려주었다. 아주 정밀하게만 만든다면 해시계는 시간을 분 단위까지 정확하게 알려주지만, 명백한 단점이 하나 있으니 밤이나 구름 낀 날에는 작동하지 않는다는 것이다.

그다음에 등장한 것이 물시계였다. 이집트, 페르시아, 인도, 중국 등에서 발명된 이 장치는 그릇에 천천히 물을 채우거나 그릇에서 물을 빼는 방식으로 시간을 측정했다. 물의 흐름을 측정하는 눈금을 시간의 흐름을 측정하는 데 이용했다. 기원전 2000년에서 기원전 1600년의 바빌로니아 점토판에는 시간이 얼마나 흘렀는지 측정하는 데 물시계를 사용했다는 기록들이 남아 있다. 물시계는 예컨대 탑을 지키는 경비병이 근무 교대까지 시간이 얼마나 남았는지 파악하는 데 도움이 되었다.

하지만 물시계는 그다지 정확하지 않다는 단점이 있었다. 적어도 처음에는 그랬다. 그러다가 1206년에 메소포타미아 출신의 박식가이자 발명가인 이스마일 알 자자리Ismail al-Jazari가 코끼리 시계를 만들었다. 코끼리 시계는 아주 경이로운 발명품으로, 오늘날 알 자자리가 가끔 로봇공학의 아버지로 일컬어지는 한 가지 이유이기도 하다. 기계 장치는 거대한 모형 코끼리 꼭대기에 있는 덮개 안에 들어 있었고, 꼭대기에서 노래를 부르는 새와 위아래로 움직이며 공을 전달하는 뱀, 코끼리 등 위에 앉아 반시간마다 북을 치는 사람 모양의 자동인형까지 갖춰져 있

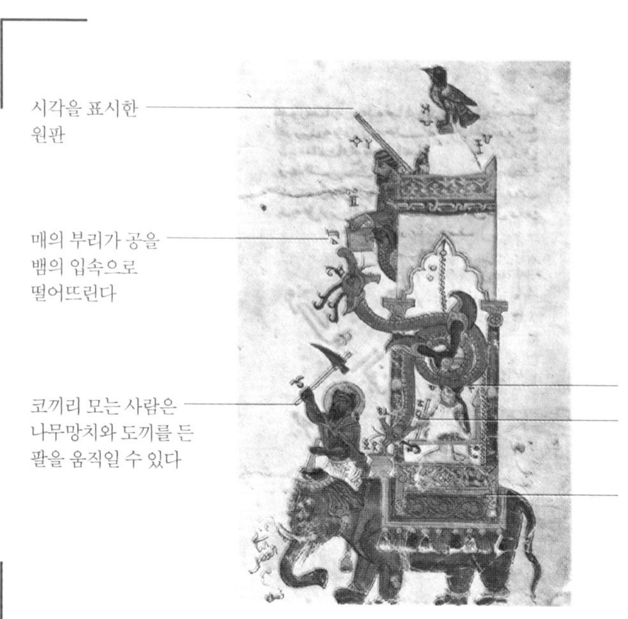

알 자자리의 코끼리 물시계

었다.

코끼리 시계 내부에는 물통이 있었고, 여기에 그릇이 둥둥 떠 있었다. 반시간 동안 물이 천천히 그릇으로 떨어지면 그릇이 점점 무거워짐에 따라 물속으로 더 깊이 가라앉았고, 그러다가 코끼리 꼭대기에 달린 줄을 끌어당기면서 공이 떨어지게 했다. 공은 뱀의 입속으로 들어가고, 그러면 뱀은 몸이 앞으로 기울면서 연결된 줄을 잡아당겨 가라앉은 그릇을 물통 밖으로 나오게 했다. 그러면 새가 울고 사람이 심벌즈를 치면서 반시간이 지났음을 알렸고, 처음부터 다시 새로운 주기가 시작되었다. 전체 요소들이 수학적 조화를 이루면서 시계가 시간을 정확하게 측정하도록 보장했다.

이 장치는 놀랍도록 정확했다. 하지만 한 가지 단점이 있었는데, 시계가 너무 거대하다는 점이었다. 일상 업무를 보러 여기저기 돌아다니면서 코끼리 시계를 가지고 갈 수 없었다. 값도 아주 비싸서 대다수 사람들은 구입할 수 없었다. 알 자자리 자신도 이를 알고 있었던 것으로 보이는데, 양초시계와 보트 시계처럼 더 작고 간단한 시계 장치를 개선하는 노력도 기울였기 때문이다.

더 실용적인 시간 측정 장비는 모래시계였다. 15세기에 장거리 항해가 본격적으로 시작되자, 뱃사람들 사이에서 모래시계가 인기를 끌었다. 항해용 모래시계는 한 번에 30분을 재도록 제작되었다. 문제는 30분마다 한 번씩 모래시계를 뒤집어야 한다는 점이었다. 깜빡해서 뒤집는 걸 잊어버리기라도 하는 날에는 출발한 항구의 시각이 몇 시인지 알 수 없게 되는데, 그것은 바다에서 배의 위치를 파악하는 데 매우 중요한 정보였다. 때맞춰 모래시계를 뒤집는 것은 바다에서 아주 중요한(그리고 매우 성가신) 임무였다.

완전한 기계식 시계는 17세기에 나오기 시작했다. 1656년에 네덜란드에서 박식한 물리학자 크리스티안 하위헌스Christiaan Huygens와 시계 제작자 살로몬 코스터르Salomon Coster가 흔들리는 추를 바탕으로 제작한 벽시계가 그 효시였다. 이것은 세계 최초의 진자시계였다. 1602년에 갈릴레오 갈릴레이Galileo Galilei는 고향 피사의 성당에서 램프가 바람에 흔들리는 모습을 관찰하다가 진자시계 개념을 떠올렸다. 그때 갈릴레이는 좌우

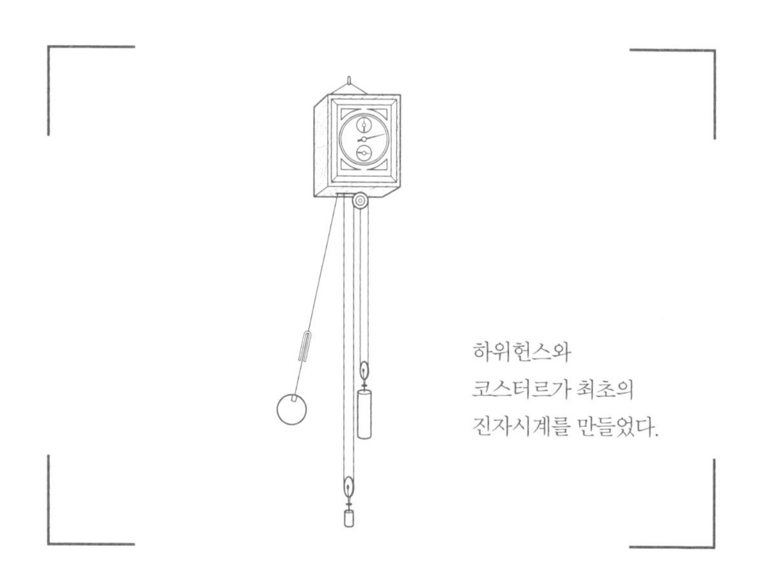
하위헌스와
코스터르가 최초의
진자시계를 만들었다.

로 흔들리는 거리에 상관없이 진자가 한 번 왔다 갔다 하는 데 걸리는 시간이 항상 일정하다는 사실을 알아챘다. 이 수학적 항상성을 이용하면 일정한 시간 간격을 측정할 수 있을 것으로 보였다. 하지만 갈릴레이는 직접 그러한 시계 장치를 만들지는 않았다.

예수회 선교사 마테오 리치Matteo Ricci가 1601년에 명나라

황제 만력제萬曆帝(신종神宗)에게 매 시각에서 30분과 15분이 지날 때마다 벨 소리로 시간을 알려주는 시계를 선물한 뒤, 그 뒤를 이은 황제들도 시계에 큰 흥미를 느꼈다. 청나라 강희제가 통치한 1661년부터 1722년까지 파리와 런던에서 자금성으로 보낸

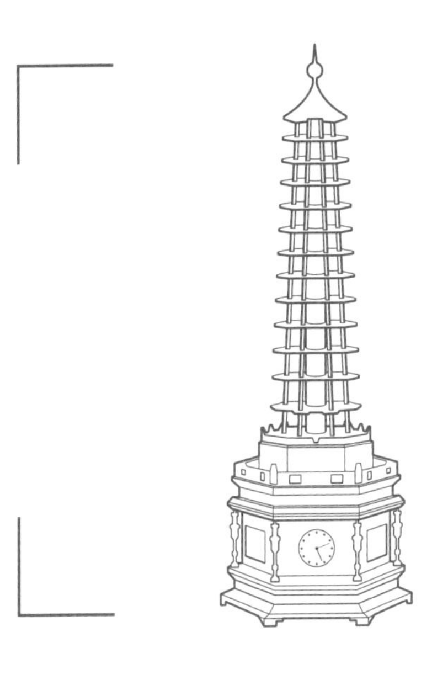

18세기에 청나라 황실에 전달된 파고다 시계 모형. 이 시계는 음악 소리가 흘러나왔고, 파고다(탑)의 각 층이 주기적으로 움직였다.

갖가지 시계는 4000개가 넘었다. 청나라에서는 시계 제작이 호황을 누렸다. 시계는 매우 비쌌기 때문에 높은 신분을 나타내는 장신구였고, 그 자체로도 예술품처럼 화려하게 장식되었다.

평형 바퀴는 진자시계와 비슷한 시기에 개발되어 유럽에서 부자들 사이에 회중시계 열풍을 불러일으켰다. 1510년에 독일에서 발명된 평형 바퀴는 진자처럼 수학적으로 예측 가능한 방

식으로 앞뒤로 회전했기 때문에 시계 장치에 사용할 수 있었다. 진자시계는 바다에서는 파도로 인한 배의 흔들림 때문에 제대로 작동하지 않았지만, 회중시계는 아무 문제 없이 잘 작동했다.

회중시계를 뜻하는 영어 단어 '포켓 워치pocket watch'는 17세기에 영국의 찰스 2세Charles II가 만들었다. 그와 동시에 그는 영국 신사들 사이에 회중시계를 갖고 다니는 '하이패션'을 유행시켰다. 회중시계는 선물로 인기를 끌었고, 이 유행이 북아메리카로 전해지자 시계의 문자반이 더욱 정교해졌다. 다이아몬드와 보석으로 장식하는 경우도 많아 당연히 이런 고급 시계는 엘리트층만 소유할 수 있었다. 손목시계도 동일한 기술로 제작되었고, 주로 여성이 착용했다. 대량 생산으로 시계 가격이 점점 싸졌고, 시간 측정은 이제 일상생활 속으로 침투하기 시작했다.

시간 측정이 갈수록 일상생활의 일부로 자리 잡자, 여기저기서 문제가 생기기 시작했다. 예를 들면, 영국에서는 역마차가 엄격한 스케줄에 맞춰 사람들과 우편물을 싣고 전국을 돌아다녔다. 하지만 여전히 태양의 움직임을 기반으로 시간을 쟀기 때문에 정확하게 시간을 맞추기가 어려웠다. 마부는 시간대가 다른 도시에 도착할 때마다 자신의 시계를 조정해야 했는데, 때로는 그 차이가 몇 분에 불과하기도 했다. 그리고 19세기에 기차여행이 유행하자 문제가 더욱 악화되었다. 단 한 번의 여행 동안에도 기차는 시간대가 서로 다른 여러 도시에 들렀기 때문에 그 여행에 관련된 모든 사람이 혼란을 느꼈다. 그러자 모든 철도 회사들이 그리니치 평균시로 알려진 런던의 시간을 기준으로 삼자는 의견이 나왔다. 일부 도시는 여전히 자신의 지방시를 고수했지만, 19세기 중엽에 이르자 그리니치 천문대가 철도를 따라 깔린 전신선을 통해 매일 모든 기차역에 공식 시간을 알려주어 시계를 조정하게 했다. 미국을 비롯해 다른 나라들도 이와 비슷한 체계를 개발했다. 결국 인도에서도 시간 분쟁이 종식되었다. 뭄바이대학교 평의회는 투표를 통해 '봄베이 시간'을 고

회중시계를 가진 흰토끼. 1865년에 출간된
루이스 캐럴Lewis Carroll의《이상한 나라의 앨리스》에 실린 삽화이다.

수하기로 결정했지만, 1947년에 인도가 영국에서 독립한 뒤에는 전국적으로 표준시를 사용하게 되었다.

시간에 관하여

온 세상 사람들이 전 세계적 차원에서 시간을 측정하고 기록하는 상황에 서서히 적응해가면서 시간에 대한 이해도 변하기 시작했다. 20세기 초에 알베르트 아인슈타인Albert Einstein은 특수 상대성 이론을 통해 시간이 상대적임을 보여주었다. 시간은 어디서나 늘 일정한 속도로 흐르는 게 아니라, 장소와 상황에 따라 변한다.

이 이론은 두 우주선에 각각 시계를 싣고, 한 우주선은 정지한 채로 있고 다른 우주선은 빠른 속도로 달린다면, 밖에서 정지한 채 관찰하는 사람의 눈에는 움직이는 우주선의 시계가 더 천천히 째깍거린다고 이야기한다. 아인슈타인은 또한 질량이 아주 큰 물체에 다가갈 때에도 이러한 시간 지연 효과가 나타난다는 것을 보여주었다. (중력으로 인한 시간 지연 효과는 일반 상대성 이론으로 설명한다.) 이러한 시간 지연은 아주 미소해서 쉽게 관찰하기 어렵다. 하지만 시간 측정 능력이 크게 발전하면서 우리는 이런 현상이 실제로 일어난다는 것을 확인했을 뿐만 아니라, 일상생활을 영위하는 데에도 이 현상을 감안해 시간을 보정할 필요가 있다는 사실을 알게 되었다. 베이더우北斗와 갈릴레오, GPS* 같은 오늘날의 위성 항법 시스템은 시속 약 1만 4000km로 지구 주위를 도는 인공위성을 사용한다. 정확한 위치 데이터를 제공하려면 시간을 정확하게 측정하는 것이 필수적이므로, 인공위성에는 매우 정확한 시계가 실려 있다. 하지만 인공위성에서는 미소한 시간 지연이 일어난다.** 그래서 제대로 보정을 하지 않는다면, 예컨대 GPS 시계는 하루가 지날 때마다 0.000038초씩 빨라진다. 이 정도면 아무것도 아닌 것 같지만, 그에 따라 GPS가 알려주는 지상의 위치는 약 10km나 어긋날 수 있다.

시간 지연은 우리의 머리를 감싸쥐게 할 만큼 어려운 개념이지만, 시간이 상대적이라는 개념은 왠지 친숙하게 다가올 수 있다. 인류의 역사를 통해 대부분의 시기에 우리는 시간을 상대적이라고 생각했는데, 낮에 해가 떠 있는 동안을 기준으로 삼아 시간을 생각하고 시계를 만들었기 때문이다.

원자시계는 현재로서는 가장 정확한 시간 측정 장비로, 1억 년에 1초 정도의 오차밖에 나지 않는다. 원자의 리듬을 이용해 시간을 재는 원자시계는 1초를 세슘 원자가 91억 9263만 1770회 진동하는 데 걸리는 시간으로 정의한다. 하지만 시간을 더

* 각각 중국, 유럽연합, 미국의 위성 항법 시스템.

** [옮긴이] 빠른 속도로 인한 특수 상대성 효과와 높은 고도에 따른 중력 차이로 인한 일반 상대성 효과가 결합되어 나타나는데, 중력 효과가 더 커서 실제로 인공위성에 실린 시계는 조금 더 빠르게 흐른다.

정확하고 신뢰할 수 있게 측정하는 것에만 초점을 맞추다 보면 더 기본적인 문제를 등한시할 수 있다. 정확한 시간을 아는 것은 물론 중요하다. 하지만 더 중요한 것은 "시간이란 무엇인가?"라는 질문이 아닐까?

아인슈타인은 일반 상대성 이론에서 시간이 공간과 마찬가지로 물리적이라는 개념을 내놓았다. 시간과 공간이 결합된 시공간은 하나의 일관성 있는 4차원 공간으로 간주해야 한다. 그런데 시공간은 중력에 의해 구부러질 수 있고, 따라서 시간 지연이 일어날 수 있다. 시공간 개념은 우주를 정확하게 기술하는 데 놀랍도록 큰 성공을 거두었지만, 기묘한 결과도 낳았다. 일반 상대성 이론에 관련된 방정식들은 절대적인 방향이 없다. 즉, 시간은 우리가 어떻게 경험하느냐에 상관없이 앞으로도 뒤로도 흐를 수 있다.

이 수수께끼를 푸는 열쇠는 열을 지배하는 법칙에 있을지도 모른다. 열역학 제2법칙은 방향성이 있는 극소수 물리학 법칙 중 하나이다. 이 법칙은 '무질서도'라고도 부르는 엔트로피 entropy가 항상 증가한다고 말한다. 다시 말해서, 뭔가를 충분히 오랫동안 내버려두면, 그것은 항상 마구 뒤섞여 엉망이 되고 만다는 것이다. 이 법칙은 시간이 왜 항상 앞으로 흐르는지(적어도 우리에게는 그렇게 보인다) 설명하는 것처럼 보이지만, 다시 생각하면 그렇지 않을 수도 있다. 중력은 네 가지 기본적인 힘 중에서 현재 유일하게 양자물리학으로 제대로 기술할 수 없는 힘이다. 시간과 중력이 본질적으로 서로 연결돼 있기 때문에, 이것은 중력과 시간을 이해하는 우리의 지식과 양자 세계를 이해하는 지식이 서로 분리돼 있다는 것을 의미한다. 물리학자들은 수학을 사용해 중력 양자론을 만듦으로써 이 차이를 없애려는 노력을 기울이고 있다. 만약 그런 이론이 완성된다면, 우리가 알고 있는 시간 개념이 크게 바뀔 것이다.

개념이 근본적으로 확 바뀌는 일은 아주 드물게 일어나며, 그런 일이 일어날 때에는 새로운 개념이 너무나도 혁명적이어서 제대로 이해하기가 아주 어렵다. 지구가 둥글다는 사실의 발견도 그러한 순간 중 하나였을 텐데, 사람들이 밟고 다니는 땅이 갑자기 아주 다른 것으로 보이게 되었기 때문이다. 둥근 지구의 질서를 받아들이는 데 약간의 망설임이 있었던 것은 충분히 이해할 수 있다. 하지만 결국에는 낡은 정통 이론은 새로운 이론으로 대체되고, 한때 불가해한 것으로 보였던 개념이 이해하기 쉬운 것으로 변한다. 오늘날 지구가 평평하다고 믿는 사람은 거의 없다. 이제는 지구를 둥글다고 생각하는 것이 너무나도 자연스러워 보인다. 수학도 이처럼 지구를 뒤흔드는 순간들을 거쳐왔다. 0의 발견도 그런 순간 중 하나이다. 0의 기원에 대해서는 잠시 후에 살펴보겠지만, 그 전에 먼저 수학적으로 자연스러워 보이는 것과 그렇게 보이지 않는 것에 관한 현대의 전문가를 만날 필요가 있다. 그러려면 여러분이 네 살짜리 아이가 되었다고 상상해야 한다.

5.

0의 기원에 관하여

2010년대 초의 어느 날, 네 살 아이가 작은 방으로 들어와 17인치 컴퓨터 화면 앞에 앉았다. 화면에는 정사각형 2개가 있고, 각각의 정사각형 안에는 점이 0개나 1개, 2개, 4개, 8개 들어 있었다. 아이에게 주어진 과제는 점이 가장 적게 들어 있는 정사각형을 고르는 것이었다.

심리학자 엘리자베스 브래넌Elizabeth Brannon과 더스틴 메릿Dustin Merritt은 네 살짜리 아이가 수를 얼마나 잘 이해하는지 테스트하기 위해 이 간단한 실험을 고안했다. 이 실험에서 놀라운 사실이 드러났다. 아이들은 점이 1개 이상 들어 있는 정사각형들을 비교할 때에는 약 75%의 성공률로 정답을 맞혔다. 하지만 점이 0개 들어 있는 경우를 포함시키자마자 성공률은 50% 아래로 떨어졌는데, 50%는 순전히 우연만으로 정답을 맞힐 확률과 같다.[1]

0에는 아이들이 다른 수와 달리 쉽게 이해하기 힘든 뭔가가 있는 게 분명했다. 어쩌면 여기에는 인류가 0을 이해하는 데 왜 그토록 오랜 시간이 걸렸는지 설명하는 단서가 숨어 있을지도 모른다.

원시적인 느낌을 강하게 풍기는 0은 시간이 시작된 순간부터 존재한 것 같은 인상을 준다. 0이 석기 시대의 기술이라면, 나머지 숫자들은 산업 혁명 이후의 기술처럼 느껴진다. 우리는 0을 모든 수의 기반으로 당연시하게 되었다. 0에서 시작하지 않고서 어떻게 '수의 집'을 지을 수 있겠는가? 하지만 이 생각은 진실과 아주 거리가 멀다. 우리는 0이란 개념을 살아가면서 시간이 한참 지난 뒤에 이해할 뿐만 아니라, 인류 역사에서도 0은 다른 숫자들이 나타나고 나서 한참 뒤에야 등장했다. 그러고 나서도 수학자들이 0을 그저 편리한 기호에 불과한 게 아니라 엄연한 하나의 수로 이해하는 데에는 수백 년이 더 걸렸다. 이 발전은 수학의 역사에서 아주 중요한 사건이었지만, 다른 가능성과 해석이 많이 존재한 안갯속 상황이 한동안 지속되었다.

0을 나타내는 기호를 맨 먼저 발명한 민족은 마야인인 것처럼 보이지만, 그 중요성을 제대로 이해한 것은 인도의 황금기인 4~6세기에 이르러서였다. 이 시기에 수학은 새롭고 흥미진진한 차원으로 도약했다. 정말로 원하는 목적에 딱 맞는 수 체계는 아직 존재하지 않았으며, 그래서 수학자들은 사용하는 숫자들을 자주 바꾸면서 실험을 했고, 그 과정에서 새로운 숫자들을 발명했다. 하지만 0만큼 흥미진진한 이야기를 가진 수는 없다고 단언할 수 있다.

인도의 황금기

인도의 황금기는 인도 아대륙 북부의 광대한 영토를 다스린 찬드라굽타 1세Chandragupta I와 함께 시작되었다. 그가 어떻게 그토록 넓은 땅을 손에 넣었는지 정확한 사정은 알려지지 않았지만, 비하르 북부와 네팔을 지배한 리차비 종족의 쿠마라데비Kumaradevi 공주와 결혼한 것이 큰 도움이 되었을 것이다. 그의 아들과 후계자들은 여러 차례의 침략과 전투를 통해 주변 지역의 통치자들을 21명이나 제거하면서 제국의 영토를 확장해갔다.

굽타 제국은 수학을 매우 중시했다. 학자들은 노래와 낭송을 통해 젊은 사람들에게 지식을 전했다. 고대의 한 시는 "공작 머리의 볏처럼, 뱀 머리의 보석처럼, 수학은 모든 지식 분야의 꼭대기에 있다"라고 표현했다.[2]

그 이전에도 인도와 이집트, 바빌로니아, 중국 사이에 지적 교류가 있었지만, 인도 수학과 천문학이 독자적으로 발전하기 시작한 것은 이 무렵이다. 굽타 제국의 천문학은 민속 신앙과 긴밀하게 연결돼 있었다. 천문학자들은 음력 한 달의 길이와 별

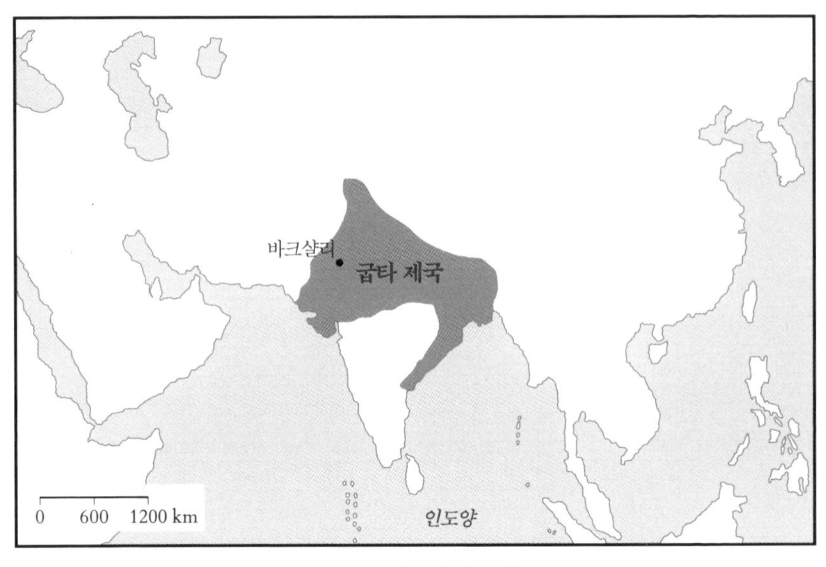

450년 무렵의 굽타 제국 영토

들의 움직임을 알아내기 위해 경험적 측정을 했지만, 그 결과의 설명은 신화가 제공했다. 예를 들면, 일식과 월식은 악마가 달과 태양의 얼굴을 뒤덮어서 일어난다고 설명했다.

이 시기에 활동한 여성 학자에 관한 기록은 거의 남아 있지 않다. 일부 찬송가는 여성 시인이 작사했는데, 예컨대 고대 인도 문서에 인드라니Indrani와 사치Sachi 같은 여성 이름이 저자로 기록돼 있다. 일부 상류층 여성은 교육을 받았고 원하면 공부를 계속할 자유도 누렸지만, 남성과 동등한 대우를 받진 못했고, 학자의 길을 계속 걷는 것도 허용되지 않았다. 상류층이 아닌 여성은 대개 아내와 어머니 역할에만 전념해야 했고, 법적 권리와 재산권도 거의 누리지 못했다. 그럼에도 불구하고, 굽타 제국의 여성은 종교 의식과 공공 행사에 참여할 자유가 있었고, 이전 왕조들에 비해 더 큰 자유를 누렸다.

굽타 왕조는 힌두교를 적극적으로 장려했지만, 불교와 자이나교도 용인했다. 자이나교 승려는 특히 수학에 큰 열정을 보였다.

기원전 4세기 또는 기원전 3세기부터 자이나교도는 특히 상키야(수론數論)를 숭앙하는 문학 작품을 만들었다. 오늘날까지 전하는 텍스트 중에서 야티브리샤바Yativṛṣabha가 쓴 《틸로야파나티》는 우주를 이해하는 것에 초점을 맞추고 있다. 야티브리샤바의 생애는 알려진 것이 거의 없지만, 그의 작품에 언급된 스승들 이름과 이전의 수학 지식으로 미루어 자이나교 수학자들이 개인 교습을 통해 지식을 전수한 것으로 보인다. 《틸로야파나티》는 시간과 거리를 측정하는 다양한 방법을 소개하는데, 그 기본 개념에는 태양과 달이 2개씩 있고 별도 두 집단이 있다는 자이나교의 믿음이 자리 잡고 있다.

자이나교도는 우주는 시작도 끝도 없으며, 시간과 공간은 영원하고 연속적이라고 믿었다. 즉, 우주는 항상 존재해왔고 앞으로도 영원히 존재한다고 믿었다. 그 결과로 그들은 큰 수의 수학에 다소 집착하게 되었다. 예컨대 그들이 사용한 시간 단위 중에서 '시르사 프라헬리카'는 $756 \times 10^{11} \times 8400000^{28}$일에 해당하는 기간으로, 무려 208자리에 이르는 큰 수이다. 그 밖의 중요한 큰 수로는 어떤 신이 6개월 동안 여행한 거리인 '라주'(약 100만 km), 양털이 가득 담긴 용기에서 100년에 한 가닥씩 뽑아낼 때 용기를 다 비우는 데 걸리는 시간인 '팔야'가 있다. 이렇게 큰 수에 대한 관심에서 자이나교 수학자들은 어마어마하게 큰 수를 넘어 그 이상까지 생각하게 되었다. 그래서 무한 개념까지 생각하기에 이르렀다. 이들의 무한 개념은 비록 수학적으로는 부정확한 것이긴 했지만, 그 당시는 물론이고 그 후 수백 년이 지날 때까지도 어느 누가 생각한 것보다 크게 앞선 것이었다.

자이나교도는 수를 '셀 수 있는 수', '셀 수 없는 수', '무한'의 세 범주로 나누었다. 셀 수 있는 수는 2에서부터 '가장 큰 수'까지의 모든 수로 이루어져 있었다. 실제로는 가장 큰 수가 무엇인지 정해져 있지는 않았지만, 자이나교도는 큰 수들을 이해함으로써 가장 큰 수에 대한 감을 잡으려고 했다. 예를 들면, 지구 크기의 골짜기에 겨자씨를 가득 채우고 그 수를 세는 상황을 상상했는데, 그러고 나서 그것마저 가장 큰 수만큼 크지는 않다고 선언했다. 한편 셀 수 없는 수는 셀 수 있는 수보다 크지만 무한은 아니었다. 또 자이나교 수학자들은 무한을 '한 방향으로 무한', '두 방향으로 무한', '면적 무한', '모든 곳이 무한', '영원한 무한', 이렇게 다섯 가지로 나누었다. 우주를 이해하고 그 모형을 만드는 것은 자이나교에서 중요한 부분을 차지했다.

자이나교도는 무한의 종류가 여럿 있을 가능성을 최초로 생각한 사람들이다. 이 개념은 19세기 후반에 가서야 독일 수학자 게오르크 칸토어Georg Cantor가 무한의 성질을 연구하면서 수학 분야에서 다시 나타났다. 하지만 그러고 나서도 많은 수학자가 칸토어의 개념을 받아들이기까지 오랜 시간이 걸렸고, 여러 가지 무한의 정확한 크기를 둘러싼 질문은 지금까지도 해결되지 않은 채 남아 있다.

자이나교도가 특히 뛰어난 통찰력을 보여준 분야는 무한뿐만이 아니었다. 그들은 대상이나 물체들을 조합하는 방법과 관련된 규칙도 자세히 검토했다. 예를 들면, 여섯 가지 맛(쓴맛, 신맛, 짠맛, 떫은맛, 단맛, 매운맛)을 63가지 방법으로 조합할 수 있다는 결론을 내렸다. 시에서도 이와 비슷한 개념을 탐구했고, 단음과 장음을 조합해 서로 다른 음보音步*를 만드는 방법이 몇 가지나 있는지 알아내는 공식을 만들었다.

순열과 조합에 관한 이 연구를 통해 그들은 수학적으로 중요한 삼각형을 발견했는데, 그것을 '봉우리가 하나인 산'이라는 뜻으로 '메루 프라스타라Meru Prastara'라고 불렀다. 이 삼각형은 많은 문화권에서 발견되었고, 확률론에서 중요한 개념으로 쓰인다. 지금은 17세기의 프랑스 수학자 블레즈 파스칼Blaise Pascal의 이름을 따 '파스칼의 삼각형'이라고 부른다.

* [옮긴이] 시에서 운율을 이루는 기본 단위. 영시에서는 하나의 강음절을 중심으로 그에 어울리는 약음절이 한 음보를 이룬다.

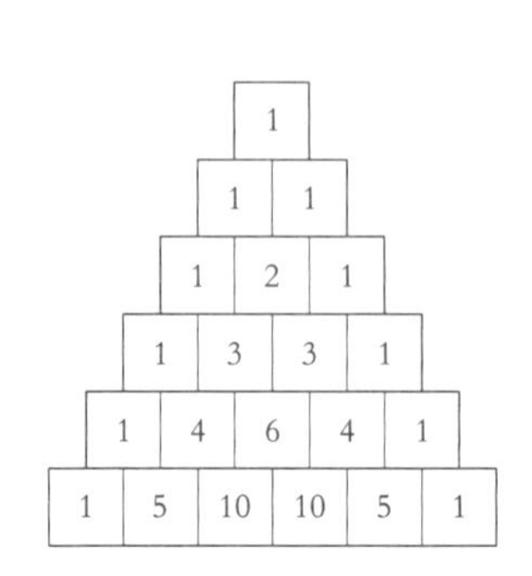

	1	2	3	4	5	6	7	8	9	10
1	1	1	1	1	1	1	1	1	1	1
2	1	2	3	4	5	6	7	8	9	
3	1	3	6	10	15	21	28	36		
4	1	4	10	20	35	56	8			
5	1	4	15	35	70	126				
6	1	6	21	46	126					
7	1	7	28	84						
8	1	8	36							
9	1	9								
10	1									

메루 프라스타라(왼쪽)와 1665년에 블레즈 파스칼이 그린 파스칼의 삼각형(오른쪽). 메루 프라스타라의 원본 텍스트는 단어만으로 이루어져 있을 뿐 이런 도표가 없었다. 이 그림은 10세기에 추가된 것이다.

자이나교도는 지수와 그 결과를 일찍부터 탐구한 사람들이기도 하다. 그들은 "1제곱근에 2제곱근을 곱한 것은 2제곱근의 세제곱과 같다"고 썼다. 이것을 현대적인 표기법으로 나타내면 다음과 같다. $a^{\frac{1}{2}} \times a^{\frac{1}{4}} = (a^{\frac{1}{4}})^3$. 17세기 초에 스코틀랜드의 수학자이자 물리학자, 천문학자인 존 네이피어John Napier와 스위스의 수학자이자 시계와 천문학 장비 제작자인 요스트 뷔르기Jost Bürgi는 각자 독자적으로 이 개념들을 재발견했다.

우리는 왜 지구에서 떨어지지 않을까?

굽타 왕조의 유명한 수학자 중 한 명은 아리아바타 1세Aryabhata I(476~550)였다. 그가 남긴 연구는 큰 영향력을 떨쳤다. 많은 수학자가 그 연구를 베끼거나 주석을 달거나 인도 안팎으로 전파했다. 아리아바타는 굽타 제국 동부의 비하르에 있던 '날란다'라는 불교 연구 시설에서 일했다. 수준 높은 공부를 위한 이 센터는 오늘날의 대학교와 비슷한 곳이었다. 그곳은 수도원과 사찰, 그리고 수학과 천문학을 포함해 다양한 주제를 연구할 수 있는 천문대로 이루어져 있었다. 그때까지 인도의 주요 교육 방식은 스승과 제자 간의 일대일 교습이었기 때문에, 대학 교육 방식은 새로운 발전이었다. 날란다의 학생과 연구자는 기존의 연구서들을 수집하여 읽고 주석을 달았는데, 그중에는 자이나교 수학자들이 쓴 것도 있었다.

천문학과 우주론, 수학에 관한 내용을 120여 편의 산스크리트어 시 형식으로 서술한《아리아바티야》는 아마도 아리아바타가 날란다에서 지내는 동안 완성했을 것이다. 그는 달과 태양의 궤도를 관찰하면서 발견한 결과를 사용해 일식과 월식 때 악마들이 어떻게 행동하는지 설명하면서 관련된 민간 전설을 수정했다.

아리아바타의 가장 큰 업적은 이전의 수학 지식을 종합하고 해석한 것이다.《아리아바티야》는 어떤 수에 10을 곱하면 그 수는 '다음번의 높은 자리'로 이동한다는 말로 시작한다. 아리아바타는 10진법의 원리를 터득한 것이 분명하지만, 10진법이 그의 연구에서 완전히 구현되지는 않았다. 그러고 나서 아리아바타는 제곱근과 세제곱근을 구하는 자신의 연구를 보여주는데, 이것 역시 시를 사용해 기술했다. 비록 그의 방법은 불완전하긴 했지만, 후대 수학자들이 개선하고 발전시킬 수 있는 기반을 제공했다.

아리아바타는 대수학의 아버지로 불리기도 한다. 그는《아리아바티야》에서 "두 사람에 대해 알고 있는 양의 차이를 두 사람에 대해 모르는 양의 차이로 나눈다면, 그 결과는 모르는 양의 값이 될 것이다"라고 썼다.[3] 이것은 분명히 모호한 진술이지만, 대수학의 시작을 알리는 증거이다. 훗날의 주석이 묘사했듯이, 이 진술은 다음과 같은 질문에 적용할 수 있다. "두 농부가 있는데, 한 명에게는 100루피와 소 6마리가 있고, 다른 한 명에게는 60루피와 소 8마리가 있다. 만약 두 사람의 재산 가치가 똑같다면, 소 한 마리의 가치는 얼마인가?"*

아리아바타가 대수학의 아버지로 불리는 또 다른 이유는 2차 방정식을 사용했기 때문이다. 그는 $x - y = m$과 $xy = n$과 같은 형태나 $ax^2 + bx + c = 0$과 같은 형태의 방정식에서 해를

* 소 한 마리의 가치는 20루피이다.

구하려고 했다. 첫 번째 형태에서 과제는 미지수 x와 y의 값을 얻는 것이고, 두 번째 형태에서는 미지수 x의 값을 얻는 것이다. 아리아바타는 구체적인 사례에서 그 값들을 구할 수 있었다.

이집트와 중국의 수학자들처럼 아리아바타도 π의 근삿값을 구했다. 그는 그 값을 소수 여덟째 자리까지 정확한 3.14159265로 구했으나, 그의 책에 그 방법이 나오지 않아 어떻게 구했는지는 확실치 않다. 아리아바타는 π를 사용해 원의 특징을 연구하기 위한 사인 표를 만들었다. 원의 면적과 원주 길이를 측정하는 것은 천문학 계산에서 필수적인 부분이었다.

아리아바타는 또한 하늘에서 나타나는 별들의 운동은 지구의 자전 때문에 일어난다고 주장했다. 그는 지구가 1유가 동안 15억 8223만 7500번 자전한다고 추정했는데, 힌두교에서 사용하는 시간 단위인 '유가'는 432만 년에 해당한다. 이에 따르면, 지구의 자전 주기는 23시간 56분 4.1초라는 계산이 나온다. 이것은 실로 놀라운 통찰이자, 오늘날 우리가 알고 있는 자전 속도(더 정확하게는 23시간 56분 4.091초)와 정확하게 일치하는 결과이다. 그러나 지구가 이런 식으로 돈다는 사실을 맨 처음 주장한 사람은 아리아바타가 아니다. 그런 주장을 가장 먼저 펼친 사람은 아리스토텔레스와 같은 시대에 살았던 헤라클레이데스Herakleides이지만, 그의 주장은 오래전에 무시당하고 잊혔다. 아리아바타도 죽고 나서 같은 운명을 맞이했는데, 후대의 많은 주석본은 이 주장을 그냥 삭제해버렸다. 지금 생각하면 이상하게 들릴 수도 있지만, 구체적인 증거가 없는 상황에서 왜 그 당시 천문학자들이 하늘이 도는 것이 아니라 지구가 돈다는 사실을 믿는 데 어려움을 겪었는지는 쉽게 이해할 수 있다. 만약 지구가 정말로 돈다면, 우리는 왜 지구에서 떨어지지 않을까?

14, 15세기에 인도 천문학자 파라메스바라Parameśvara와 닐라칸타 소마야지Nīlakaṇṭha Somayāji도 이런 태양계 모형을 지지했다. 얼마 후에 유럽에서도 니콜라우스 코페르니쿠스Nicolaus Copernicus와 갈릴레오 갈릴레이가 이 같은 주장을 펼쳤지만, 이 개념이 과학자들 사이에 확고하게 뿌리를 내린 것은 1851년에 프랑스 물리학자 레옹 푸코Léon Foucault가 진자를 사용해 지구의 자전 효과를 입증하고 나서였다.

아리아바타는 또한 그 당시 사용되던 것과는 완전히 다른 수 체계를 발명했거나 적어도 사용했다. 숫자 표기법이 진화하면서 두 가지 이상의 수 체계가 쓰인 적도 종종 있었다. 많은 사람들은 브라흐미 숫자를 사용했는데, 이것은 마야인이 사용한 상형 문자처럼 본질적으로 그림에 가까운 기호였다. 이 수 체계는 1부터 9까지의 각 숫자에 해당하는 기호가 있었고, 20, 30, 40, …에 해당하는 기호도 따로 있었다. 그래서 이 체계에서는 0이 맡을 역할이 없었다. 즉, 20이라는 숫자는 2개의 10과 1개의 0을 나타내는 기호 대신에 20을 나타내는 독립적인 기호로 썼다.

아라비아 숫자	1	2	3	4	5	6	7	8	9	10	20	30	···	100
브라흐미 숫자														

브라흐미 숫자

4세기에는 굽타 숫자가 나타났다. 필기체 형식이고 대칭적이어서 서기가 빨리 쓸 수 있었던 굽타 숫자는 대체로 브라흐미 숫자에 기반을 둔 것이었다. 하지만 굽타 숫자는 브라흐미 숫자를 완전히 대체하지는 못했다.

아라비아 숫자	1	2	3	4	5	6	7	8	9	10	20	30	···	100
굽타 숫자														

굽타 숫자

굽타 숫자는 쓰는 속도를 높였지만, 수학과 천문학 계산에서 큰 수를 표현하기에는 여전히 번거로웠다(그렇다고 해서 자이나교 수학자들이 브라흐미 숫자를 사용해 큰 수를 탐구하길 포기한 것은 아니었다). 그래서 아리아바타는 산스크리트어 알파벳을 사용해 새로운 수 체계를 발명했다. 1부터 25까지, 그리고 30, 40, 50, 60, 70, 80, 90, 100을 산스크리트어 알파벳 자음 33개로 나타냈다. 그리고 모음을 사용해 10의 거듭제곱을 나타냈다. 그럼으로써 큰 수를 쉽게 나타낼 수 있었는데, 예컨대 15억 8223만 7500(1582237500)은 *‘ṅiśibuṇḷikhṣhṛi’*라는 단어로 표기할 수 있었다. 비록 자신의 책에서 0을 명시적으로 사용하진 않았지만, 이 책에는 아리아바타가 0을 알고 있었다는 단서가 숨어 있다.

그의 수 체계는 0의 사용이 기반을 이루고 있는 것처럼 보이며, 《아리아바티야》에 나오는 일부 계산은 0의 개념을 모르고서는 하기가 불가능하다.

아리아바타는 유목 민족인 훈족의 침략으로 굽타 제국이 멸망한 550년에 죽었다. 제국은 여러 왕국으로 해체되었고, 일부 교육 센터들도 해산되었다. 각 지역의 새 왕들은 불교도가 아니었지만, 일부 왕들은 굽타 제국이 멸망한 뒤에 날란다 같은 불교 연구 센터와 함께 천문대와 천문학자들도 후원했다.

구멍이 있는 숫자

굽타 왕조 시대의 가장 중요한 수학자로는 7세기에 인도 서부의 빈말에 살았던 브라마굽타Brahmagupta를 꼽을 수 있다. 아버지 지슈누굽타Jishnugupta가 천문학자이자 수학자였기 때문에, 브라마굽타는 일찍부터 아리아바타의 연구에 접했을 것이다. 30세 때 자신의 책을 저술했는데, 당대의 지식을 자신의 연구와 야심 차게 결합한 산물이었다. 그 책의 제목은《브라흐마스푸타싯단타Brahmasphutasiddhanta》로, 번역하면 '올바르게 확립된 브라흐마의 교리'라는 뜻이다(아, 젊은이의 패기란!). 이 책에서 가장 큰 충격을 몰고 온 부분은 당연히 0을 다룬 절이었다.

0은 브라마굽타 이전에도 사용된 적이 있었는데, 알려진 것 중 가장 일찍 사용된 사례는 기원전 300년에서 기원전 200년 사이에 마야 문명에서 일어났다. 그들은 조가비처럼 생긴 기호를 자리 표시자(0의 가장 기본적인 기능 중 하나)로 사용했다. 0을 자리 표시자로 사용하는 개념은 수를 생각하는 방식에 놀랍도록 유용한 전환을 가져온 발전으로, 이것은 오늘날에도 여전히 사용되고 있다.

201이라는 숫자를 쓸 때, 가장 오른쪽에 있는 숫자는 1의 자리를, 그리고 차례로 왼쪽으로 갈수록 각각 10의 자리, 100의 자리를 나타낸다는 데 암묵적 합의가 있다는 사실을 생각해보자. 자리 표시자 역할을 하는 0이 없다면, 21과 201, 2001을 구별할 방법이 없을 것이다.

자리 표시자를 이런 식으로 사용하지 않는 로마 숫자와 비교해보자. 로마 숫자로 201은 CCI이라고 쓰는데, C는 100을, I는 1을 나타낸다. 로마 숫자에는 0을 나타내는 기호가 없으므로, 이 숫자에는 10의 자리가 전혀 나타나지 않는다. 이것은 어떤 상황에서는 그다지 큰 문제가 되지 않지만, 덧셈처럼 단순한 계산을 하려고만 해도 문제가 생긴다. 99에 201을 더하는 계산은 쉽다. 먼저 1의 자리를 더하고, 다음에는 10의 자리를 더하고, 마지막으로 100의 자리를 더해서 합하면 된다. 하지만 XCIX에 CCI을 더하려고 해보라. 로마인이 이런 숫자로 어떻게 계산을 했는지 의문이 든다.

마야의 수 체계는 이와 달리 숫자의 위치를 매우 효과적으로 사용했다. 다만 1의 자리와 10의 자리, 100의 자리 등을 사용하는 대신에 20의 거듭제곱을 기반으로 한 기수법을 사용했다. 기원전 400년에서 기원전 300년 사이에 바빌로니아인도 0을

마야인과 바빌로니아인이 사용한 0의 기호. 마야인이 사용한 조가비 모양 기호는 많은 변형이 있었다. 바빌로니아와 이집트, 그리스에서도 0을 나타내는 기호가 사용되었다.

나타내는 기호를 사용했다. 처음에는 콜론과 비슷한 모양이었으나, 나중에는 위 그림처럼 옆으로 기울어진 쐐기 문자 형태로 발전했다.

굽타 왕조 시대의 어느 시점에 인도 수학자들은 점을 사용해 0을 나타내기 시작했다. 브라마굽타는 그것을 사용한 게 확실하므로, 그 기원은 적어도 6~7세기로 거슬러 올라간다. 하지만 '바크샬리 필사본'이라는 불가사의한 문서에 더 오래된 0의 기호가 포함돼 있는지도 모른다. 물론 누구에게 묻느냐에 따라 그 대답은 달라진다.

1881년에 바크샬리(지금의 파키스탄 지역)에서 한 농부가 발견한 바크샬리 필사본은 70쪽의 자작나무 껍질에 글씨를 쓴 것으로, 산술과 기초 대수학과 기하학에 관한 내용이 적혀 있다. 산스크리트어와 지방 사투리가 섞여 있으며, 저자는 알 수 없다. 처음에 바크샬리 필사본은 파키스탄의 라호르국립박물관으로 보내질 계획이었지만, 영국의 통치를 받던 시절이라 결국에는 옥스퍼드대학교의 보들리도서관으로 가 지금까지 보관돼 있다.

몇 년 전에 보들리도서관 측은 방사성 탄소 연대 측정법으로 바크샬리 필사본의 연대를 측정하기로 결정했다. 그 결과 세 쪽의 문서가 각각 300년경, 700년경, 900년경의 세 시기에 만들어진 것으로 드러났다.[4] 이를 근거로 인도 수학자들이 300년경에 0을 사용했다고 주장하는 사람들이 있는가 하면, 900년 이후에 사용했다고 하는 사람들도 있다. 필사본에 사용된 잉크까지 조사하지는 않았기 때문에, 누가 옳은지는 확실하게 알 수 없다.

바크샬리 필사본. 여러 개의 점이 사용된 것을 볼 수 있는데,
맨 아래쪽에 있는 점은 자리 표시자 역할을 한다.

인도의 0 이야기를 더 복잡하게 만드는 사실이 있는데, 브라마굽타가 사용한 것과 바크샬리 필사본에 등장하는 것과 비슷한 숫자 기호가 같은 시기에 다른 곳에서도 나타났다. 캄보디아에서도 683년에 점으로 0을 나타낸 기록이 발견되었는데, 메콩강변의 삼보르에서 폐허로 변한 사원의 돌에 새겨져 있었다. 오늘날의 인도네시아 지역에서도 비슷한 시기에 원으로 0을 나타낸 기호를 사용했다. 인도에서 원을 0의 기호로 사용한 사례 중 가장 오래된 것은 괄리오르의 힌두교 사원에 새겨진 것으로, 이 사원은 875년 무렵에 세워졌다.

스리위자야 제국과 크메르 제국을 포함해 수마트라섬 지역

683년에 크메르인이 사용한 0의 기호

수마트라섬 앞바다에 있는 방카섬에서 발견된 원 모양의 0.
새겨진 숫자는 608인데, 사카 시대의 한 해를 표시하기 위해 적은 것으로
보인다. 오늘날의 시간 기준에 따르면, 686년에 해당한다.

은 인도 아대륙과 중국에 큰 영향을 받았다. 서아시아에서 이곳으로 이슬람교도들이 이주해 왔고, 승려들은 중국에서 불교를 들여왔다. 그렇다면 0이 외부에서 이 섬들로 들어왔을 가능성

괄리오르의 힌두교 사원에 남아 있는 0의 흔적(두 번째 줄).
이 사원은 875년경에 지어졌다.

이 있다. 하지만 현지 필경사들이 독자적으로 0을 개발해 이 기호가 반대 방향으로 전해졌을 가능성도 얼마든지 있다.

이 때문에 현대적인 0의 기호가 어떻게 생겨났는지 그 정확한 내막은 다소 안개 속에 싸여 있다. 하지만 우리가 아는 한, 인도 이외의 다른 지역에서 0이 자리 표시자 기능을 넘어 더 중요한 의미로 사용된 적은 없다. 그러한 변화를 보여주는 최초의 구체적인 증거는 브라마굽타에게서 발견된다. 그것은 획기적인 순간이었다. 0을 자리 표시자로 사용하는 것이 아주 유용한 혁신이었다면, 0을 진정한 수 자체로 간주하는 것은 개념적 도

약이었다. 《브라흐마스푸타싯단타》에서 브라마굽타는 0을 산술 계산에서 사용하는 방법을 소개했는데, 0을 더하고 빼고 곱하고 나눌 수 있는 완전한 수로 제시했다. 그는 "어떤 수에 0을 더하거나 빼면, 그 수는 아무 변화가 없다. 어떤 수에 0을 곱하면, 그 결과는 0이 된다"라고 썼다. 현대적인 수식으로 표현하면, $x+0=x$, $x-0=x$, $x\times 0=0$이다.

그러고 나서 이 규칙들을 재산(양수)과 빚(음수)을 사용해 설명했다.

> 빚에서 0을 빼면 빚이다.
> 재산에서 0을 빼면 재산이다.
> 0에 빚이나 재산을 곱하면 0이 된다.

그는 어떤 것에 0을 곱한 결과도 살펴보았지만(그 결과는 0), 나눗셈에 대해서는 다음과 같은 결론을 내렸다.

> 0을 0으로 나누면 0이다.

이것은 틀린 결론이지만, 그 정답을 알아내는 것은 약 1000년 뒤에 미적분이 발명될 때까지 기다려야 했다.

0을 단순히 자리 표시자에서 실제 수로 간주하는 전환이 얼마나 중요한 사건이었는지는 아무리 강조해도 지나치지 않다.

그런 일이 일어나지 않았더라면, 현대 수학의 많은 부분은 물론이고 우리가 세계를 제대로 이해하는 것도 불가능했을 것이다. 현대 세계는 2진법 수학(0과 1만 사용하는 수학)을 바탕으로 한 디지털 기술이 그 기반을 이루고 있다. 화면의 모든 픽셀과 컴퓨터가 수행하는 모든 계산, 컴퓨터에 저장되는 모든 데이터는 0과 1의 경이로운 힘에 의존하고 있다. 전자공학적으로 이것은 어떤 것이 켜짐on 상태에 있느냐 꺼짐off 상태에 있느냐에 해당하지만, 그 작동 방식을 이해하려면 0을 단순히 자리 표시자가 아니라 진정한 0으로 이해하는 것이 필요하다. 그것은 계산에서 자유자재로 다루면서 사용할 수 있는 0이어야 한다.

그런데 0이라는 개념은 많은 문명에서 나타난 것처럼 보이는데도, 왜 인도에서만 추가적인 발전이 일어났을까? 이것은 수학보다는 철학에 관한 문제라고 할 수 있다. 일부 문화들은 무無라는 개념을 두려워하거나 싫어한 것처럼 보인 반면, 많은 인도 사람들은 그 개념을 적극적으로 받아들였다. 굽타 왕조 초기의 문헌에 나타난 산스크리트어 '순야타śūnyatā'는 '텅 빈' 것을 뜻하며, 불교의 '공空' 개념에 해당한다. '대기'(아카사 ākāsa)와 '하늘'(하kha)을 뜻하는 단어들도 0을 나타내는 데 쓰였다. 예를 들면, 아리아바타는 자신의 수 체계에서 '하'라는 단어를 사용해 텅 빈 자리를 나타냈다. 다른 사람들은 0을 '니르구나 브라만nirguna Brahman'이라고 불렀는데, '속성이 없는 진리'란 뜻이다. 이 모든 단어들의 뿌리에는 '무'가 중요하다는 개념이 자리 잡고 있는데, 무한한 세계는 '공'에서 시작된다고 본다. 이 때문에 브라마굽타 같은 수학자들이 이전 사람들보다 이 개념을 더 깊이 통합해야겠다는 동기를 느꼈을 수도 있다.

0의 확산

0이 즉각 전 세계로 퍼진 것은 아니다. 0은 아랍어를 쓰면서 아프리카와 아시아, 유럽 등지로 여행하던 상인들을 통해 퍼져 나가기 시작했는데, 이들은 0의 개념과 함께 개선된 굽타 숫자까지 받아들였다. 9세기의 박학다식한 수학자이자 천문학자 무함마드 이븐 무사 알 콰리즈미Muhammad ibn Mūsā al-Khwārizmī가 쓴 책《인도 숫자를 사용한 계산법》이 이 과정에 큰 역할을 했다. 알 콰리즈미는 진정한 0을 포함한 수 체계의 유용성을 즉각 간파했지만, 많은 곳에서는 이 개념이 서서히 받아들여졌다.

0이 유럽에 맨 처음 전해진 경로 중 하나는 이탈리아 수학자 레오나르도 피보나치Leonardo Fibonacci를 통해서였다. 피보나치는 12세기 후반에 알제리의 부지아(지금의 베자이아)에서 이탈리아 상인들을 대표해 일하던 아버지를 돕다가 0을 처음 접했다. 아마도 아랍어를 쓰는 상인들을 통해, 그리고 알 콰리즈미의 책을 공부함으로써 0을 알게 되었을 것이다. 유럽으로 돌아온 피보나치는《계산책》이란 책을 출판했는데, 여기서 0을 포함한 인도-아라비아 숫자를 요약해 소개하고 계산에 사용하는 방법을 설명했다. 피보나치는 알 콰리즈미의 책에서 '무'를 뜻하는 아랍어 단어 '시프르'를 라틴어 '제피룸zephyrum'으로 번역했다. 그리고 베네치아의 이탈리아인들이 이 단어를 받아들이면서 '제로zero'로 바꾸었다.

피보나치는 아랍 상인들이 사용한 수학을 적극적으로 옹호했지만, 0을 10진법으로 수를 셀 때 자리 표시자로만 사용했기 때문에, 그것은 진정한 0이 아니었다. 그의 책이 나오고 나서도 0이 널리 받아들여진 것은 아니었다. 유럽의 많은 지식인은 이슬람 학자들에 대해 편견을 갖고 있었고, 아랍의 수학을 진지하게 받아들이지 않았다. 0은 나머지 인도-아라비아 숫자들과 함께 피렌체에서 완전히 금지되었는데, 사기 목적으로 변조하기가 쉬워 보인다는 황당한 이유에서였다. 물론 결국에는 유럽인도 인도-아라비아 숫자를 열정적으로 받아들였다. 로마 숫자보다 훨씬 편리한 유용성 때문에 그렇게 오랫동안 0을 무시할 수가 없었다. 다만 16세기에 르네상스가 일어난 뒤에야 비로소 인도-아라비아 숫자가 널리 쓰이게 되었다.

동아시아에도 아랍 상인과 기독교 선교사를 통해 0과 인도-아라비아 숫자가 전해졌다. 그러나 상당히 유용하게 쓰이던 산가지 숫자를 대체하기가 어려웠고, 산가지 숫자는 19세기까지도 지배적인 숫자로 사용되었다. 결국 인도-아라비아 숫자로 교체가 일어난 것은 국제 교역과 의사소통 수단으로 유용했기 때문이다.

나머지 세계 지역들에서도 많은 수학 전통이 비슷한 방식으로 확립되었다. 예컨대 사하라 이남 아프리카에서는 말리 제국의 팀북투에 있던 산코레 마드라사가 주요 교육 센터 중 하나였다. 14세기 초에 말리를 통치한 만사 무사Mansa Musa 왕은 역사상 가장 부유한 사람 중 하나로 알려져 있다. 그는 아랍 상인들이 가져온 책에 많은 투자를 했고, 산코레 마드라사에 학자들을 고용해 그 책들을 연구하게 했다. 팀북투에는 많은 책이

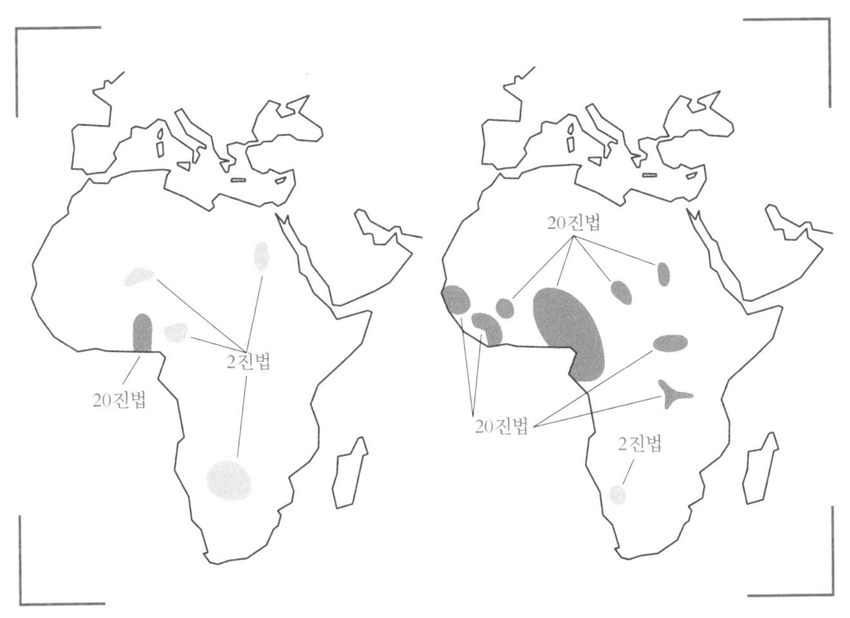

아프리카에서 사용된 몇 가지 기수법

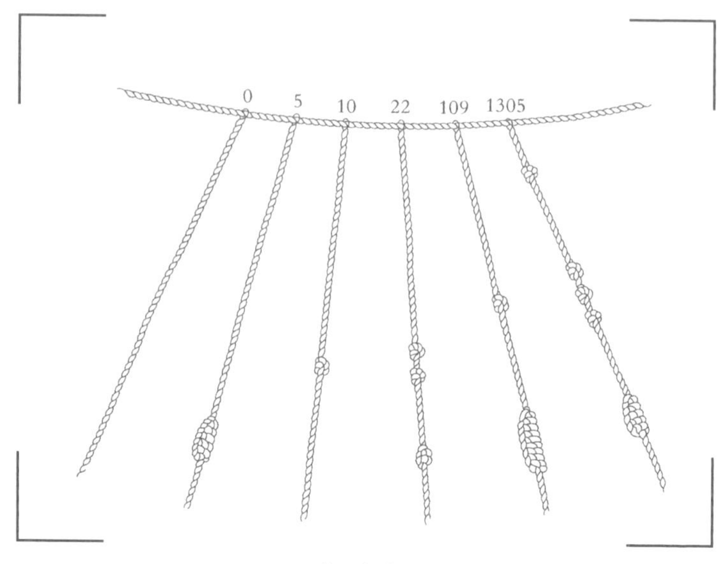

키푸의 사용 예

전해졌으나, 수학은 처음에 깊이 연구한 분야가 아니었다. 아프리카 대륙 전역에서는 2진법과 20진법이 훨씬 많이 쓰였기 때문에, 10진법은 그다지 큰 인기를 끌지 못했다.[5] 하지만 그렇다고 해서 이 지역의 수학이 발전하지 않은 것은 아니었다. 주요 교육 센터 밖에서 현지 상인들은 큰 수들을 빠르게 암산하는 혁신적 방법을 많이 알고 있었다. 그 암산법을 가나에서는 '수수susu'라고 불렀고, 세네갈과 베냉에서는 '톤티네스tontines', 나이지리아에서는 '에수수esusu'라고 불렀다.

메소아메리카에서 13세기에 크게 번성한 잉카 제국은 '키푸quipu'라는 결승結繩 문자를 사용해 숫자를 기록하는 독특한 체계를 발전시켰다. 키푸는 알파카의 털이나 야마의 면실로 꼰 줄로 만들었다. 이걸로 매듭을 지어 인구 조사나 세금 부과액을 기록했을 뿐만 아니라 이름과 이야기와 개념도 표현했다. 숫자를 기록할 때 잉카인은 10진법을 사용했고, 매듭은 주판알과 비슷한 기능을 하면서 키푸를 사실상 끈 스프레드시트로 만들었다. 잉카인은 1583년까지 키푸를 사용했지만, 에스파냐인 정복자가 그것이 이교도 신들에게 바치는 공물을 기록하는 데 쓰인다고 믿고서 금지시켰다.

인도 밖에서 0에 관한 브라마굽타의 연구를 최초로 이해한 사람들은 아라비아반도에 살던 이들이었다. 8세기에 이곳에서는 학문 연구 센터가 세계 어디에서도 볼 수 없는 수준으로 크게 융성했다. 그리고 수학에서 가장 중요한 개념 몇 가지가 이곳에서 탄생했다.

6

지혜의 집

8세기에 바그다드에서는 뭔가 특별한 일이 일어나고 있었다. 티그리스강 유역을 따라 여기저기에 궁전이 건설되었다. 그와 함께 문화와 과학이 크게 융성했고, 전 세계에 큰 영향력을 떨칠 학자 집단이 생겨났다.

그 이전까지만 해도 바그다드는 그저 작은 마을들의 집합체에 지나지 않았다. 그러나 아바스 왕조의 새로운 통치자들은 이슬람 제국을 건설하려는 원대한 계획을 세우면서 바그다드를 그 수도로 삼길 원했다. 이것은 수십 년 동안 이 지역의 최대 도시였던 다마스쿠스에는 큰 굴욕이었다.

이 모든 것은 '검은 옷을 입은 사람들의 운동'으로 시작되었는데, 이전 왕조인 우마이야 왕조에 반기를 들고 일어난 봉기였다. 우마이야 왕조의 영토는 전성기에 서쪽으로는 오늘날의 포르투갈까지, 동쪽으로는 키르기스스탄과 파키스탄까지 뻗어 있었다. 하지만 우마이야 왕조는 처음부터 실패가 예정돼 있었다고도 볼 수 있다. 우마이야 왕조의 제국은 기독교도와 유대인, 이슬람교도 등으로 다양하게 구성된 방대한 인구를 통치했지만, 기본적으로 절대다수의 비아랍인을 아랍인 칼리프가 지배하는 구조였다. 물론 이 사실만으로는 제국의 붕괴를 초래할 절대적 원인이 될 수 없다. 문제는 아랍인이 아닌 사람들을 열등한 시민으로 대우한 데 있었다. 성벽으로 둘러싸인 일부 도시는 오직 아랍인 지배층만 거주할 수 있었고, 비아랍인은 정부의 직책을 맡을 수 없었다. 이 때문에 민중 사이에 강한 불만과 소외감이 퍼져 나갔고, 결국 이것이 터지면서 혁명이 일어났다.

혁명을 선두에서 이끈 세력은 아바스 가문이었다. 그들 역시 아랍인이었지만, 무함마드Muhammad(마호메트의 아랍어 이름)의 삼촌에서 유래한 직계 후손임을 내세운 아바스 가문은 비아랍인 사이에서, 특히 페르시아에서 지지를 이끌어낼 수 있었다. 불만이 널리 확산되는 가운데 개별적으로 일어난 봉기들이 검은 깃발(우마이야 왕조의 폭정에 저항하는 운동의 상징) 아래 함께 뭉쳤다. 이란 동부에 위치한 군사 도시 호라산에서는 아부 알 아바스 아스 사파Abu al-'Abbas as-Saffah가 우마이야 왕조를 무너뜨리는 쿠데타를 이끌었는데, 현지 주민의 지지가 무엇보다 큰 힘이 되었다. 그는 750년 무렵에 아바스 왕조의 초대 칼리프가 되었다.

아부 알 아바스는 권좌에 오른 지 몇 년 만에 천연두로 죽고, 이복형제 알 만수르al-Mansūr가 칼리프에 올라 수도를 다마스

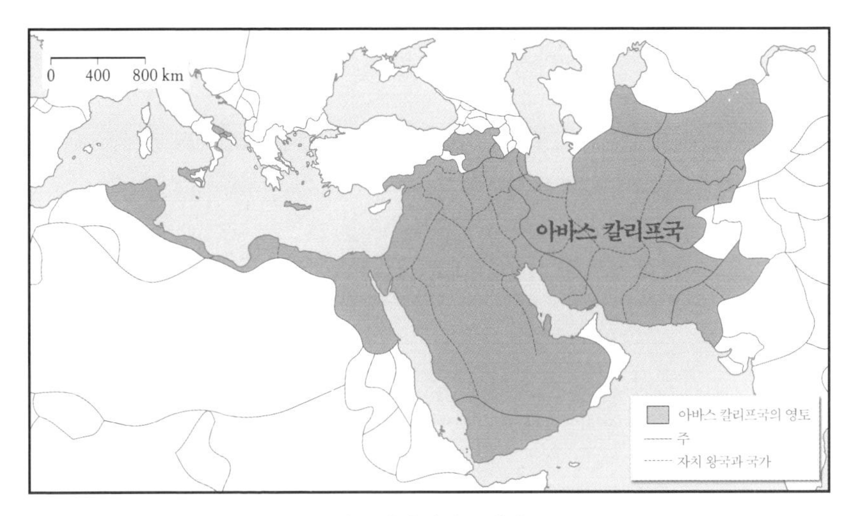

849년 무렵의 아바스 칼리프국

쿠스에서 바그다드로 옮기는 작업을 시작했다. 천도는 이전 왕조를 전복하는 데 도움을 준 페르시아인의 요구에 응한 것이었는데, 페르시아인은 이슬람 제국에서 아랍인의 영향력을 줄이라고 요구했다. 새 수도 건설은 번성을 구가하는 국제적 상업 중심지를 만들어내는 결과도 낳았다. 바그다드는 결국 인구가 100만을 넘는 세계 최대 도시로 성장했다.

이렇게 훨씬 포괄적인 사회가 등장하자, 지식 자체를 추구하려는 갈망이 강하게 요동쳤다. 강력한 지식인 집단이 생겨났고, 그 속에서 역사상 가장 중요한 몇 가지 수학 개념이 잉태되어 확산되었다.

칼리프를 위한 계산

자신의 영향력을 공고히 다지기 위해 알 만수르는 수백 권의 책을 아바스 칼리프국의 공식 언어인 아랍어로 번역하는 과학적, 문화적 과업을 시작했다. 철학과 천문학, 점성술 분야의 중요한 서적들은 그리스어, 고대 시리아어, 산스크리트어, 팔레비 왕조의 페르시아어로 쓰여 있었다. 알 만수르는 이것들을 모두 아랍어로 통합하면 자신이 통치하는 영토도 모두 통합할 수 있을 것이라고 믿었다. 지식과 권력은 서로 손을 맞잡고 나아갔다.

알 만수르가 이 번역 작업을 적극적으로 추진한 이유 중에는 개인적 관심도 있었다. 점성술에 푹 빠져 있던 그는 이슬람교 측의 곱지 않은 시선을 무릅쓰고 페르시아의 고대 신화를 번역하는 데 많은 돈을 들였다. 페르시아의 고대 신화에는 과학적 근거가 부족하긴 하지만 수학과 천문학에 관한 내용이 많이 나온다. 이야기 속에 나오는 이 주제들이 중요하게 취급되자, 과학적 내용의 번역과 새로운 책과 개념에 대한 열망도 커졌다. 770년경에 아바스 왕조는 아리아바타와 브라마굽타의 저서를 발견하고는 신속하게 페르시아어와 아랍어로 번역했다. 그리스에서는 아르키메데스와 아폴로니오스, 디오판토스, 유클리드, 프톨레마이오스의 수학 저작이 수입되어 번역되었다. 알 만수르는 이 번역 작업에 자금을 지원했고, 얼마 전에 설립된 제지 공장들이 책의 제작에 도움을 주었다.

첫 번째 제지 공장은 중국과 서양을 잇는 실크로드에 위치한 사마르칸트(지금의 우즈베키스탄에 위치한 도시)에 세워졌다. 아바스 칼리프국은 751년에 당나라 군대를 격파하고 이 지역을 지배했다. 중국에는 이미 제지 공장이 있었는데, 포로로 잡힌 중국인 중에 제지 기술을 아는 사람들이 있었다. 아바스 왕조는 포로들의 도움을 받아 사마르칸트에 제지 공장을 짓고, 현지에서 생산된 아마와 대마 같은 원재료를 사용해 종이를 생산했다. 그러고 나서 바그다드에도 제지 공장을 여럿 지었다. 그러자 책을 만드는 일이 갑자기 이전보다 훨씬 수월해졌다. 제지 공장이 들어서기 전에는 식물 잎이나 죽간처럼 시간이 지나면 부패가 일어나는 재료에 기록을 남겼다. 이제 더 값싸고 신뢰할 만한 재료를 사용하면서 필경사들의 생산성이 높아졌다. 더 많은 책이 만들어지자 학자의 수도 늘어났는데, 책이 더 외딴 지역까지 흘러 들어갈 수 있었기 때문이다. 파피루스와 양피지 시대는 종언을 고했다. 이제 종이가 대세였다.

그 뒤를 이은 칼리프들도 계속 책을 수집하고 인상적인 도서관을 지었지만, 알 만수르의 증손자 알 마문al-Ma'mūn은 이를 완전히 새로운 차원으로 확대했다. 알 마문은 크게 불어난 아바스 왕조의 군대를 지휘하면서 영토 확장을 위해 멀리 콘스탄티노플까지 진군했다. 아버지인 알 라시드al-Rashīd는 중국과 유럽의 황제들과 외교 관계를 수립하고 제국들 사이의 교역 연결

망을 늘렸다. 아바스 칼리프국 사람들은 실크와 수정 제조 기술이 뛰어났다. 유럽에서는 이 제품들에 대한 수요가 많았기 때문에 서로마 제국 황제이던 샤를마뉴Charlemagne 대제(카롤루스 대제의 프랑스식 이름)는 무역 적자로 인해 알 마문에게 상당한 대가를 지불해야 했다.

아바스 왕조 시대에 이슬람교가 널리 퍼졌지만, 서로 다른 종교를 믿는 사람들 사이의 긴장은 그리 높지 않았다. 기독교 학자와 유대교 학자가 더 자유롭게 교류할 수 있었던 것은 초기 이슬람교가 다른 종교에 대해 개방적인 태도를 취했기 때문이다. 능력 있는 기독교와 유대교 번역가들이 아바스 칼리프국 안팎에서 바그다드로 몰려왔는데, 칼리프가 보수를 후하게 지불하고 적극적인 지원을 제공한 덕분이었다. 알 마문은 독창적인 생각과 자유로운 토론을 장려하는 교양 있는 칼리프라는 명성을 얻었다. 그는 세상의 모든 책을 한 지붕 아래 모으겠다는 야심 찬 계획을 추진했다. 이곳은 '지혜의 집'으로 불리게 되었고, 아바스 칼리프국뿐만 아니라 각지의 현인들이 이곳으로 몰려와 일자리를 얻었다.

지혜의 집에는 웅장한 도서관(그 당시 전 세계에서 가장 많은 책을 소장한 곳)이 있었는데, 이곳은 단순한 도서관이 아니었다. 많은 학자들이 서적을 수집하고 분류하고 번역하고 필사하고 연구하고 집필했다. 알 마문의 아낌없는 지원 덕분에 학자들은 이곳에서 지식 추구에 전념할 수 있었다. 그들은 수학, 철학, 의학,

아바스 왕조의 도서관에 있던 책과 학자들.
1237년에 야히아 알 와시티Yahyá al-Wasiti가 그린 그림

천문학, 광학 분야의 책을 아랍어로 번역한 뒤, 서로 공유하고 제국 전체로 확산시켰다.

하지만 큰 어려움이 한 가지 있었는데, 이 방대한 지식을 이해하고 일관성 있게 종합하는 것이었다. 책들에 실린 측정치는 온갖 장소에서 측정되어, 사용한 단위도 제각각 다르고 서로 모순되는 경우도 많았다. 지혜의 집은 세상의 모든 지식을 자세히

검토하면서 무엇이 옳고 그른지 가려내는 장소가 되었다. 학자들은 필요하면 직접 관찰하는 연구도 진행했는데, 예컨대 별들의 움직임을 추적하기도 했다.

대수학, 알고리듬, 알 콰리즈미

지혜의 집에서 연구한 모든 학자들 중에서 세상에 가장 큰 영향력을 떨친 사람으로는 무함마드 이븐 무사 알 콰리즈미(780~850)*를 꼽을 수 있다. 그가 없었더라면, 오늘날의 수학과 컴퓨터과학은 전혀 다른 모습을 하고 있을지도 모른다.

그의 생애에 대한 정보는 거의 전하지 않고, 남아 있는 내용도 상반된 것이 많다. 알 콰리즈미는 화라즘Khwarazm(호라즘이라고도 함) 지역의 페르시아인 집안에서 태어난 것으로 보인다. 그의 이름을 문자 그대로 해석하면 '화라즘 토박이'라는 뜻이다. 화라즘은 오늘날의 투르크메니스탄과 우즈베키스탄 국경 지역에 위치하고 있지만, 그 당시에는 아바스 칼리프국의 일부였다. 그의 이름은 또한 세상에서 가장 오래된 종교 중 하나인 조로아스터교 신자였을 가능성을 시사한다. 그렇긴 하지만, 그

* 그의 이름 철자에는 여러 가지 변형이 있다. 그중에는 아부 압달라 무함마드 이븐 무사 알 콰리즈미Abū ʿAbdallāh Muhammad ibn Mūsā al-Khwārizmī와 아부 자파르Abū Ja'far도 있다.

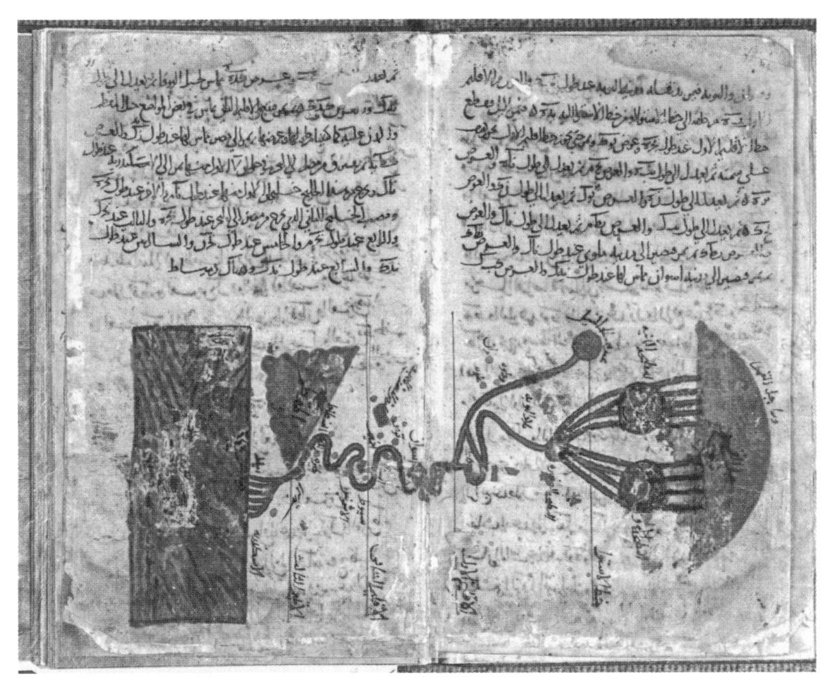

지금까지 남아 있는 가장 오래된 종이 지도 중 하나. 1036년경에 제작된
알 콰리즈미의《지구의 그림》사본으로, 나일강 일부 지역이 나타나 있다.

가 쓴 한 책의 서문은 그가 정통 이슬람교도였음을 암시한다.

알 콰리즈미는 칼리프 알 마문의 지시로 지혜의 집에 고용되었다. 처음에는 유능한 지리학자로 명성을 얻었다. 833년에《지구의 그림》으로 알려진 지도를 만들었는데, 수백 개 도시와 그 좌표가 실려 있었다. 알 콰리즈미가 많은 도시를 여행하면서 직접 조사도 했겠지만, 위도와 경도는 2세기에 간행된 프톨레마이오스의《지리학》에서 그대로 인용한 것이었다. 알 콰리즈미는 2400개가 넘는 도시와 산, 강, 해안선의 좌표를 자신의 지도로 옮겼다. 비록 지금까지 남아 있진 않지만, 이 지도는 프톨레마이오스의 지도를 크게 확장해 그 범위가 대서양에서 인도양까지 뻗어 있었다. 하지만 정말로 뛰어난 능력을 보여준 분야는 수학이었다.

그가 쓴 책《인도 숫자를 사용한 계산법》은 브라마굽타의 연구를 받아들여 소개한 것으로, 브라마굽타의 10진법을 사용하고 이를 아랍어로 번역했다. 이 번역을 통해 브라흐미 숫자는 아랍 문자와 밀접한 관련이 있는 새로운 아라비아 숫자로 변했다.

알 콰리즈미는 0에 대한 브라마굽타의 견해와 10진법의 편리성을 높이 평가했다. 비록 알 콰리즈미가 쓴 원본은 지금까지 전하지 않지만, 오늘날 우리가 사용하는 수 체계를 전 세계로 확산시킨 것은 그의 책이었다.

이 책은 이베리아반도의 이슬람 통치 지역인 알안달루스를 통해 유럽으로 전해졌다. 유럽과 지리적으로 가까워서 그리스에서 유래한 저술도 오래전부터 이 지역에 모였지만, 이제 지혜의 집에서 만들어진 필사본들도 이곳으로 오기 시작했다. 오늘날의 에스파냐 지역에 있는 톨레도는 결국 유럽에서 가장 큰 교육과 번역 중심지 중 하나가 되었다. 아랍의 수학은 고대 에스파냐어와 라틴 히브리어, 라디노어(유대-에스파냐어)로 번역되었다.

알 콰리즈미의 저술이 라틴어로 번역되면서 인도-아라비아 숫자를 쓰는 방식이 여러 가지 생겨났지만, 서지중해 지역에서 지배적으로 사용되던 방식이 오늘날 우리가 사용하는 인도-아라비아 숫자로 발전했다.

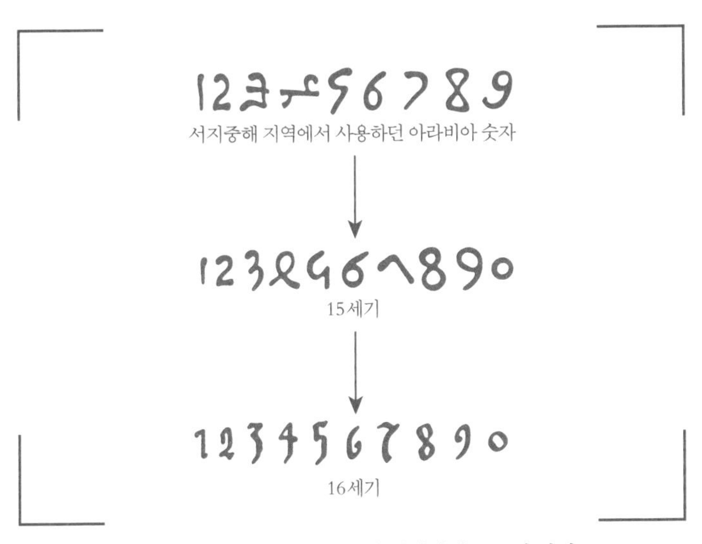

인도-아라비아 숫자는 시간이 지나면서 조금씩 변해
오늘날 우리가 쓰는 형태가 되었다.

10진법은 마침내 전 세계로 퍼져 나갔지만, 지혜의 집에서 대다수 수학자들이 사용한 것은 아니었다. 많은 학자들은 바빌로니아의 60진법을 선호했다. 특히 천문학자들이 선호했는데, 원 궤도를 360°로 나타내는 것이 편리했기 때문이다. 60진법을 사용해 계산하는 방식을 '천문학자의 산술'이라고 불렀다.

세상에 10진법을 도입한 것만 해도 한 사람이 이룬 업적으로 대단해 보일 수 있지만, 이는 알 콰리즈미의 많은 업적 중 하나에 지나지 않는다. 그가 쓴《복원과 대비의 계산》은 결국 서아시아와 유럽 전역에서 지배적인 수학 교과서가 되었다. 모든 과학에서 가장 중요한 개념 두 가지가 이 책에 나오는데, 바로 '대수학'과 '알고리듬'이다.

대수학을 뜻하는 영어 단어 'algebra'는 이 책의 제목에 쓰인 '알 자브르al-jabr'에서 유래했다. 오늘날 대수학은 숫자 대신에 문자를 사용해 수의 관계와 성질을 연구하고 방정식에서 미지수의 값을 구하는 수학 분야를 가리킨다. 하지만 원래 알 자브르는 방정식을 풀기 위해 방정식을 재배열하는 특정 기법인 '복원'을 가리키는 말이었다.

책 전체에 걸쳐 알 콰리즈미는 현실에서 맞닥뜨리는 실용적인 문제(상속이나 토지 분할, 소송, 거래, 운하 건설 등과 관련된 문제)를 푸는 데 초점을 맞추었다. 그가 발전시킨 한 가지 중요한 수학 개념은 1차방정식과 2차방정식을 푸는 방법이다. 현대적인 표기법을 사용해 표현한다면, 1차방정식은 미지수가 x의 배수인 방정식이고, 2차방정식은 미지수가 x^2의 배수인 방정식이다. (방정식 $2x = 4$는 1차방정식, $3x^2 + 2x = 1$은 2차방정식이다.)

알 콰리즈미가 이 문제들을 푼 방식에서는 먼저 방정식을 아래의 여섯 가지 형태 중 하나로 바꾸었다.

2차 항이 1차 항과 같다($ax^2 = bx$).

2차 항이 상수와 같다($ax^2 = c$).

1차 항이 상수와 같다($bx = c$).

2차 항과 1차 항의 합이 상수와 같다($ax^2 + bx = c$).

2차 항과 상수의 합이 1차 항과 같다($ax^2 + c = bx$).

1차 항과 상수의 합이 2차 항과 같다($bx+c=ax^2$).

… 여기서 a, b, c는 자연수이다.

어떤 1차방정식이나 2차방정식도 알 콰리즈미는 '알 자브르'(복원)와 '알 무카블라'(대비)를 사용해 이 여섯 가지 형태 중 하나로 바꾸었다. 알 자브르를 사용하면, 양변에 같은 양을 더함으로써 음수의 양을 소거할 수 있었다. 예컨대 $3x^2 = 40x - x^2$은 $3x^2 + x^2 = 40x - x^2 + x^2$으로 고쳐 쓸 수 있고, 정리하면 $4x^2 = 40x$가 되는데, 이것은 여섯 가지 형태 중 첫 번째이다. 알 무카블라는 같은 종류의 양을 방정식의 같은 변으로 옮기는 데 사용되었다. 예컨대 $3x^2 + 20 = 40x + 5$는 $3x^2 + 15 = 40x$(다섯 번째 형태)로 바꿀 수 있다.

물론 알 콰리즈미는 이런 종류의 표기법을 사용하지 않았다. 미지수는 아직 x로 나타내기 전이었고, 등호(=) 역시 사용되지 않던 시절이었다. 대신에 그는 모든 것을 단어로 나타냈다.

이 여섯 가지 표준 형태로부터 알 콰리즈미는 미지의 양을 알아내기 위해 방정식을 풀 때 밟아야 할 절차를 알려주었다.

이전에도 유클리드와 디오판토스, 브라마굽타 같은 수학자들이 미지의 양을 포함한 문제들을 연구했지만, 알 콰리즈미의 책은 더 체계적인 방법으로 해를 구하는 방법을 보여주었다. 절차를 밟아 문제를 푸는 이 방법은 무엇보다도 대단한 업적이었고, 우리가 아는 알고리듬 개념의 기원이 되었다. 비록 알 콰리즈미는 알고리듬이 무엇인지 정의하지 않았지만, 이 단순한 단계별 해결 절차로 그의 책은 유럽 전역에서 읽히고 연구되고 번역돼 나가면서 광범위한 관심을 끌게 되었다. '알고리듬algorithm'이라는 단어 자체는 '알 콰리즈미'에서 유래한 라틴어 '알고리스무스algorismus'와, '수'를 뜻하는 그리스어 '아리트모스arithmos'가 합쳐져 만들어진 것이다.

알고리듬이란 무엇인가?

알 콰리즈미의 알고리듬 개념은 현대 생활에서 필수적인 부분이 되었다. 뉴스 헤드라인에 '알고리듬'이란 단어가 나오지 않고 지나가는 날이 거의 없을 정도인데, 이것은 알고리듬이 우리 일상생활에서 없어서는 안 되는 부분이 되었다는 뜻이다. 알고리듬은 세탁기에서부터 온라인 쇼핑 뒤에 숨어 있는 추천 엔진에 이르기까지 모든 곳에 쓰인다. 이처럼 알고리듬이 온갖 곳에 쓰이고 있으니, 알고리듬이 정확하게 무엇인지 이해하고 넘어갈 필요가 있다.

개념은 다소 단순하다. 알고리듬은 어떤 문제를 풀거나 과제를 수행하는 데 사용할 수 있는 일련의 지시 목록을 가리킨다. 예컨대 레시피도 일종의 알고리듬이다. 재료만 있으면, 레시피에 따라 누구라도 그것들을 조합해 원하는 요리를 만들 수 있다. 예컨대 버터 토스트를 만드는 알고리듬은 다음과 같은 것이 될 수 있다.

토스터에 빵 한 조각을 집어넣는다.
2분 동안 기다린다.
토스터에서 빵을 꺼낸다.
빵에 버터를 올려놓는다.

대다수 사람들은 이 지시를 손쉽게 따를 수 있지만, 알고리듬에서 중요한 것은 지시가 모호하지 않고 명료해야 한다는 사실이다. 로봇은 이 지시를 제대로 수행하지 못하고 일을 망칠 수도 있지만, 자신은 지시를 정확하게 따랐다고 항변할 수 있다. 레시피를 다시 꼼꼼히 읽어보자. 그러면 왜 로봇이 구워지지도 않은 빵 위에 버터 한 덩어리를 달랑 얹어놓는 상황이 발생하는지 이해할 수 있다. 토스터에 빵을 집어넣으라고만 했지, 토스터를 켜라는 문구는 어디에도 없다. 그리고 빵에 버터를 올려놓으라고만 했지, 버터를 골고루 잘 바르라고 하진 않았다.

좋은 알고리듬을 만들려면 정밀성이 필요하다. 《유클리드의 원론》에 좋은 알고리듬의 예가 나온다. 아래에 제시한 것과 같은 일반적인 공식을 유클리드가 내놓은 것은 아니지만, 그 알고리듬의 기본을 이루는 중요한 부분 중 많은 것을 알아냈다.

'유클리드의 알고리듬'은 두 수의 최대공약수(두 정수의 공통된 약수 중 가장 큰 수)를 찾는 걸 목적으로 한다. 예를 들면, 9와 6의 최대공약수는 3이다. 9와 6은 모두 3으로 나누어떨어지고, 두 수의 공약수 중에서 이보다 큰 정수는 없기 때문이다. 이런 종류의 계산은 예컨대 두 분수의 합을 구할 때 도움이 된다. 하지만 최대공약수를 구하는 것은 어려운 과제가 될 수도 있다. 여기서 유클리드의 알고리듬이 도움을 준다.

두 수 A와 B가 있고, A가 B보다 크다고 하자. 두 수의 최대공약수를 $GCD(A, B)$로 나타내기로 하자. 최대공약수를 구하는 알고리듬은 다음과 같다.

1. 만약 $A=0$이면, $GCD(A, B)=B$이다.
2. 만약 $B=0$이면, $GCD(A, B)=A$이다.
3. 만약 위의 두 경우에 해당하지 않는다면, A를 B로 나누고 그 나머지를 구한다. 몫을 Q, 나머지를 R이라고 하면, $A=Q\times B+R$이 된다.
4. $GCD(B, R)$을 구한다.

이것은 다소 복잡해 보일 수 있으니, 9와 6의 최대공약수를 구하는 사례를 통해 살펴보기로 하자.

먼저, 조건 1을 살펴보자. $A=0$이 아니란 건 분명하니, 2단계로 넘어가자. $B=0$이 아니라는 것도 분명하니, 3단계로 넘어가자. 3단계에서 9를 6으로 나누면, $9=1\times6+3$이 된다. 이제 4단계에서 $GCD(6,3)$을 구하면 된다.

여기서 또다시 조건 1과 2는 해당 사항이 없으므로, 3단계에서 6을 3으로 나누면, $6=2\times3+0$이 된다. 이제 4단계로 넘어가 $GCD(3,0)$을 구하면 된다.

여기서 또다시 지시 목록의 맨 위로 올라가면, 이제 조건 2에 해당한다는 것을 알 수 있다. 즉, $GCD(3,0)=3$이다.

뭔가 복잡해 보인다고?

물론 이 경우에는 우리는 이미 정답을 알고 있고, 그냥 눈으로만 보고서도 답을 쉽게 알 수 있다. 하지만 만약 수들이 수백 자리나 될 정도로 길다면, 답을 알아내기가 매우 어려울 것이다. 물론 지금은 컴퓨터에 유클리드의 알고리듬을 프로그래밍해 우리 대신 계산을 하게 할 수 있다.

알 콰리즈미가 지혜의 집에서 발견한 접근법의 아름다움은 바로 여기에 있다. 문제를 단순한 단계들로 쪼갬으로써 알고리듬은 누구라도(혹은 어떤 것이라도) 쉬운 문제뿐만 아니라 복잡한 문제도 풀 수 있게 해준다. 특정 철도 노선 대신에 대중교통 수단을 사용해 브뤼셀에서 방콕까지 가는 최선의 경로를 계획해

보라고 스마트폰에 물을 때에도 똑같은 원리가 작용한다. 그 밖의 많은 상황에서도 마찬가지인데, 그러한 대다수 상황에서 우리는 걱정할 필요가 전혀 없다. 우리 대신에 알고리듬이 필요한 일을 처리해주기 때문이다.

천체의 회전

지혜의 집은 수학 개념을 교류하는 방식에도 혁명을 가져왔다. 지혜의 집은 외국 책을 검토하고 번역해 거기에 담긴 개념을 발전시킴으로써 개념이 여러 나라 사이에서 전달되는 방식을 크게 개선했고, 이를 통해 고대의 전통 수학 시대를 끝내고 새로운 시대를 열었다. 이 변화 덕분에 사람들은 수학 지식을 여러 문화들 사이에 공유할 수 있는 것으로 간주하게 되었다. 9세기의 박학다식한 학자 아부 유수프 야쿠브 이븐 이샤크 알 킨디Abū Yūsuf Ya'qūb ibn 'Ishāq al-Kindī는 "우리는 어떤 곳에서 온 진리건 간에, 설령 이전 세대에게서 나왔건 외국인에게서 나왔건 간에 그것을 인정하고 흡수하는 것을 부끄럽게 여겨서는 안 된다"라고 썼다.[1]

이전 연구에서 발견된 것을 수정하려는 시도는 지혜의 집에서 지배적 기풍이 되었다. 번역된 여러 천문학 텍스트에 실린 태양과 달, 행성의 위치 데이터들은 서로 큰 차이가 있었다. 칼리프 알 마문은 천문학자들이 직접 하늘을 관측할 수 있도록 거금을 들여 천문대를 지었다. 알 마문이 특히 흥미를 느꼈던 책은 프톨레마이오스의《알마게스트》였다. 여기서 프톨레마이오스는 그 당시 지배적이던 태양계 모형을 제시했는데, 지구가 중심에 있고 나머지 행성들이 그 주위를 도는 모형이었다. 프톨레마이오스의 체계는 우주가 수학적으로 완전해야 한다는 개념에 과도하게 의존했고, 그리스 천문학자들은 구를 우주의 완전한 도형으로 여겼다. 그래서 많은 천문학자는 달이 지구에서 가장 가까운 구면 위에서 궤도를 돈다고 믿었다. 그리고 수성과 금성, 태양은 각각 그 밖의 더 큰 구면 위에서 궤도를 돌고, 그 뒤를 이어 화성과 목성, 토성도 점점 더 큰 구면 위에서 궤도를 돈다고 믿었다.

불행하게도 이 완전한 태양계 모형은 현실과 일치하지 않았다. 천문학자들은 많은 천체의 움직임이 완전한 구형 궤도가 예측하는 결과와 일치하지 않는다는 사실을 발견했고, 그래서 프톨레마이오스는 다양한 수정을 가했다. 예컨대 구면 위에서 천체가 다시 두 번째 구형 궤도를 돈다는 주전원周轉圓 개념을 도입했다. 비록 지구는 태양계 중심에 있지만, 많은 천체의 궤도는 그 중심점이 다른 곳들에 있다고 보았다. 이렇게 구 속에 구가 있는 복잡한 체계를 만듦으로써 프톨레마이오스는 이론을 관측 결과와 놀랍도록 가깝게 일치시킬 수 있었지만, 물론 그것은 잘못된 가정 위에 세운 이론이었다.

아랍 학자들은 이 모형에 따르는 문제들을 확인하고 이를 바로잡으려고 시도했다. 알 콰리즈미와 같은 시대에 살았던 바누 무사Banū Mūsā 삼 형제는 프톨레마이오스가 계산한 1태양년의 길이를 의심하고서 그리스 천문학 지식을 바탕으로 독자적인 연구를 했다. 바누 무사 형제와 함께 일한 알 사비 타비트 이븐 쿠라 알 하라니Al-Sābi' Thābit ibn Qurrah al-Harrānī가 놀라운 성과를 올렸는데, 태양이 지구 주위를 한 바퀴 도는 데 365일 6시간 9분 12초가 걸린다고 계산했다. 물론 태양이 지구 주위를 도는 것은 아니지만, 그가 계산한 1태양년의 길이는 오늘날의 값과 불과 2초 정도 차이밖에 나지 않는다.

이렇게 프톨레마이오스의 체계를 의심하는 접근법을 취하고서도 아랍 학자들이 올바른 태양계 모형을 발견하지는 못했지만, 옛날의 모형을 의심하고 새로운 관점에서 논의하는 장을 열었다. 프톨레마이오스의 체계를 무너뜨리는 새로운 체계가 나타나기까지는 아바스 왕조의 멸망을 지나 많은 세월이 걸렸는데, 지구와 하늘에 관한 종교적 견해가 기존의 체계를 지탱하는 데 큰 역할을 했다.

지혜의 집을 불태우다

아바스 왕조가 영원히 지속될 수는 없었다. 영토가

광대하게 확장되자, 아바스 칼리프국의 지배층은 다민족과 다종교를 기반으로 나라를 운영하는 것을 당연하게 여겼다. 비아랍인 집단은 이 지역에서 또다시 소외되었다. 내부에서 새로운 제국들이 출현하면서 아바스 칼리프국이 분열되었다.

946년에 바그다드는 두 침략군이 격돌하는 전장이 되었다. 한쪽은 오늘날의 이란과 이라크를 거점으로 한 부와이 왕조 군대였고, 다른 쪽은 모술을 거점으로 한 함다니 왕조 군대였다. 몇 달 동안의 전투 끝에 마침내 부와이 군대가 바그다드를 점령하고 도시 전체를 혼란의 도가니로 몰아넣었다. 이 지역에서 약 100년 동안 불안정한 상태가 지속되다가, 12세기에 아바스 왕조의 칼리프 아부 만수르 알 파들 이븐 아흐마드 알 무스타즈히르Abu Mansur al-Fadl ibn Ahmad al-Mustazhir가 바그다드를 탈환하는 데 성공했지만, 아바스 왕조는 온 세계의 학문과 지식을 선도하던 전성기의 번성을 다시 누리지는 못했다.

1258년에 몽골 제국이 바그다드를 정복하면서 마지막 결정타를 날렸다. 침략군은 지혜의 집을 불태우고, 책들을 강에 던지고, 많은 학자를 죽였다. 아바스 왕조의 마지막 칼리프가 처형되면서 왕조는 완전히 끝나고 말았다. 하지만 그렇다고 해서 그동안 축적되었던 모든 지식이 사라진 것은 아니었다. 학자들은 바그다드를 떠나 디야르바키르(오늘날의 튀르키예 지역)와 이스파한(오늘날의 이란 지역), 다마스쿠스, 카이로에 새로운 학문 중심지를 만들었다. 지혜의 집에서 만든 많은 책의 필사본은 이미 이슬람 제국의 주요 도시들로 퍼져 있었다.

지혜의 집이 비극적으로 사라지긴 했어도, 몽골 제국이 지배하는 동안 지식은 계속 확산되었다. 13세기에 페르시아의 박학다식한 학자 나시르 알 딘 알 투시Nasir al-Din al-Tusi는 칭기즈 칸의 손자 훌라구 칸Hulagu Khan을 설득해 마라게(오늘날의 이란 지역)에 천문대를 세우게 했다. 알 투시는 바그다드에서 축적되어 전해진 연구 결과를 바탕으로 프톨레마이오스의 우주 모형에 의심을 품었는데, 이 천문대에서 천문학 데이터를 직접 얻었다. 마라게천문대는 1259년에 완공되어 새로운 세대의 천문학자와 수학자, 공학자, 사서들이 모여드는 장소가 되었다.

알 투시가 '투시 쌍원Tusi couple'이라는 기본 개념을 발견한 곳도 바로 이곳이었다. 투시 쌍원은 천체의 운동을 큰 원 속에서 도는 원으로 나타내는 새로운 수학적 방법이었다. 한 원의 중심을 연결한 선이 그리는 경로는 하늘에서 달과 태양과 행성들이 움직이는 2차적 원형 궤도와 주전원과 매우 비슷해 보였다. 어쩌면 이 기본적인 수학이 현실과 더 가까운 것이 아닐까?

이 개념의 씨앗을 뿌린 사람은 알 투시이지만, 14세기에 이를 최대한 활용해 유명해진 사람은 다마스쿠스의 수학자이자 천문학자 이븐 알 샤티르Ibn al-Shatir였다. 알 샤티르는 경험적 데이터를 무엇보다 중시했고, 투시 쌍원을 사용해 이전의 어떤 모형보다도 관찰 결과와 잘 일치하는 태양계 모형을 만들었다. 그는 차마 태양을 태양계의 중심에 두는 데까지 나아가

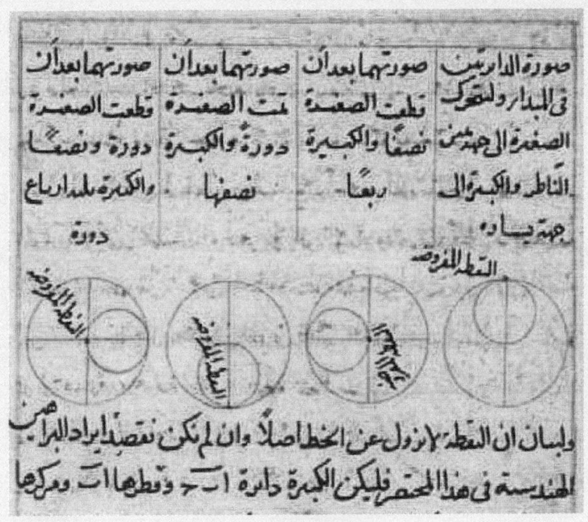

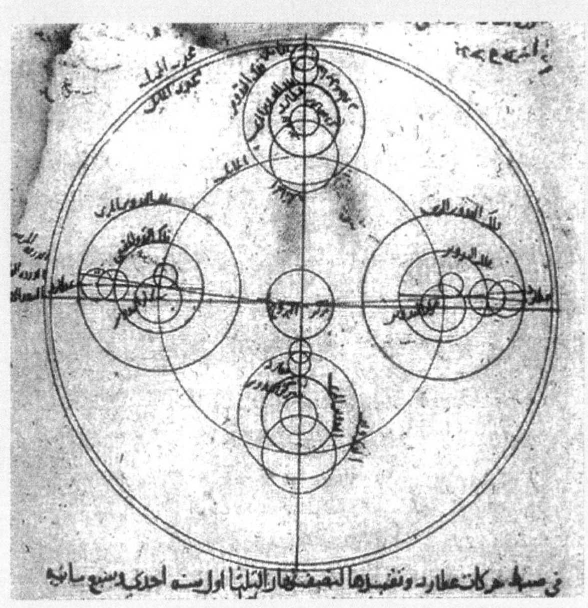

알 투시가 그린 쌍원(위).
이븐 알 샤티르가 그린 새로운 태양계 모형(아래)은
지구를 중심에 두고 많은 주전원을 집어넣었다.
여기에는 투시 쌍원 개념도 포함되었다.

진 못했지만, 이를 가능케 할 온갖 기발한 개념을 생각해냈다. 100년 뒤에 르네상스(불가능해 보이는 개념적 도약들이 들불처럼 일어나던 시기)가 절정에 이르렀을 때 폴란드 천문학자 니콜라우스 코페르니쿠스가 태양을 태양계의 중심에 두는, 얼핏 불가능해 보인 개념적 도약을 이룬 배경에는 이것과 동일한 수학적 틀이 있었다.

7

불가능한 꿈

하늘을 날고 싶은 소망보다 더 큰 야심도 없다. 새가 공중으로 뛰어올라 날개를 퍼덕이며 저 멀리 날아가는 광경을 보면, 왜 그토록 많은 호모 사피엔스가 같은 것을 꿈꾸었는지 쉽게 이해할 수 있다. 레오나르도 다빈치Leonardo da Vinci 역시 그랬다. 어린 시절부터 비행에 큰 흥미를 느꼈고, 소년 시절에는 새 날개를 스케치하면서 새가 어떻게 공중에서 자신의 움직임을 제어하는지 연구했다. 나이가 더 들자, 이 취미는 완전한 집착으로 변했다. 하늘을 나는 데 도움을 주리라고 믿은 기계들의 설계를 많이 스케치했다.

비행 기계를 만드는 데 필요한 기술은 전혀 준비돼 있지 않았다. 인간에게 하늘을 나는 맛을 처음 느끼게 해준 열기구는 300년 뒤에야, 그리고 하늘을 나는 비행기는 거기서 다시 100년이 더 지난 뒤에야 나타났다.

하지만 대담한 야심은 다빈치가 살던 시대의 풍조였다. 15세

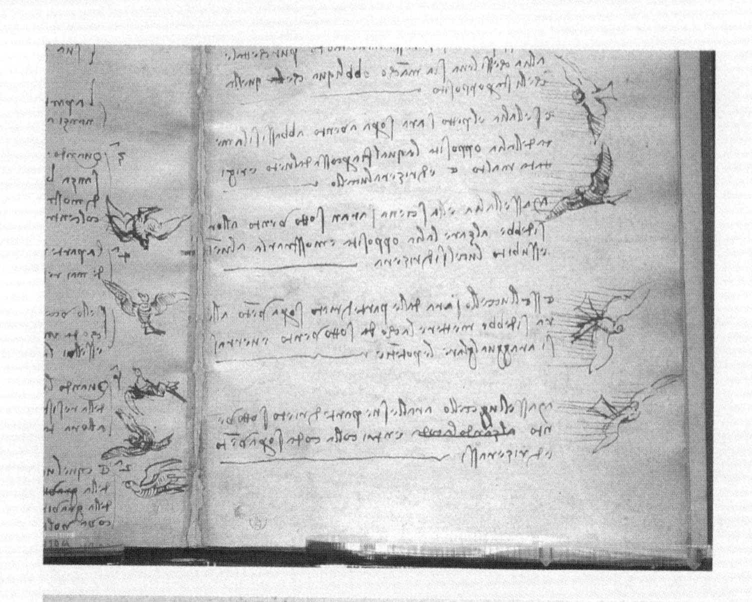

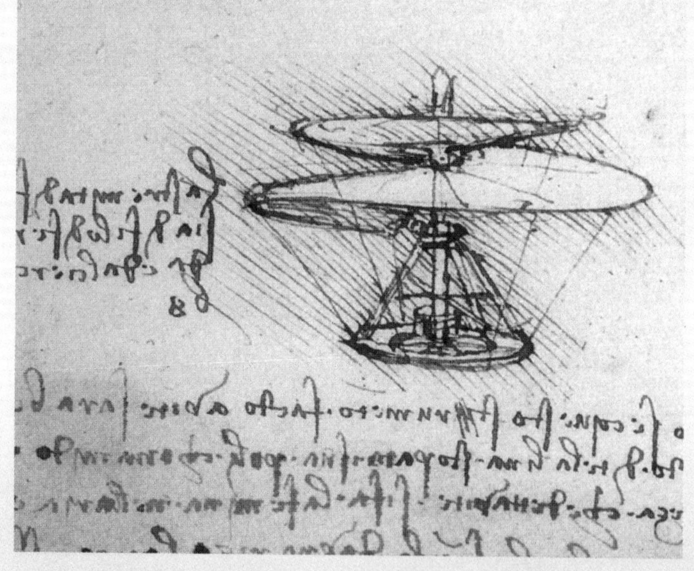

레오나르도 다빈치의 공책에 남아 있는 스케치.
새 날개 연구(위)와 물체를 아래에 매달아
위로 들어 올릴 수 있는 공중 나사(아래)(1489년경)

기 르네상스기의 유럽에서는 놀라운 개념들이 많이 분출되었는데, 그중에는 이탈리아에서 학자들의 왕성한 활동을 통해 고전 그리스의 텍스트에서 재발견된 것이 많았다. 《유클리드의 원론》이 번역되어 널리 확산되면서 기하학 교과서로서 위상을 확고히 다졌다. 파포스와 아폴로니오스의 저술도 재발견되어 주석이 첨가되고 복제되고 개정되었다. 지혜의 집에서 일어난 일과 비슷하게 오래된 개념들이 존중받는 한편으로 의심도 받으면서 수정되었다. 코페르니쿠스가 행성들이 지구가 아닌 태양 주위를 돈다는 이론을 주장하면서, 1000년도 더 전에 우주의 모든 것이 중심에 위치한 지구 주위를 돈다고 한 프톨레마이오스의 견해를 뒤집어엎은 일도 바로 이 무렵에 일어났다.

이러한 지식의 폭발을 촉발한 방아쇠는 1453년에 콘스탄티노플이 함락된 사건이었다. 오스만 제국이 콘스탄티노플을 점령하자, 학자들이 서쪽으로 달아나면서 그리스어와 라틴어로 쓰인 많은 책도 함께 가지고 갔다. 메디치 가문은 이들이 피렌체에 정착하도록 도움을 주었고, 또한 시, 문법, 역사, 수사학, 철학을 포함해 광범위한 분야의 연구에 재정적 지원을 아끼지 않았다.

르네상스는 분명히 기념비적 시대였다. 역사학자들은 한때 르네상스를 '과학 혁명'이 시작된 시기라고 부르기도 했다. 하지만 지금은 르네상스기에 과학 혁명이 일어났다는 개념을 재검토하고 있다. 앞에서 보았듯이 과학은 이미 전 세계에서 오랫

1783년에 프랑스 아노네에서 펼쳐진 최초의 공개 열기구 비행

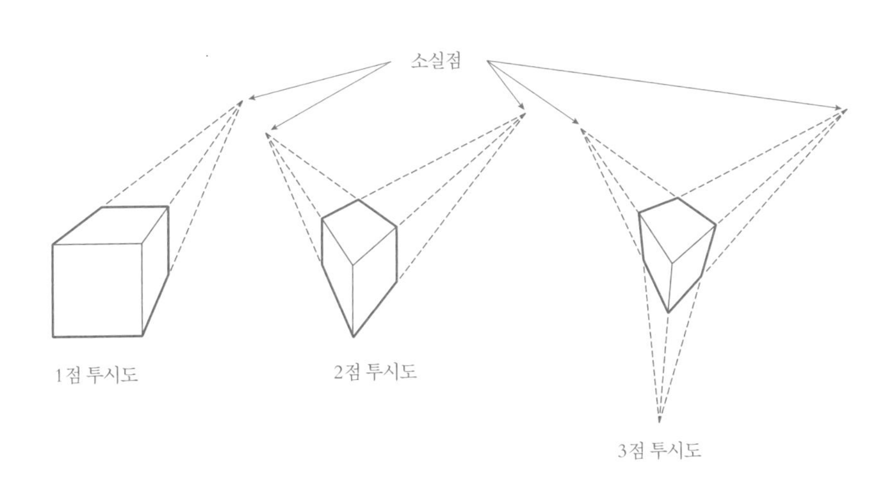

다빈치의 〈최후의 만찬〉에 그은 보조선들은 소실점을 보여준다.
이것은 수학자들이 한 점에서 투시한 기하학 도형을 살펴보는
사영기하학의 출발점이 되었다.

동안 빠르게 발전해왔다. 르네상스기의 '과학 혁명'에서 나타난 개념들 중 많은 것은 이미 다른 곳에서 탐구되거나 다른 사람들이 점진적으로 발전시켜오던 끝에 마침내 유럽에서 완성 단계에 이른 것이었다. 따라서 그것을 혁명이라고 부르거나 그 앞에 정관사 'the'를 붙여 마치 유일한 과학 혁명인 양 이야기하는 것은 부적절해 보인다. 그럼에도 불구하고, 르네상스기의 유럽에서 발전한 수학은 이전의 수학과 확연히 달랐다. 수학자들은 당대의 문제들에 대해 편지로 의견을 교환하기 시작했다. 즉, 많은 지식인들이 수학 문제를 풀기 위해 서로 협력하기 시작했고, 그럼으로써 불가능해 보이던 것이 덜 불가능한 것으로 보이기 시작했다.

도박사의 야망

미래 예측은 대다수 사람들이 불가능한 것으로 간주해왔다. 이때 앙투안 공보Antoine Gombaud가 나타났다. 1607년에 태어난 공보는 작가이자 철학자인 동시에 주사위 도박을 즐기는 도박사였다. 그는 귀족이 아니었고 세습 권력을 싫어했지만, 지적 토론을 할 때면 귀족풍 별명인 슈발리에 드 메레Chevalier de Méré라는 이름을 사용했다. 그는 루이 14세의 조언자여서 상류층 사람들을 자주 만났다. 그중에는 루이 14세의 조언자이자 정부인 프랑수아즈 도비네Françoise d'Aubigné(맹트농 후작 부인이기도 했다)도 있었다. 공보는 이성적인 개인들 사이의 합리적 토론을 통해 문제를 해결할 수 있다고 믿었다. 그는 살롱에서 친구들과 함께 중요한 주제(적어도 자신이 생각하기에는 중요한 주제)를 놓고 토론을 벌이곤 했다.

그러다가 '끝나지 않은 게임 문제'로 알려진 문제에 큰 관심을 갖게 되었다. 이 문제는 대략 다음과 같은 것이었다. 당신이 친구와 함께 20회를 진행하는 단순한 게임을 하는데, 매회 당신과 친구가 이길 확률은 똑같다. 예컨대 주사위 던지기 도박을 벌인다고 하자. 만약 짝수가 나오면 당신이 이기고, 홀수가 나오면 친구가 이긴다. 여기서 공보가 던진 질문은 만약 이 게임이 도중에 멈춘다면 누가 이긴 것으로 판정해야 하는가였다.

한 가지 방법은 그때까지 각자가 이긴 횟수에 따라 판돈을 분배하는 것이다. 예를 들어 그때까지의 점수가 7 대 5라면, 많이 이긴 쪽이 전체 판돈의 $\frac{7}{12}$을 갖고, 상대방은 $\frac{5}{12}$를 갖는 것이다. 하지만 이것은 불공평해 보였는데, 만약 게임을 계속한다면 지고 있는 쪽이 이길 가능성이 여전히 남아 있기 때문이었다.

그리고 만약 점수가 1 대 0일 때 게임이 멈춘다면 어떻게 되겠는가? 한 판만 이긴 사람에게 판돈 전부를 주는 것은 분명히 불합리해 보였는데, 이제 겨우 게임은 1회만 진행되었을 뿐이기 때문이다. 물론 나중에 게임을 재개하는 방법도 있겠지만, 그것은 이 담대한 주사위 도박사들에게 논외였다. 이들은 즉각 승패를 판별하길 원했고, 그래서 미래의 승부 결과를 예측할 수 있는 방법이 필요했다. 많은 사람이 미래의 사건이나 결과를 예측하는 것은 불가능하며 그것은 신의 영역이라고 생각했다. 하지만 게임의 결과를 신의 영역으로 남기는 것을 불만스럽게 생각한 공보는 당대 최고의 프랑스 수학자에게 도움을 청했다.

1654년 당시에 블레즈 파스칼은 31세였는데도 이미 프랑스에서 명성 높은 지식인이었다. 세무 공무원으로 일하던 아버지를 돕기 위해 십대 시절에 이미 '파스칼린Pascaline'이라는 기계식 계산기를 발명한 바 있었다. 파스칼린은 일련의 톱니바퀴들을 사용해 두 수를 기계적으로 빠르게 더하거나 뺄 수 있었다.

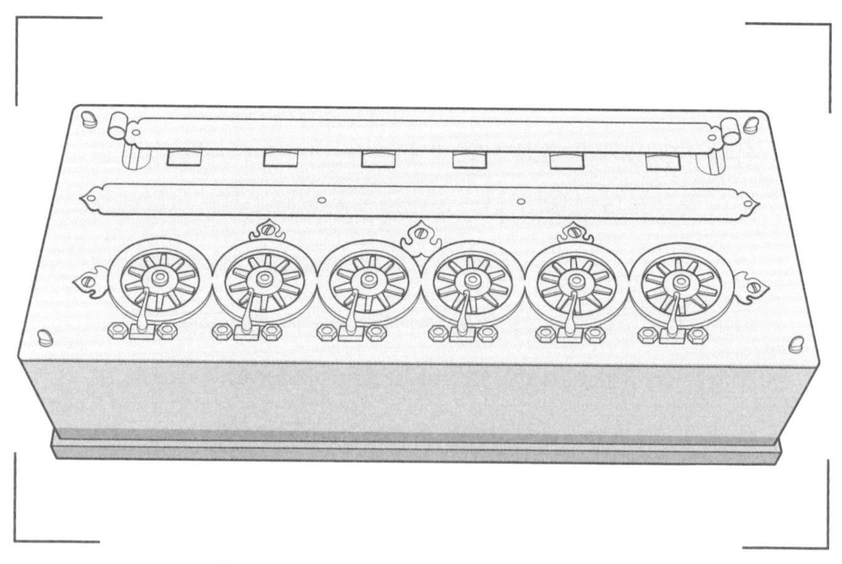

파스칼린(1652년에 제작된 버전). 1642년에 최초의 파스칼린을 만든 파스칼은 그 설계를 여러 차례 개선했다.

이것은 즉각 큰 센세이션을 일으켰는데, 그런 계산기가 널리 사용된 것은 처음 있는 일이었다.

공보가 연락할 무렵에 파스칼은 지적 전성기를 누리면서 수학에 집중하고 있었다. 얼마 전에 쓴 기하학 논문에는 사영기하학(르네상스 화가들이 그 당시 그림에 사용하던 원근법과 직접 관련된 분야)에 관한 내용도 있었다.

파스칼은 끝나지 않은 게임 문제를 깊이 생각하다가 1654년 봄에 가능한 해결책을 내놓았다. 이것을 이해하기 위해 A와 B 두 사람이 총 11회에 걸친 게임에서 2회를 남겨놓고 있는 상황을 상상해보자. 점수는 4 대 5로 B가 앞서고 있어 A가 최종 승리를 얻으려면 2회 연속 이겨야 하고, B는 한 번만 이기면 된다. 따라서 2회가 남은 이 게임에서 가능한 결과는 다음과 같다.

A가 이기고, A가 또 이긴다. → A가 판돈을 차지한다.
A가 이기고, B가 이긴다. → B가 판돈을 차지한다.
B가 이기고, A가 이긴다. → B가 판돈을 차지한다.
B가 이기고, B가 또 이긴다. → B가 판돈을 차지한다.

네 경우 중에서 세 경우에 B가 최종 승리를 거머쥐므로, 파스칼은 이 상황에서는 B가 판돈의 $\frac{3}{4}$을 갖고, A가 나머지를 갖는 것이 합리적이라고 제안했다.

어떤 상황에서 가능한 경우의 수를 고려함으로써 파스칼은 미래를 예측할 수 있었다(여기서 예측은 특별한 의미이긴 하지만). 하지만 수학자이자 프랑스과학아카데미 창립 멤버인 질 페르손 드 로베르발Gilles Personne de Roberval은 그 계산 결과가 옳지 않다고 생각했다. 그는 B가 먼저 이기는 경우의 수는 한 가지뿐이라고 생각했는데, 그러면 그걸로 게임이 끝나기 때문이었다. 그래서 경우의 수는 세 가지밖에 없다고 보았다.

A가 이기고, A가 또 이긴다. → A가 판돈을 차지한다.
A가 이기고, B가 이긴다. → B가 판돈을 차지한다.
B가 이기고, 게임이 끝난다. → B가 판돈을 차지한다.

로베르발의 계산에 따르면, B는 판돈의 $\frac{2}{3}$를 가져가야 했다. 낙담한 파스칼은 친구 피에르 드 페르마Pierre de Fermat에게 편지를 썼다. 페르마는 툴루즈에 살고 있던 변호사이자 수학자로, 파스칼보다 나이가 훨씬 많았다. 페르마는 파스칼의 방법이 옳다고 답변했다. 1회의 게임에서 한쪽이 이길 확률은 $\frac{1}{2}$이다. 위의 예에서는 A가 전체 게임을 이기려면 연속으로 두 번을 이겨야 한다. 다시 말해서, A가 이길 확률은 $\frac{1}{2} \times \frac{1}{2} = \frac{1}{4}$이다. 게임 참여자는 두 명밖에 없으므로, B가 전체 게임에서 이길 확률은 $\frac{2}{3}$가 아니라 $\frac{3}{4}$이 맞다.

이 모든 것은 단순한 초등학교 수학처럼 보일 수도 있지만, 이 계산은 미래에 일어날 사건의 확률에 구체적인 수를 대입한 최초의 사례 중 하나였다.

확률 연구는 이미 이탈리아에서 몇몇 수학자들이 시도한 바 있었다. 그중에서도 특히 지롤라모 카르다노Girolamo Cardano가 유명했는데, 도박사를 위한 실제적인 안내서를 쓰기도 했고, 그 자신이 상습적인 도박사이기도 했다. 그가 쓴《확률 게임에 관한 책》은 1564년 무렵에 완성되었지만 100여 년이 더 지난 뒤에야 출판되었는데, 다양한 주사위 게임과 관련된 확률을 다루면서 몇 가지 교묘한 속임수까지 소개했다. 카르다노는 확률의 기본 개념 몇 가지를 분명히 정의했지만, 거기서 더 깊은 연구로 나아가지는 못했다. 하지만 공보와 페르마, 로베르발, 파스칼은 거기서 더 나아갔다. 그들은 더 일반적인 상황, 예컨대 게임 참여자가 더 많은 상황까지 고려하면서 어떤 규칙이 적용되는지 탐구하기 시작했다.

이러한 생각의 변화는 미래에 일어날 사건의 확률을 계산하는 완전히 새로운 수학 분야를 탄생시켰다. '확률론'이라 부르는 이 분야는 오늘날 기업이 예상 기대 수익을 계산하는 것에서부터 새로운 질병의 확산 가능성을 예측하는 것에 이르기까지 온갖 곳에 쓰이고 있다.

편지 공화국

이 이야기는 또한 17세기 유럽에서 수학이 발전한 주요 방법 중 하나를 보여주는데, 바로 편지 왕래였다. 한 사람이 어떤 문제를 붙잡고 씨름을 하다가 자신의 생각을 편지로 써 다른 사람에게 보낸다. 그러면 또 다른 사람이 끼어들어 다른 관점이나 접근법으로 그 문제를 다룬다. 편지가 오갈 때마다 조금씩 진전이 일어났고, 그러다가 마침내 해결책에 이르렀다. 편지는 비밀에 부쳐지지 않았다. 대신에 편지에 적힌 학문적 논의는 다른 사람들에게도 함께 읽히고 공유되었다. 17세기 후반에서 18세기 전반에 걸쳐 유럽과 아메리카의 지식인 공동체는 풍부한 학문 네트워크를 구축함으로써 번성했다. 이 운동은 훗날 '편지 공화국Republic of Letters'이라 불리게 된다.

유럽에서는 왕족 후원자의 지원으로 학회들이 생기기 시작했다. 런던 왕립학회는 1663년에 설립되었는데, 지식을 발전시키고 확산시키는 일을 돕기 위한 실험을 하려는 목적으로 당대 최고의 지식인들이 그곳으로 모여들었다. 프랑스과학아카데미는 1666년에 파리에서 문을 열었다. 회원들은 일주일에 두 번씩 만나 수학, 물리학, 화학, 생물학 분야에 관한 연구를 발표했다. 프랑스과학아카데미는 학계에서 큰 권위와 명성을 누렸다. 베를린과 볼로냐, 로마를 비롯해 유럽의 다른 주요 도시들에서도 다양한 학회가 속속 생겨났다.

1667년에 루이 14세를 영접하는 프랑스과학아카데미 회원들.
궁정 화가 앙리 테스텔랭Henri Testelin이 그린 작품이다.
배경에 얼마 전에 새로 지은 파리천문대가 보인다.

이 학회들은 유럽에서 수학을 하는 방식도 변화시켰다. 편지 교환은 계속되었지만, 이제 학회들이 최신 증명과 정리를 인정하는 인장을 찍었다. 초기 형태의 동료 심사에서는 학회에서 어떤 연구 결과를 발표하기 전에 학자들이 새로운 발견을 놓고 토론을 벌였고, 때로는 그것을 거부하기까지 했다. 이렇게 해서 수학과 과학의 전문화가 시작되었다(비록 전 세계 인구의 절반에도 못 미치는 지역에서 일어난 것이긴 하지만).

학회의 회원이 되려면, 일반적으로 기존 회원들의 투표를 통해 선출되어야 했다. 비록 여성의 가입은 명시적으로 금지되진 않았지만, 실제로는 수백 년 동안 여성 회원은 학회에 들어갈 수 없었다. 여성이 왕립학회 회원이 된 것은 1945년에 이르러서였는데, 결정학자 캐슬린 론즈데일Kathleen Lonsdale이 기존 회원들의 투표를 통해 신규 회원으로 선출되었다. 프랑스과학아카데미에서는 그보다 더 늦은 1979년에야 여성 회원이 선출되었는데, 그 주인공은 수학자 이본 쇼케-브뤼아Yvonne Choquet-Bruhat였다.

하지만 17세기 중엽에 살롱이 큰 인기를 끌면서 일부 여성에게 수학계에 손쉽게 참여하는 길이 열렸다. 살롱은 지식인들의 모임으로, 개인 가정에서 열리는 경우가 많았다. 살롱에 온 사람들은 대화와 방해받지 않는 생각의 교환을 통해 지식을 증진한다는 목표로 관심 있는 특정 주제에 초점을 맞추어 대화를 나누었다. 여성도 주최자나 참석자로 살롱의 모임에 종종 참여할 수 있었다. 살롱은 이탈리아가 원조였지만 파리에서 특히 크게 유행했는데, 부유층 여성이 희귀 도서나 시계, 과학 장비처럼 특이한 수집품을 과시하는 자리가 되었다. 박물학 수집품 캐비닛을 소유하는 유행도 크게 번졌다. 귀족층 사이에서 살롱은 남성과 여성이 비교적 동등하게 대화를 나누고, 여성에게 학문적 관심사를 추구하고 과학 토론에 참여할 기회를 제공하는 자리였다. 르네상스기의 궁정에서도 이와 비슷한 상황이 펼쳐졌다. 이곳에서는 남성과 여성 왕족이 서로 섞여서 교류했다. 가능하면 남녀가 교대로 자리에 앉았지만, 대개는 여성보다 남성

참석자가 더 많았다.

오늘날의 기준으로 보면 이것은 걸음마 단계에 불과했지만, 그 결과로 잘 교육받고 과학적 토론에 참여할 수 있는 새로운 귀족 여성 세대가 출현하게 되었다. 이러한 참여는 여성은 수학을 이해할 능력이 없다는 그 당시에 팽배했던 사고를 무너뜨리는 데 일조했다. 이 여성들은 그 당시의 가장 중요한 수학적 발견 몇 가지를 인정하고 촉진하는 데 큰 영향을 미쳤다.

망명 궁정의 엘리자베트와 데카르트

보헤미아의 엘리자베트 공주(본명은 엘리자베트 폰 데어 팔츠Elisabeth von der Pfalz)는 30년 전쟁이 일어난 해인 1618년에 태어났다. 30년 전쟁은 합스부르크 왕조 오스트리아의 지배하에 있던 보헤미아에서 신교도 귀족들이 가톨릭교도 국왕을 쫓아내는 반란으로 시작되었는데, 그 결과로 엘리자베트의 아버지 프리드리히 5세Friedrich V가 보헤미아 국왕으로 선출되었다. 프리드리히 5세는 영국 왕 제임스 1세James I의 딸이자 엘리자베트의 어머니인 엘리자베스 스튜어트Elizabeth Stuart와 함께 1620년 8월에 프라하로 옮겨 갔다. 이제 영국과 유럽 대륙의 신교도가 합쳐짐으로써 새로운 정치적 안정 시대가 올 것처럼 보였다.

처음에 동료 귀족들은 프리드리히 5세의 통치를 지지했다. 하지만 정작 영국의 제임스 1세는 사위가 보헤미아 국왕에 오른 것에 찬성하지 않으며 지원을 제공하지 않는다는 사실이 알려지자, 이들은 새로운 동맹을 결성했다. 제임스 1세의 도움과 지원을 기대할 수 없게 되자 프리드리히 5세의 동맹은 와해되었고, 불과 1년 뒤에 프리드리히 5세는 권좌에서 쫓겨나고 말았다. 짧은 재위 기간 때문에 그는 '겨울왕'이라는 별명을 얻었다.

프리드리히 5세는 도망을 가야 했고, 엘리자베트는 숨어 지내야 했다. 프리드리히 5세는 마침내 헤이그(지금의 네덜란드 지역. 그 당시에는 에스파냐가 지배하고 있었다)에 정착하면서 나머지 가족을 불러들여 '망명 궁정'에서 재회했다. 정치는 큰 혼란에 빠졌고, 그 주변 지역은 전화에 휩싸였다. 처음에 갈등은 독일 남부에 국한되었지만, 곧 덴마크와 스웨덴 간의 전면전으로 비화했고, 결국에는 독일 북부까지 번져 갔다. 합스부르크 왕조의 패권이 무너지자 네덜란드와 프랑스도 전쟁에 뛰어들었다.

이러한 혼란 속에서도 엘리자베트는 왕족이었던 덕분에 보호를 받았고, 개인 교사로부터 훌륭한 교육도 받았다. 형제자매들은 엘리자베트를 '라 그레크La Grecque'('그리스인'이란 뜻의 프랑스어)라고 불렀는데, 그녀가 그리스어에 능통했기 때문이다. 철학 지식도 상당했고, 그림과 음악, 춤, 라틴어, 프랑스어, 영어, 독일어도 공부했다. 또 오라녜 공 빌럼 1세Willem I와 박학다식한 과학자 크리스티안 하위헌스에게 개인적으로 수학을 가르친 얀 스탐피운Jan Stampioen에게서 수학도 배웠다. 엘리자베트는 새로운 것을 배우길 좋아했는데, 심지어 해부학에도 관심을 보여 작은 동물을 직접 해부하기까지 했다.

헤이그는 지식에 갈증을 느끼는 왕족이 살기에는 아주 좋은 도시였다. 유럽의 최고 지식인들이 그곳으로 모였고, 엘리자베트는 16세 때부터 망명 궁정에서 지식인들의 토론 모임을 주최하기 시작했다. 르네 데카르트René Descartes를 처음 만난 것도 이 모임에서였다.

데카르트는 1596년에 프랑스 중부에서 태어나 성인 시절에는 유럽 전역을 돌아다니며 궁정과 군에서 일하는 사람들과 교류했는데, "다양한 기질과 지위를 가진 사람들과 어울리면서 다양한 경험을 쌓고, 운에 맡기고 자신을 시험하기" 위해서였다. 어쨌든 1637년에 출간된 철학서이자 자서전인《방법 서설》에서 그는 이렇게 설명했다. "나는 생각한다, 고로 나는 존재한다Je pense, donc je suis"라는 유명한 구절도 이 책에 나온다. 많은 사람들은 잘 모르겠지만, 현대 수학은 데카르트에게 큰 빚을 졌다. 그의 연구가 없었더라면 수학은 오늘날과 같은 형태로 발전하지 못했을 것이다.

전하는 이야기에 따르면, 데카르트는 침대에 누워 고대 그리스 시대까지 거슬러 올라가는 약간 골치 아픈 기하학 문제를 생각하다가 타일 모양의 천장에서 돌아다니는 파리를 보았다고 한다. 그 문제는 다음과 같은 단순한 조건을 만족시키는 점들을 찾는 것이었다. 두 직선 L_1과 L_2, 두 각도 θ_1과 θ_2, 그리고 어떤 비율 R이 있을 때, $\frac{d_1}{d_2} = R$을 만족하는 모든 점 P를 구하라. 단, d_1과 d_2는 아래 그림처럼 점 P와 연결되는 직선이다.

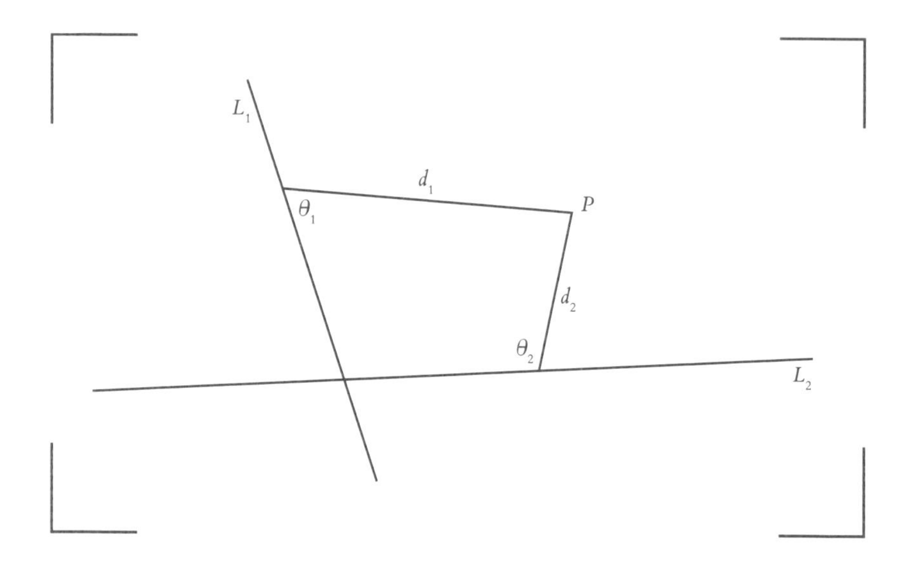

데카르트는 이 문제를 가장 잘 표현할 수 있는 방법이 없을까 생각하기 시작했다. 물론 위와 같은 방식으로 그릴 수는 있지만, 더 좋은 방법이 없을까? 곰곰이 생각하고 있을 때, 파리가 한 타일에서 날아올라 다른 타일에 내려앉았다. 그리고 조금 있다가 또다시 다른 타일로 옮겨 갔다. 데카르트는 타일 모양의 천장을 격자로 생각함으로써 파리의 위치를 완벽하게 표시할 수 있다는 사실을 깨달았다. 만약 출발점을 0(원점)으로 삼는다면, 파리의 위치를 거기서 수평 방향으로 a 칸, 수직 방향으로 b 칸에 있다는 식으로 나타낼 수 있었다.

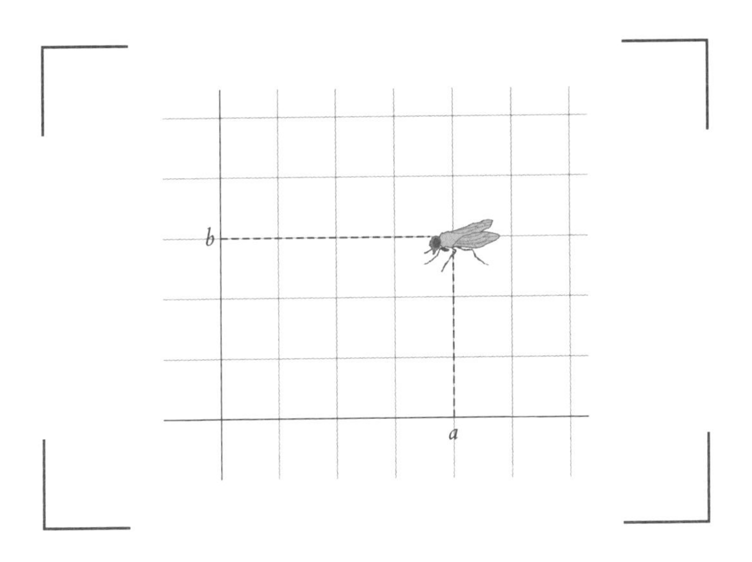

이 이야기는 출처가 확실한 것이 아니라는 점을 짚고 넘어갈 필요가 있지만, 그럼에도 불구하고 파리의 움직임처럼 복잡한 것을 수학으로 얼마든지 표현할 수 있다는 것을 잘 보여준다. 어쨌든 데카르트는 공간을 격자로 생각함으로써 기하학적 위치와 형태를 대수학적으로 표현할 수 있었다.

이 '데카르트 좌표'는 수학 분야에서 큰 돌파구를 열어주었다. 이 좌표계는 대수학과 기하학을 잇는 다리 역할을 하면서 한 영역의 문제를 다른 영역에서 표현할 수 있게 함으로써 문제를 풀 수 있는 도구를 두 배로 늘렸다. 예컨대 원을 살펴보자. 수학자는 원을 그릴 수 있지만, 데카르트 좌표는 대수학을 사용해서도 원을 기술할 수 있게 해준다. 갑자기 수학자는 대수학적 방법을 사용해 기하학 문제를 풀 수 있게 되었다.

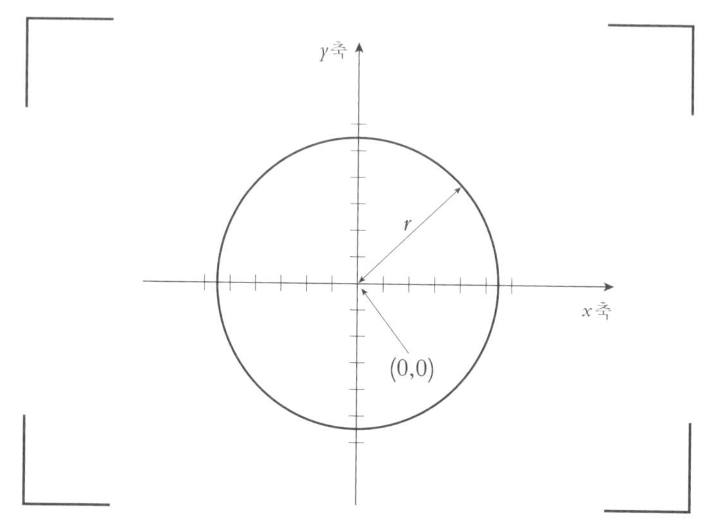

원은 $x^2+y^2=r^2$이라는 방정식으로 나타낼 수 있다.
여기서 r은 반지름이다.

결국 데카르트의 혁신은 수학에서 표준적인 수단으로 자리잡아 그것이 없는 수학은 상상할 수도 없게 되었지만, 그 당시에는 제대로 이해하는 사람이 극소수였다. 프랑스의 유명한 지식인 볼테르Voltaire는 그것을 제대로 이해하는 사람은 데카르트 외에 두 명밖에 없다고 말했다. 그가 꼽은 두 명은 네덜란드의 프란스 판 스호턴Frans van Schooten과 프랑스의 피에르 드 페르마였다. 그런데 그것을 이해한 남자가 데카르트 외에 두 명밖에 없었다고 했다면 볼테르의 지적은 옳았을지 모르나, 볼테르가 간과한 것이 있었으니 보헤미아의 엘리자베트도 그것을 분명히 이해했다.

40대 중반이던 데카르트는 1642년에 엘리자베트가 정착해 있던 헤이그로 갔다. 두 사람은 망명 궁정에서 만났고, 서로 편지를 주고받기 시작했다. 한 편지는 두 사람이 철학에 관해 깊은 토론을 나누었음을 보여준다. 엘리자베트는 왜 데카르트가 인간의 '마음'을 '육체'와 분리하는지 그 이유를 알고 싶었다. 그래서 편지에 "한 인간의 (단지 생각하는 실체에 불과한) 마음이 어떻게 신체의 기분을 결정하여 자발적인 행동을 유발하는지 제발 알려주세요"라고 썼다.[1] 데카르트는 명확한 답을 내놓지 못했다. 그래서 두 사람은 계속 편지를 통해 마음과 육체에 대해 생각하는 방법에 관한 논의를 이어갔다.

두 사람은 수학에 관한 대화도 나누었다. 데카르트는 '아폴로니오스의 문제'라는 특별히 어려운 문제를 풀어보라고 보내주었다. 그러면서 내심 얀 스탐피운에게서 배운 수학 실력의 한계가 드러날 것이라고 생각했다. 그 당시에 데카르트와 스탐피운은 서로 다투고 있었는데, 스탐피운이 대수학에 관한 책을 출간한 것이 문제가 되었다. 데카르트는 스탐피운이 자신의 영역을 부당하게 침범했다고 느꼈다. 데카르트는 그런 문제를 엘리자베트에게 보내는 것을 '다소 유감스럽게' 생각한다고 말했는데, "천사조차도 … 약간의 기적이 없이는 그 문제를 풀 수 없을" 것이라고 여겼기 때문이다.[2] 하지만 데카르트의 이 거드름은 완전한 판단 착오로 드러났다. 엘리자베트는 그 문제를 풀었을 뿐만 아니라, 그것도 두 가지 방법으로 풀었다.

아폴로니오스의 문제에 대한 첫 번째 해법. 세 검은색 원이 주어진 원들이고, 세 원과 접하면서 실선으로 그려진 원이 네 번째 원이다.

아폴로니오스의 문제는 전에 데카르트가 고민했던, 직선을 포함한 문제와 비슷한 것이었다. 다만 이번에는 직선이 아니라 원을 포함한 문제였다. 세 원이 주어졌을 때, 원주가 이 세 원의 원주와 접하는 네 번째 원을 찾는 것이었다.

엘리자베트의 첫 번째 방법은 직선 자와 컴퍼스를 사용하는 것이었다. 이것들은 수천 년 전부터 수학자들이 사용해온 표준적인 도구였다. 여러 번의 묘기를 사용해 엘리자베트는 위의 그림처럼 세 원과 접하는 원을 그릴 수 있었다. 하지만 이 방법은 다소 임의적인 측면이 있었다. 더 나은 방법은 없을까?

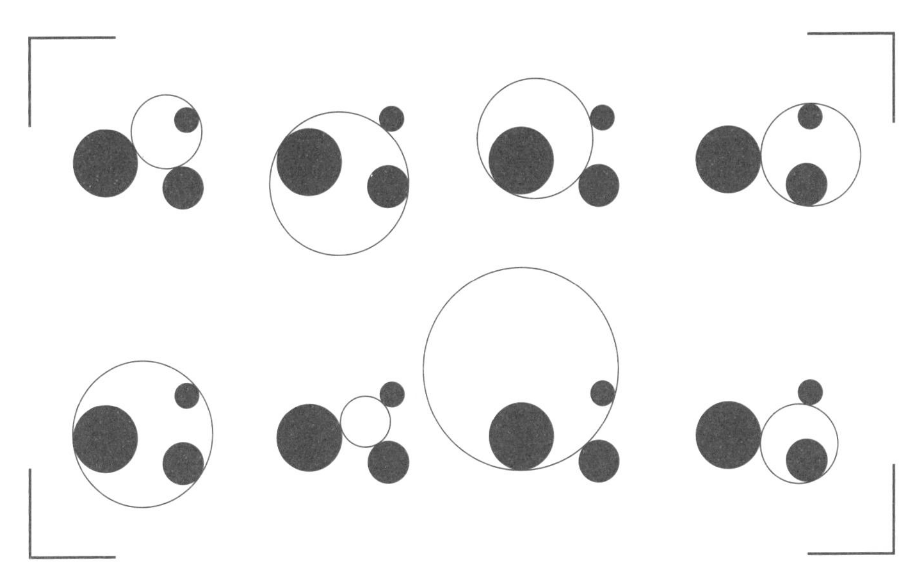

아폴로니오스의 문제를 푸는 방법은 여러 가지가 있다.

엘리자베트는 다른 방법을 사용해보았는데, 바로 얼마 전에 데카르트가 발표한 데카르트 좌표계였다. 반지름이 r인 원은 $x^2+y^2=r^2$의 방정식으로 표현할 수 있다고 한 것이 기억나는가? 아폴로니오스의 문제를 풀기 위해 엘리자베트는 새 원의 중심 (x, y)와 그 반지름 r이 주어진 세 원의 중심과 반지름과 다음과 같은 관계가 있다는 사실을 파악했다.

$$(x-x_1)^2+(y-y_1)^2=(r+r_1)^2$$
$$(x-x_2)^2+(y-y_2)^2=(r+r_2)^2$$
$$(x-x_3)^2+(y-y_3)^2=(r+r_3)^2$$

여기서 r_1, r_2, r_3는 주어진 세 원의 반지름이고, 세 원의 중심은 각각 (x_1, y_1), (x_2, y_2), (x_3, y_3)의 좌표에 위치한다. 마찬가지로 r과 (x, y)는 네 번째 원의 반지름과 좌표이다.

우변에 있는 + 기호는 실제로는 플러스일 수도 있고 마이너스일 수도 있다. 엘리자베트와 데카르트는 마이너스인 경우는 다루지 않았지만, 그런 경우까지 고려하면 3개의 방정식 집단이 모두 여덟 가지가 나오는데, 모두 대수학을 사용해 r과 x와 y의 값을 구할 수 있다. 다시 말해서, 기하학 문제가 대수학 문제로 변했으며, 단지 한 가지 답만 구하는 데 그치지 않고 존재하는 모든 답을 구할 수 있게 되었다.

분명히 엘리자베트는 재능 있는 수학자였다. 연구를 이어나가던 데카르트는 1644년에 출간한 《철학의 원리》를 엘리자베트에게 헌정하면서 "내가 이전에 발표한 모든 연구를 완전히 이해한 사람은 지금까지 내가 알기로는 당신이 유일합니다"라고 썼다.

엘리자베트는 평생 동안 계속 수학과 과학에 큰 흥미를 느끼면서 연구했고, 당대의 최고 지식인들과 자주 대화를 나누고 토론을 벌였다. 점점 넓어져간 엘리자베트의 지적 네트워크에는 네덜란드의 아나 마리아 판 스휘르만Anna Maria van Schurman, 프랑스 소설가 마리 드 구르네Marie de Gournay, 아일랜드 과학자 캐서린 존스Katherine Jones 등이 포함되었다. 말년에 엘리자베트는 독일의 한 수녀원으로 들어갔고, 친구들과 주로 편지를 통해 대화를 나누었다. 그리고 세상을 떠났을 때에는 많은 지식인과 학자 친구들이 찾아와 그녀의 죽음을 애도했다.

8

(최초의) 미적분학 개척자

그것은 세기적인 사건이었다. 1715년, 수십 년 동안 부글부글 끓어오르던 분쟁이 마침내 대단원에 이르고 있었다. 처음에는 수학에 관한 논쟁으로 시작되었던 것이 점점 큰 소용돌이로 커져가더니 정치계와 종교계까지 거기에 휩쓸려 들어가게 되었다. 양 진영은 이 싸움의 승패에 후세에 길이 큰 영향력을 미칠 유산이 걸려 있다는 사실을 잘 알고 있었다.

논란의 중심에는 아이작 뉴턴과 고트프리트 빌헬름 라이프니츠라는 두 수학자가 있었다. 역사는 이 두 사람을 당대 최고의 수학자로 기록했다. 둘 다 풍부한 연구 성과를 남겼고, 그중에는 오랫동안 지속되면서 세상을 변화시킨(결코 과장이 아니다) 업적도 많았다. 하지만 이 분쟁이 벌어질 당시에는 두 사람의 역사적 위치가 아직 확고해지지 않은 상태였다. 그 당시 수학자와 과학자에게는 어떤 개념이나 정리를 먼저 주장했다는 '우선권'을 인정받는 것이 무엇보다 중요했다. 지금은 대체로 학술지에 논문을 먼저 발표한 사람에게 우선권이 있다고 인정하지만, 18세기 초에는 학술지 발간이 아직 걸음마 상태였고, 누구에게 우선권이 있는지 결정하는 방법으로 널리 받아들여진 것이 없었다. 문제의 분쟁은 미적분학을 처음 발명한 사람이 누구냐를 놓고 벌어졌다.

18세기에는 미적분의 진정한 의미를 여전히 탐구 중이었지만, 지금은 미적분이 가장 중요한 수학적 도구로 쓰이고 있다. 우리는 미적분을 사용해 사물이 시간이 지남에 따라 어떻게 변하는지 연구할 수 있다. 만약 이 말이 모호하고 덜 구체적인 것으로 들린다면, 실제로 미적분이 그렇기 때문이다. 그리고 미적분의 힘은 바로 거기에 있다. 과학에서는 사물이 변하는 방식이 무엇보다 중요한 상황이 아주 많은데, 이 때문에 미적분은 아주 강력한 위력을 발휘한다. 로켓 엔진에서부터 우리 혈관에서 혈액이 흐르는 방식에 이르기까지 모든 것을 미적분을 사용해 연구할 수 있다. 미적분이 없다면, 우리의 우주 지식은 오늘날 우리가 알고 있는 것의 극히 일부에 불과할 것이다.

그래서 미적분학의 창시자를 놓고 벌어진 싸움이 거세진 것이다. 한쪽에는 영국 수학계의 영웅인 뉴턴이 있었다. 반대쪽에는 변호사와 외교관으로도 일했고 하노버 왕가와 든든한 연줄이 있던 독일의 박학다식한 지식인 라이프니츠가 있었다. 이 분쟁은 국가의 자존심이 걸린 문제가 되었고, 어느 쪽도 패배를 전혀 고려하지 않는 전쟁이 되었다. 비록 이 싸움에서는 한쪽이 공식적으로 승리했다고 선언했지만, 사실은 진짜 승자는 뉴턴도 라이프니츠도 아니다. 두 사람보다 앞선 사람이 있었는데, 그것도 단지 몇 년이나 수십 년 정도가 아니라 수백 년이나 앞섰다.

그 사람은 앞에 나왔던 14세기의 인도 수학자 마다바이다. 마다바는 인도 남부의 케랄라에서 경이로운 학파를 이끌었는데, 이곳은 많은 수학자들이 모여드는 중심지가 되었다. 우리는 마다바와 케랄라 학파가 얼마나 많은 것을 알았는지 아직도 모든 것을 다 밝혀내지는 못했지만, 지금까지 밝혀진 것만 해도 수학사에서 가장 중요한 돌파구 중 하나가 열린 역사를 다시 고쳐 쓰기에 충분하다.

케랄라 학파

케랄라는 비옥한 땅이 널려 있어 축복받은 땅이다. 인도 남서부 해안에 위치한 케랄라 앞에는 아라비아해가 펼쳐져 있다. 오래전부터 이곳 주민은 아라비아해를 통해 세계 각지와 교역을 해왔다. 케랄라는 인도의 향신료 정원으로 불리기도 했는데, 적어도 5000년 동안 다른 지역들로 향신료를 수출해왔기 때문이다. 14세기에 케랄라는 주로 해안을 따라 늘어서 있는 소규모 영농 공동체들로 이루어져 있었다. 농사가 잘되면 사람들의 삶도 편했지만, 이 지역은 변덕스러운 계절풍의 영향을

인도 케랄라주의 해안 도시 캘리컷의 1572년 풍경.
게오르크 브라운Georg Braun과 프란스 호헨베르흐Frans Hogenberg가
함께 출간한 지도책《세계의 도시들》에 실린 그림이다.

많이 받은 탓에 농작물에 큰 피해가 자주 발생했다. 계절풍은 예측할 수 없게 불시에 닥쳤기 때문에 기상 이변에 대비하기가 더욱 어려웠다. 케랄라 주민에게는 계절과 기후의 변화를 예측

하는 데 도움을 주는 정확한 달력이 필요했다. 이를 위해 그들은 수학에서 도움을 얻으려고 했다.

더 구체적으로는 인도의 다른 지역에서 그곳으로 전해진 산스크리트어 수학 교과서를 참고했다. 많은 학자들이 이런 저술에 주석을 달거나 그 내용을 재해석하는 것에 만족했지만, 케랄라의 지적 분위기는 훨씬 모험적이었다. 이들은 새로운 개념들을 집단 지식에 추가했는데, 그럴 수 있었던 한 가지 이유는 정치적 혼란에 빠져 있던 북부에서 멀리 떨어져 있었기 때문이다. 학자들은 자신이 알아낸 지식을 말라얄람어 같은 현지 언어로 표현하려고 많은 노력을 기울였다. 인도의 다른 지역에서는 수학과 천문학 지식이 산스크리트어에 해박한 상류층의 전유물이었던 반면, 케랄라에서는 케랄라의 네 주요 왕국 중 하나인 코친에서 14세기부터 16세기까지 왕성하게 활동한 학파 덕분에 더 많은 사람이 그런 지식에 접근할 수 있었다.

알려진 바로는, 케랄라천문학수학학교에는 천문학 데이터를 수집하는 데 사용한 소규모 천문대가 있었지만 중심 건물 같은 것은 없었다. 하지만 많은 세월이 지나는 동안 그곳에서 스승들은 고등 수학 지식과 개념을 발전시켰고, 제자들에게 그것을 전수했다. 그리고 지식을 전수받은 제자는 스승이 되어 지식을 더 발전시켜 나갔다. 각 세대는 지식을 살아남도록 하기 위해 다음 세대에 전할 책임이 있었다. 이것을 '구루-시시아guru-shishya' 전통이라 부르는데, 직역하면 '스승-제자'라는 뜻이다.

학교에서 스승은 기억하기 쉽도록 시와 경구로 지식을 전달했다. 하지만 설령 그 구절을 기억하는 것은 쉽다 하더라도, 해석하는 것은 결코 만만치 않았다. 원의 둘레 길이를 구하는 데 사용한 다음의 시 구절을 한번 살펴보자.

(원의) 지름을 4로 곱하고 1로 나누라. 이것에 지름과 4의 곱을 홀수인 3, 5, …로 나눈 값을 각각 음의 부호와 양의 부호를 교대로 붙이면서 덧붙여 나가라. 그 결과는 정확한 원주 길이가 될 것이다. 나눗셈을 많이 수행할수록 결과가 아주 정확해질 것이다.[1]

원문은 물론 산스크리트어로 기록돼 있고 훨씬 율동적이다. 하지만 번역문을 보더라도 실제 계산이 얼마나 복잡한지 쉽게 알 수 있다. 이 노래가 묘사한 방정식을 오늘날의 표기법으로 표현한다면 다음과 같이 될 것이다. 원주의 길이는 C, 지름은 d로 나타냈다.

$$C = \frac{4d}{1} - \frac{4d}{3} + \frac{4d}{5} - \frac{4d}{7} + \frac{4d}{9} \cdots$$

이 시가 무한히 많은 항을 포함한 방정식, 즉 무한급수를 낳는다는 사실이 매우 놀랍다. 계산에 더 많은 항을 포함시킬수록 무한급수는 더 정확한 원주 길이의 값에 가까워진다. 이 시는 π의 값을 구하는 단계이기도 한데, 위의 식을 다음과 같이 고쳐 쓰면 이를 쉽게 알 수 있다.

$$\frac{C}{4d} = 1 - \frac{1}{3} + \frac{1}{5} - \frac{1}{7} + \frac{1}{9} \cdots$$

그리고 π는 원주 길이를 지름으로 나눈 값이므로,

$$\frac{\pi}{4} = 1 - \frac{1}{3} + \frac{1}{5} - \frac{1}{7} + \frac{1}{9} \cdots$$

이와 동일한 방법을 사용해 케랄라 학파 수학자들은 기하학과 삼각법을 비롯한 여러 수학 분야에 능숙해졌고, 그 지식을 이용해 지구상에서 자신이 있는 위치를 파악하거나 일식과 월식이 일어나는 때를 예측할 수 있었다. 케랄라의 수학자들은 대부분 인도의 카스트 제도에서 가장 높은 계층인 브라흐마나(승려와 교사를 포함한 계층) 출신으로, 장남이 아닌 아들이었다. 브라흐마나는 일반적으로 많은 땅을 소유했고, 수학자를 많이 배출한 남부디리 브라흐마나 사이에서는 장남이 모든 재산을 상속받는 것이 관행이었다. 결혼을 하고 나면 장남은 가족의 재산과 공동체의 일을 돌보고 형제자매를 부양해야 했다. 장남이 아닌 아들은 같은 사회적 지위나 힘을 얻지 못했기 때문에, 자수성가를 하는 방편으로 승려나 학자가 되는 길을 택했다. 하지만 딸은 그런 길을 걸을 수 없었다. 이전의 인도 역사에서는 상류층 여성도 남성과 비슷한 수준의 교육을 받았고, 여성 지식인도 배출되었다. 하지만 14세기에 이르면 성 역할이 고착되어, 여성은 대부분 가사에 전념했다.

케랄라 학파는 그럴 여력이 있는 사람들에게 기본 교육을 제공했고, 인도 전역에서 유능한 수학자들이 그곳으로 모여들었다. 학생들에게서 받은 수업료로 학교를 운영하고 상주하는 학자들을 지원했다. 대다수 사람들은 비전문가 교사로부터 수업을 들었지만, 재능 있는 소수의 사람들은 그 학파의 일원이 되었다. 이것은 케랄라 학파 수학자로부터 직접 배우면서 스승-제자 관계를 맺는다는 것을 뜻했다.

종이가 귀했기 때문에 케랄라 학파 사람들은 야자나무 잎에 연구한 것을 기록했다. 수확 날짜와 현지 축제일과 새해를 표시한 달력을 종종 이런 식으로 만들어 주민들에게 나누어주었다. 인도 전역에서 성행한 점성술은 특정 의식과 행사의 길일을 알려주었다. 점성술 역시 정확한 달력에 의존했다. 하지만 그러한 달력들은 수백 년 동안 쓰도록 만든 것이 아니어서, 안타깝게도 그중 많은 것은 오래전에 사라졌다. 케랄라 학파가 만든 달력들 역시 그런 운명을 겪었다. 단지 일부 조각만이 남아 있을 뿐이다.

케랄라 학파가 정확하게 어떻게 시작되었는지는 알 수 없다. 한 전설에 따르면, 케랄라 학파는 유명해지기 시작한 14세기로부터 약 1000년 전에 생겨났다고 한다. 현재 남아 있는 가장 이른 시기의 기록에는 달의 주기와 관련 있는 시와 함께 바라루치Vararuci라는 인물이 등장한다. 그러한 찬드라바키아 chandravākya(직역하면 '달의 문장')는 일 년 중 특정 시기에 달의 위치를 판단하는 데 도움을 주는 암기법이었다. 하지만 케랄라 학파가 큰 영향력을 떨치기 시작한 것은 그로부터 약 1000년이 지나 마다바라는 수학자가 등장하면서부터였다.

마다바는 1340년경에 케랄라 중부의 상가마그라마 마을에서 태어났다. 그 무렵에 인도 수학은 이미 충분히 발달해 있었는데, 진정한 0을 사랑한 브라마굽타의 전설적인 연구가 큰 역할을 했다. 브라흐마나 출신인 마다바는 집안의 사유지에서 평생을 보냈다. 사회적 지위와 부 덕분에 좋아하는 천문학과 수학에 많은 시간을 쓸 수 있었다. 달을 관찰하고 정확한 위치를 계산했으며, 수학 계산에 관한 새로운 지식을 제자들에게 전수하기 시작했다.

오늘날 우리가 마다바에 대해 아는 사실은 구루-시시아 관계 덕분이다. 그의 연구는 시간이 한참 지난 뒤에야 책으로 기록되었다. 예컨대 그의 제자인 바타세리의 파라메스바라 Paramesvara가 케랄라 학파에서 전수된 가르침을 15세기에 모아서 편찬한 교과서에 그에 관한 이야기가 나온다. 이 책은 논과 밭을 경작하는 법처럼 효율적인 농사에 도움을 주는 참고서가 되었다. 파라메스바라의 책에는 덧셈과 뺄셈의 상호 작용 방식 같은 산술의 기본 규칙과 함께 일식과 월식, 케랄라의 경도 계산에 관한 내용도 담겨 있었다.

수학자 닐라칸타Nilakantha와 지예스타데바Jyesthadeva가 각각 쓴《탄트라삼그라하》와《수리천문학의 이론적 근거》는 스승에게서 제자로 전수된 중요한 결과들을 모아서 편찬한 책이다.《수리천문학의 이론적 근거》는 책에 나오는 정리들의 증명을 포함하고 있다는 점에서 매우 이례적이다. 이 책들에 실린 천문학 연구들은 100여 년 뒤에 활동한 덴마크 천문학자 튀코 브라헤Tycho Brahe(9장 참고)의 연구와 비슷한 점이 있다.

그렇다면 미적분을 먼저 발견했다는 이야기는 무엇일까? 그것을 알려면, 앞에서 소개한 $\frac{\pi}{4}$를 구하는 무한급수로 돌아갈 필요가 있다.

$$\frac{C}{4d}=\frac{\pi}{4}=1-\frac{1}{3}+\frac{1}{5}-\frac{1}{7}+\frac{1}{9}\cdots$$

오늘날 '마다바 급수'로 불리는 이것이 케랄라 학파가 알고 이해했던 수많은 급수 중 하나에 불과하다는 사실은, 그들이 이것을 우연히 발견한 것이 아니라 기본적인 이론을 바탕으로 도출해냈음을 시사한다.《수리천문학의 이론적 근거》에 실린 증명은 이 사실을 확인해준다. 그렇다면 이 공식을 유도하는 데에는 무엇이 필요했을까? 바로 미적분이다.

혹은 분명히 미적분의 기본에 해당하는 것이다. 이 공식을 유도하려면 합과 변화율, 극한값 등 미적분 특유의 도구들을 사용해야 한다. 수백 년 뒤에 뉴턴과 라이프니츠가 발견한 바로 그 도구들이다.

미적분이란 무엇인가?

많은 사람이 미적분을 두려워한다. 그 의미를 파악하기 어려운 기묘한 수식들은 사람들을 불안하게 하거나 수학을 포기하게 만들기에 충분하다. 이것은 충분히 이해할 만하지만, 실상을 심하게 곡해한 것이기도 하다. 미적분의 세부적인 계산은 다소 어려울 수 있지만, 개념적으로는 이해하기 쉬울 뿐만 아니라 아주 우아하고 아름답다. 미적분이 주어진 문제를 깔끔하게 정리하는 것을 보면 마치 마술을 보는 것 같다.

기본적으로 미적분은 큰 문제를 작은 문제들로 쪼개서 해결하는 게 최선이라는 개념을 실현한 결과에 불과하다. 이것이 실

제로 어떻게 일어나는지 알아보기 위해 케이크 문제를 살펴보기로 하자. 우리의 케이크는 반지름이 r인 완벽한 원기둥이다.

맛에 상관없이 여기서 떠오르는 명백한 질문은 이것이다. 이 케이크의 크기는 얼마일까? 즉, 케이크의 부피는 얼마일까? 큰 문제를 작은 문제들로 쪼개는 것이 최선이라는 개념에 따라 케이크를 쪼개보기로 하자. 그런 다음, 그 조각들을 다른 방식으로 합쳐서 위에서 내려다보면 평행사변형 같은 모습으로 보인다. 다만 윗변과 아랫변이 구불구불하다.

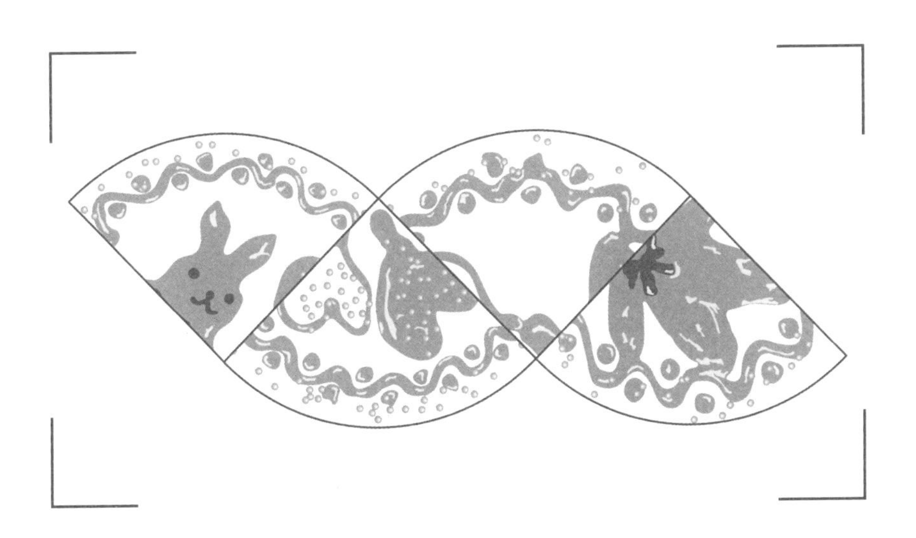

음, 아직은 평행사변형과 다소 비슷한 모양이라고 하기로 하자. 하지만 케이크를 더 작은 조각들로 쪼개면, 평행사변형에 더 가까운 모습을 띠기 시작한다.

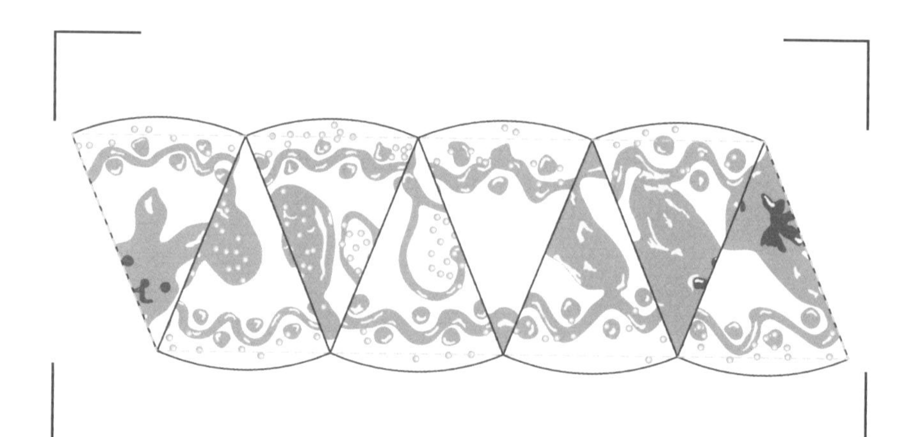

미적분의 비결은 케이크를 계속 잘라 조각의 크기를 점점 더 작게 만드는 것이다. 조각의 크기가 작아질수록 윗변과 아랫변의 곡선이 점점 반반해지는데, 따라서 무한히 많은 조각으로 자른다면 실제로 완전한 평행사변형이 될 것이다.

물론 현실에서는 케이크를 무한히 많은 조각으로 쪼갤 수 없지만, 수학적으로는 그럴 수 있다. 따라서 케이크 윗면의 넓이는 이 평행사변형의 넓이와 같다고 결론 내릴 수 있다.* 그리고 다행스럽게도 평행사변형의 넓이는 쉽게 계산할 수 있다. 그 폭

* 무한을 다루는 것은 쉽지 않은 일이다. 여기서는 깔끔하게 정리가 되었지만, 그렇지 않은 사례가 아주 많다. 그래서 무슨 일이 일어날지 단순히 '상상'하는 대신에 일이 잘못되지 않도록 보장하는 엄격한 이론이 있다. 더 자세히 알고 싶은 사람을 위해 소개한다면, 그것은 '해석학'이라는 분야이다.

에다 높이를 곱하기만 하면 된다.

이 평행사변형의 높이는 케이크의 반지름에서 아주 작은 길이를 뺀 값에 해당하는데, 그 작은 길이는 밑변의 직선과 곡선을 이룬 점선 사이의 차이에 해당한다. 이 차이를 dr이라고 부르기로 하자.

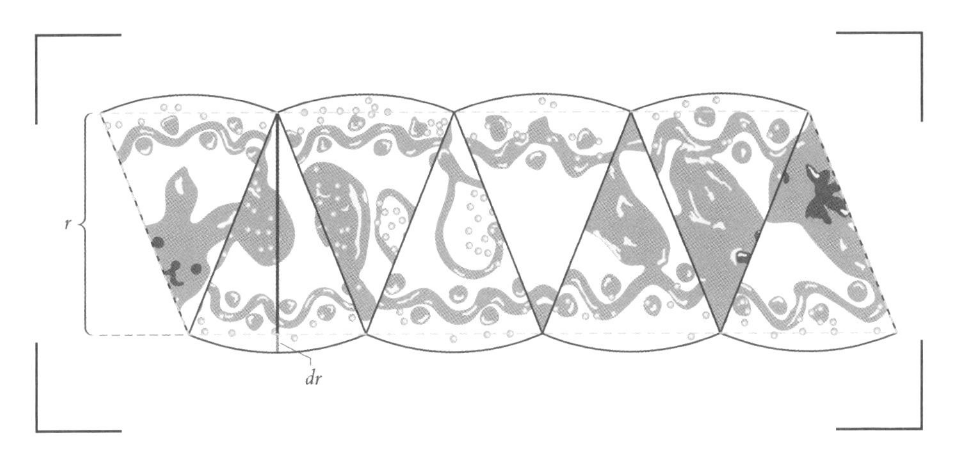

dr을 측정하는 것은 쉬운 일이 아니지만, 다행히도 우리는 이것에 크게 신경 쓸 필요가 없다. 그것은 분명히 아주 작은 값이지만, 조각이 작아질수록 dr도 작아진다. 그래서 무한히 많은 작은 조각으로 나누면, dr은 0에 가까워진다. 따라서 평행사변형의 높이는 r과 같다고 보아도 무방하다.

그리고 평행사변형의 폭은 케이크 원주 길이의 절반이다. 예컨대 윗변을 보면, 그것이 케이크 절반의 가장자리로 이루어져 있음을 알 수 있다. 원주의 길이는 $2\pi r$이므로, 평행사변형의 폭은 πr이다. 따라서 폭에다 높이를 곱하면, 이 평행사변형의 넓이는 πr^2이다.

물론 이것은 원의 넓이를 구하는 공식이다. 하지만 이 공식이 이 과정에서 튀어나온 방식은 실로 경이롭기 짝이 없다. 우리는 단순히 공식을 암기해서 안 것이 아니라, 미적분의 원리(그리고 케이크)를 사용해 원의 면적을 구하는 공식을 유도했다.

따라서 이제 여기다 케이크의 높이 h를 곱하기만 하면, 케이크의 부피를 구하는 공식을 얻을 수 있는데, 그 결과는 $\pi r^2 h$이다. 이제 우리는 미적분을 약간 알았을 뿐만 아니라, 케이크의 크기가 얼마인지까지 알게 되었다.

그런데 우리는 여기서 그치지 않고 더 나아갈 수 있다. 케이크의 크기를 알기 위해 사용한 조각들이 점점 작아질수록 우리는 정확한 케이크의 크기에 더 가까이 다가갈 수 있었다. 이것이 바로 미적분의 마술 같은 힘이다. 무한에 다가갈 때 어떤 일이 일어날지 상상하는 과정을 수학자들은 극한값을 구한다고 표현하는데, 그 결과로 완성된 방법이 바로 적분이다. 적분은 그래프의 면적을 구하는 데 아주 편리하다.

동일한 접근법을 사용하면, 다음과 같은 그래프 아래에 있는 면적도 직사각형을 이용해 구할 수 있다. 더 많은 직사각형들로 쪼갤수록 정확한 면적에 더 가까이 다가갈 수 있다. 일반적으로 수학자들은 작은 정사각형의 폭을 dx로 표현하는데, 이 곡선을 $f(x)$라고 한다면, 그 적분은 $\int f(x)dx$라고 쓸 수 있다.

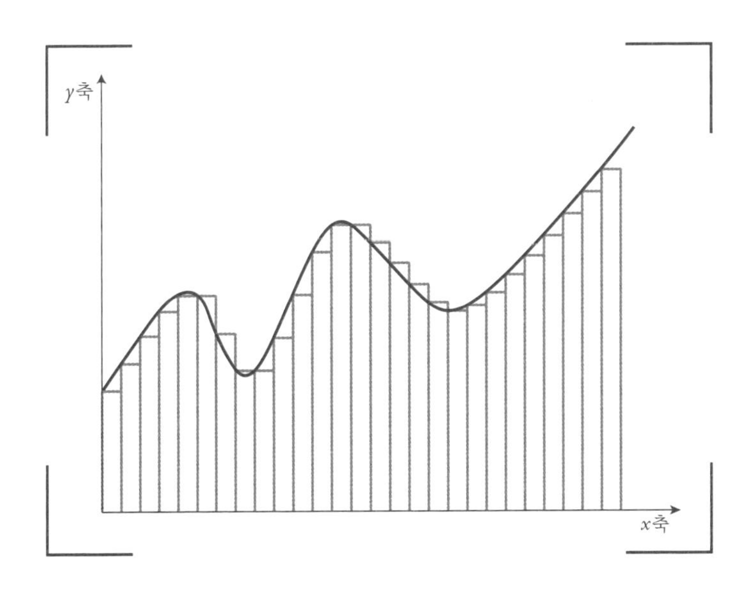

이 기호들이 익숙한 사람도 있을 테고 그렇지 않은 사람도 있을 테지만, 이 과정을 개념적으로 이해하는 데 그것은 별로 중요하지 않다. 그래프 아래의 면적을 계산할 때에는 무한히 많은 근사를 사용하는 적분이라는 방법이 있다는 것, 그리고 그래프 아래의 면적을 계산하는 것이 아주 유용한 경우가 많다는 것만 알면 된다.

미적분에는 우리가 아직 다루지 않은 기본적인 개념이 하나 더 있다. 극한값과 적분 외에 미분도 있다. 이 마지막 개념은 적분의 반대 과정에 해당하며(이 관계를 미적분의 기본 정리라고 부른다), 극한값을 사용해 곡선의 기울기를 알아내는 과정이다.

그 과정을 알아보기 위해 일본의 탄환열차를 타고 여행을 떠나보자. 탄환열차는 최대 속도가 320km/h이다. 목적지에 더 빨리 도착할수록 고객들은 더 만족할 것이다. 하지만 승객이 까다로울 수도 있다. 만약 열차가 너무 빨리 최대 속도에 이른다면, 모든 승객이(그리고 손에 들고 있던 음료수도) 뒤쪽으로 쏠리면서 몸이 짜부라질 것이다(그리고 음료수를 뒤집어쓸 것이다). 그래서 이런 불상사를 방지하기 위해 열차 회사는 열차의 속도가 너무 빨리 변하지 않게 하려고 신경을 쓴다. 하지만 이것을 어떻게 정확하게 측정할 수 있을까?

다음은 열차 속도 변화를 파악하기 위한 한 가지 접근법을 보여주는 그래프이다. 이 열차는 처음에 빠르게 가속되다가 최대 속도 가까이로 다가가면서 가속이 느려진다.

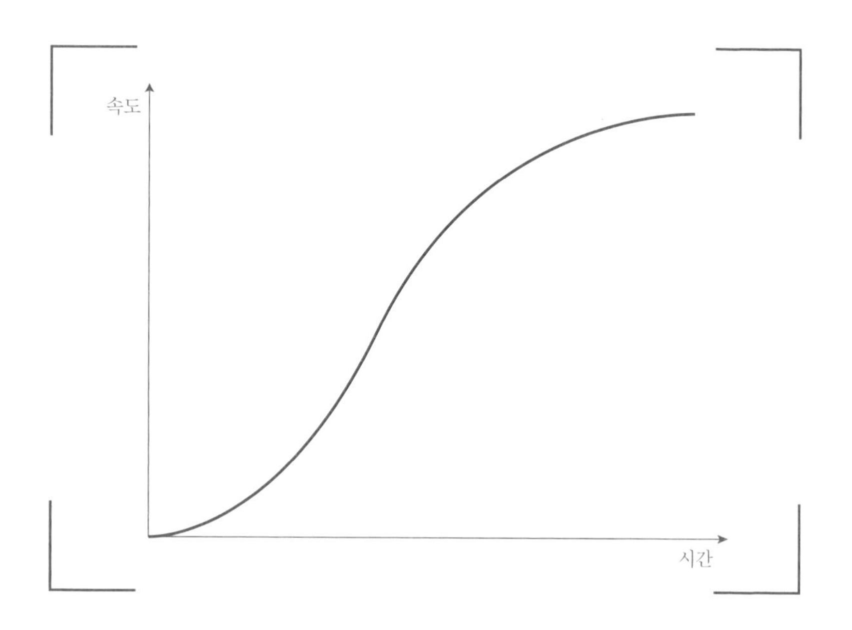

어느 시점에서 열차의 가속도를 측정하려면, 열차의 속도가 얼마나 빨리 변하는지 알아야 하는데, 이것은 그래프의 기울기로 나타난다. 하지만 구불구불한 그래프의 기울기를 측정하는 것은 쉽지가 않다. 그것을 근사하는 한 가지 방법은 두 점 사이를 직선으로 연결하고 그 기울기를 측정하는 것이다.

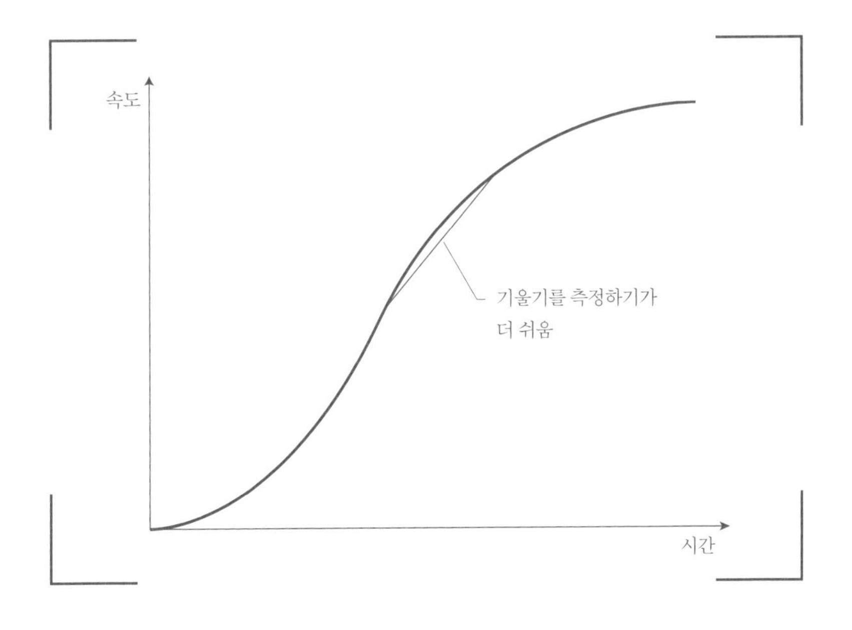

이제 우리는 근사를 구했지만, 선택한 두 점 사이의 간극이 작을수록 우리가 관심을 가진 점에서의 정확한 기울기(따라서 그 점에서의 가속도)에 더 가까이 다가갈 수 있다. 만약 무한히 작은 간극에서 그 기울기를 구한다면, 즉 기울기의 극한값을 구한다면, 이 변화율의 정확한 값을 구할 수 있다. 이것을 $\frac{dv}{dt}$로 나타내는데, 시간 변화에 따른 속도의 변화율을 가리킨다.

미분과 적분, 극한값을 구하는 이 도구들은 놀랍도록 쓸모가 많다. 기업이 최대 이익을 구하는 방법을 계산하는 것에서부터 의약품의 효과를 측정하고 행성의 움직임을 추적하는 것에 이르기까지 온갖 곳에 사용된다.

뉴턴의 미적분 연구

자, 이제 뉴턴과 라이프니츠 이야기로 다시 돌아가 보자. 1665년에 뉴턴은 굉장한 업적을 이루기 직전에 있었다. 아직 20대 초반의 나이였던 그는 케임브리지대학교의 트리니티칼리지를 막 졸업한 뒤, 다양한 분야에 걸친 연구를 하고 있었다. 그중에는 철학과 수학, 천문학도 있었다. 뉴턴은 케임브리지에서 연구에 몰두하고 싶었지만, 그때 페스트가 영국을 덮쳤다. 1348년의 흑사병 이래 최악의 페스트 발병이었다. 런던에서만 전체 인구 중 약 4분의 1이 사망했다. 그래서 케임브리지대학교도 휴교에 들어갔다.

뉴턴은 의지할 만한 가족이 별로 없긴 했지만, 잉글랜드 중부에 위치한 링컨셔주의 고향 울즈소프로 돌아갔다. 아버지는 뉴턴이 태어나기 석 달 전에 세상을 떠났고, 어머니는 뉴턴이 세 살 때 뉴턴을 외할머니에게 맡기고 재혼을 했다. 이 때문에 뉴턴은 평생 동안 어머니에 대한 감정이 좋지 않았다. 뉴턴은 외할머니가 자신을 부양할 만한 재력이 있는데도 그러지 않는다고 믿었다. 그래서 대학생 시절에 정식 장학금을 받기 전까지는 부유한 학생의 시중을 들며 잡일을 하는 근로 장학생으로 일해야 했다. 링컨셔주로 돌아갔을 때 그는 혼자서 살아가야 했고, 마을 약사이던 클라크 씨 집에서 지냈다.

수학적으로 말한다면, 이때가 뉴턴의 인생에서 최전성기였다. 훗날 그는 그 이후의 어느 시절보다도 링컨셔주에서 머물던 그 시기가 연구에 가장 몰입한 때였다고 썼다.

먼저 프란스 판 스호턴과 르네 데카르트, 피에르 드 페르마 같은 17세기 유럽의 수학 대가들의 연구를 공부하는 것부터 시작했다. 이들의 책에서 뉴턴은 르네상스 수학과 데카르트 좌표계의 기초를 배웠다. 접선을 계산하는 방법도 배웠다. 이것들은 미적분에 아주 중요한데, 곡선의 변화율을 나타내는 것이기 때문이다. 그가 남긴 메모로 미루어보아 뉴턴은 추상적인 생각을 하느라 많은 시간을 보냈지만, 나무에서 사과가 떨어지는 방식이나 행성이 태양 주위를 도는 방식과 같은 물리학 문제에도 관심을 쏟았을 것이다. 이 두 가지 현상은 변화율과 관련이 있는데, 그 당시에는 이런 상황을 다룰 수 있는 수학이 없었다.

유럽에서는 뉴턴 이전의 수학자들이 접선을 결정하는 방법을 내놓았지만, 그들이 주장한 방법은 특별히 훌륭하다고 할 수 없었다. 어떤 상황에서는 성립하지만 다른 상황에서는 성립하

왕립학회에 걸린 뉴턴(왼쪽)과 라이프니츠(오른쪽) 초상화

지 않았기 때문이다. 뉴턴은 왜 이 방법들이 어떤 상황에서는 성립하고 다른 상황에서는 성립하지 않는지 그 이유를 파악하고 독자적인 방법을 개발했는데, 그것은 완전히 일반적인 해결책을 제공했다. 그것은 이전 수학자들의 방법처럼 일부 곡선에만 성립하는 것이 아니라 어떤 곡선에서도 성립했다. 뉴턴은 이미 이때 접선과 곡선 아래의 면적은 정반대 관계에 있다는 사실을 알아챘다. 그래서 접선을 이해하는 데 진전을 이룸으로써 미적분에서 또 하나의 중요한 부분인 곡선 아래의 면적을 결정하는 데에서도 진전을 이루었다.

뉴턴은 이 개념들을 모아 두 권의 책으로 정리했다. 하지만 큰 포부를 가진 많은 저자와 마찬가지로 뉴턴 역시 처음에는 적당한 출판사를 찾는 데 운이 따르지 않았다. 1666년에 일어난 런던 대화재 때문에 많은 출판사가 어려움에 처했고, 그래서 그들은 어리석게도 '느리게 판매되는 책'이라 불리던 수학 책을 출간할 여력이 없었다(다행히도 지금은 상황이 변했다!). 그런데 뉴턴의 원고가 이렇게 출판되지 못한 채 잠자고 있을 때, 다른 사람이 접선과 그래프 아래의 면적에 관한 비밀을 독자적으로 발견하고 있었다.

라이프니츠가 수학 기계를 만들다

라이프니츠는 조숙한 아이였다. 14세 때인 1661년에 이미 라이프치히대학교에서 철학을 공부했다. 너무 어린 나이처럼 보이지만, 그 당시에는 아주 특별한 사례가 아니었다. 그보다 더 놀라운 것은 그의 역사적 업적을 고려할 때, 그가 다닌 대학교의 수학 분야가 매우 약했다는 사실이다. 수사학과 라틴어, 그리스어, 히브리어 강좌는 많았지만, 수학과 과학 강좌는 매우 빈약했다. 그래서 수학은 거의 독학으로 공부해야 했을 것이다.

라이프니츠는 2년 만에 학위를 딴 뒤에 법학을 공부해 1667년에 박사 학위를 받았다. 졸업 후에는 법조계에서 일을 시작하면서 마인츠를 비롯해 독일 내 여러 곳을 돌아다니며 살았고, 결국에는 외교 부문에서 일하다가 정치인 요한 크리스티안 폰 보이네부르크Johann Christian von Boineburg의 비서가 되었다. 외교계로 뛰어든 그는 1671년 말에 대담한 계획을 구상했다.

야심만만한 프랑스의 루이 14세가 네덜란드를 침공하려 한다는 이야기를 들은 그는 루이 14세를 설득해 네덜란드 대신 이집트를 침공하게 하려고 했다. 그러면 독일이 전쟁에 휘말려드는 것을 막는 데 도움이 될 것이라고 판단했다. 라이프니츠는 폰 보이네부르크의 특사 자격으로 파리로 가 프랑스 정부와 접촉을 시도했다. 1672년에 시작된 프랑스-네덜란드 전쟁 때문에 파리에서 정부 당국자와 접촉할 기회를 얻는 데에는 시간이 좀 걸렸다. 그래서 그동안에 네덜란드의 박학다식한 물리학자 크리스티안 하위헌스와 함께 수학과 물리학을 공부했다. 비록 원래의 목적은 성공을 거두지 못했지만(결국 루이 14세는 네덜란드 공화국을 침공했으므로), 라이프니츠는 수학에 푹 빠지게 되었다.

1673년에 라이프니츠는 외교 업무차 런던을 방문했고, 그 기회를 활용해 얼마 전 자신이 발명한 것을 과시하기 위해 왕립학회 수학자들과 접촉했다. 이 발명은 라이프니츠가 수학에 관심을 가지게 된 동기를 설명하는 데 도움을 준다. 그것은 사칙 연산(덧셈, 뺄셈, 곱셈, 나눗셈)을 할 수 있는 최초의 계산기였다.

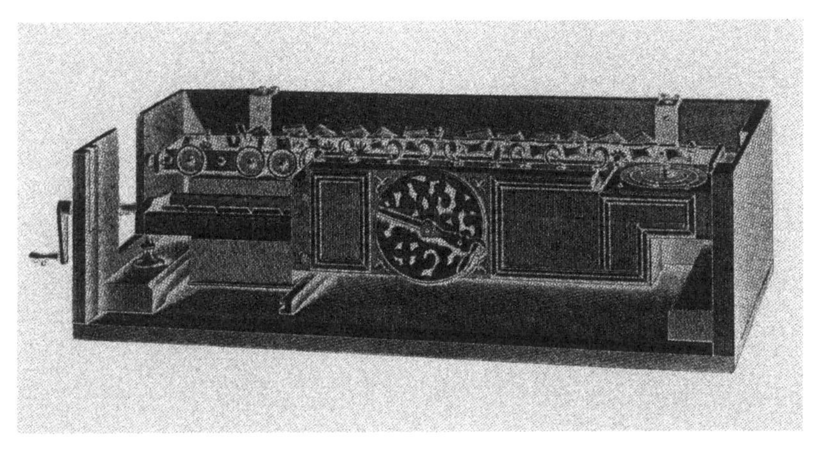

단계식 계산기

'단계식 계산기'라고 불린 그 기계는 일련의 톱니바퀴와 다이얼로 이루어져 있었는데, 제대로 설정하면 사칙 연산 계산을 할 수 있었다. 비록 설계는 훌륭했지만 그것을 실제로 만드는 것은 그 당시의 기술 능력을 넘어서는 것이었기 때문에, 그 기계는 신뢰할 만하게 작동하지 않았다. 하지만 '라이프니츠 바퀴'라고 불리는 그 중심 장치는 수백 년 동안 계산기에 사용되었다. 왕립학회는 큰 감명을 받아 1673년에 그를 회원으로 선출했다.

라이프니츠는 기하학으로 눈길을 돌려, 곡선 아래의 면적을 계산하는 방법을 개선하는 데 초점을 맞추었다. 뉴턴처럼 라이프니츠도 기존의 수학은 어떤 경우에는 성립하지만 다른 경우에는 성립하지 않는다는 사실을 발견했고, 더 일반적인 미적분 이론을 개발하려고 했다. 이 접근법은 뉴턴의 방법과는 정반대였지만 마찬가지로 효과적이었다. 곡선 아래의 면적을 계산하는 데 진전을 이룸으로써 접선을 발견하는 데에도 진전을 이루었다.

이 연구를 한 동기는 물리학보다는 논리 규칙을 기계화하는 데 있었다. 단계식 계산기와 마찬가지로 라이프니츠는 온갖 종류의 계산을 할 수 있는 기계를 만들길 원했다. 그 결과로 곡선 아래의 면적과 접선을 구하는 자신의 방법을 위해 일종의 산술을 기술하게 되었다. 그러면서 미분과 적분의 여러 가지 규칙을 발견했고, 그 과정에서 미분과 적분의 표기법을 단순화했다. 이것들은 그 이후로 지금까지 크게 바뀐 것이 없다. 불과 2주일 만에 라이프니츠는 수백 년이 지난 지금도 사용되고 있는 기호와 관행을 만들어냈다. 기다란 S자 모양의 적분 기호도 바로 라이프니츠가 만든 것이다. 라이프니츠와 뉴턴은 본질적으로 동일한 수학적 개념을 발견했지만, 단지 각각 다른 방식으로 제시했을 뿐이다.

영국인 늙은이의 비웃음

뉴턴과 라이프니츠는 그다지 친밀한 관계를 유지하진 못했다. 18세기 초에 두 사람은 편지를 여러 차례 주고받았지만, 라이프니츠가 뉴턴에게 깊은 인상을 주려고 애쓴 반면,

뉴턴은 무관심과 조롱과 노골적인 적대감으로 반응하기 일쑤였다.

한번은 라이프니츠가 무한급수에 관해 자신이 얻은 결과(케랄라 학파가 알았던 것과 비슷한 결과)를 뉴턴에게 보냈다. 라이프니츠는 깊은 인상을 주길 기대했지만, 돌아온 답장은 늙은 영국인의 비웃음으로밖에 보이지 않는 것이었다. "그런 종류의 급수에 이르는 방법을 나는 이미 세 가지나 알고 있소. 그러니 새로운 방법을 전달받으리라고는 기대하지 않는다오."[2] 다시 말해서, 뉴턴은 라이프니츠가 보낸 수학을 이미 알고 있을 뿐만 아니라, 같은 결론에 이르는 방법을 세 가지나 알고 있다고 답한 것이다. 라이프니츠가 뒷북을 쳤다는 이야기였다.

뉴턴의 비웃음은 계속되었다. 라이프니츠에게 도움이 될 만한 수학 내용으로 편지를 마무리 짓는 대신에 이렇게 썼다. "이 연산의 기초는 사실 충분히 명백합니다. 하지만 나는 지금 그 설명을 자세히 밝힐 수 없기 때문에 이렇게 숨기는 쪽을 택하겠소. '6accdae13eff7i3l9n4o4qrr4s8t12vx.'"[3] 이것은 조롱이었다. 이 기묘한 숫자와 문자열은 미적분의 기본 정리를 라틴어로 표현한 암호 메시지였다.

이 시점에는 뉴턴도 라이프니츠도 상대방이 독자적으로 미적분을 얼마나 많이 발전시켰는지 알지 못했던 것으로 보인다. 하지만 1686년에 독일 최초의 과학 학술지 《악타 에루디토룸Acta Eruditorum(학술기요學術紀要)》에 라이프니츠가 자신의 개념을 발표하면서 상황이 바뀌었다. 뉴턴이 이 논문을 읽었는지 혹은 읽었다면 언제 읽었는지 분명하지 않지만, 다른 수학자들은 그것을 읽은 것이 분명한데, 라이프니츠가 뉴턴의 개념을 훔쳤다고 주장하면서 공개적으로 부정행위를 규탄하고 나섰기 때문이다.

로피탈 후작(본명은 기욤 프랑수아 앙투안 드 로피탈Guillaume François Antoine de L'Hôpital)은 자신은 라이프니츠의 표기법이 마음에 들지만 그 연구에 대한 공은 뉴턴에게 돌려야 한다고 말했다. 또 다른 수학자 니콜라 파시오 드 뒬리에Nicolas Fatio de Duillier는 라이프니츠가 표절을 했다고 암시하면서 "뉴턴이 최초이자 가장 앞선 미적분 발명가"라고 선언했다.

라이프니츠도 가만히 있지 않았다. 그 당시 그는 베를린과학아카데미의 초대 회장이자 유명한 지식인이었다. 뉴턴이 새로 출판한 책인《광학》을 보고서 라이프니츠는 뉴턴이 라이프니츠의 개념을 '우아하게 이용'했다는 비평을 익명으로 발표했다. 라이프니츠의 친구인 스위스 수학자 요한 베르누이Johann Bernoulli도 지원 사격에 나서 뉴턴을 공격했는데, 뉴턴은 앞서 출판한《프린키피아》에서 미적분을 사용하지 않았으므로 미적분을 먼저 발명했을 리가 없다고 주장했다. 그러자 왕립학회의 수학자 존 킬John Keill도 분쟁에 뛰어들었다. 그는 뉴턴의 연구를 옹호하면서 "동일한 산술을 … 나중에 라이프니츠가 이름과 기호만 바꾸어《악타 에루디토룸》에 발표했다"라고 주장했다.[4] 라이프니츠도 왕립학회 회원이 되었고 킬도 회원이었기 때문에, 라이프니츠는 왕립학회에 킬의 주장을 철회하라고 요구했다.

누가 미적분을 먼저 발명했는지 최종적으로 가리기 위한 위원회가 설치되었다. 하지만 라이프니츠에게는 불행하게도 뉴턴이 근본적으로 유리한 위치에 있었는데, 그가 왕립학회 회장이었기 때문이다. 1712년 3월, 뉴턴은 위원회에 자신이 먼저 발명했음을 확실히 입증해줄 것으로 믿는 문서를 제출했다. 그러고 나서 더 많은 사람이 볼 수 있도록 하기 위해 위원회를 대신해 자신이 보고서를 작성했다. 당연히 그 보고서는 "뉴턴이 최초의 발명가이다"라고 결론 내렸다.[5]

하지만 이걸로 분쟁이 끝난 것은 아니었다. 캐럴라인Caroline 왕세자비가 분쟁에 끼어들면서 수학 분야의 싸움이 정치적 싸움으로 비화되었다.

독일 출신인 캐럴라인은 십대에 부모를 잃고 하노버 왕가에서 프로이센 왕국의 조피 샤를로테Sophie Charlotte 왕비의 보호를 받으며 자랐다. 라이프니츠는 조피 샤를로테의 개인 교사였는데, 조피 샤를로테는 자신이 배운 것을 캐럴라인에게 전수했다. 캐럴라인은 나중에 라이프니츠와 친구 사이가 되었다. 조피 샤를로테가 죽은 뒤에는 캐럴라인이 라이프니츠의 후원자가 되었다. 그들의 지적 우정은 1714년에 앤 여왕의 죽음으로 캐럴라인이 남편 조지와 함께 런던으로 옮겨 갈 때까지 계속 이어졌다.

캐럴라인 왕세자비. 1716년에 고드프리 넬러Godfrey Kneller가 그린 작품

런던에서 유명한 지식인들은 캐럴라인에게, 라이프니츠를 멀리하고 대신에 뉴턴을 지원하라고 촉구했다. 영향력 높은 철학자이자 성직자인 새뮤얼 클라크Samuel Clarke는 영국 수학자들의 연구를 설명하기 위해 몸소 캐럴라인을 만나는 자리에 뉴

턴도 함께 데려갔다.[6]

뉴턴과 라이프니츠 사이의 분쟁은 점점 험악해져갔다. 두 사람의 종교적 견해차까지 거기에 기름을 부었다. 라이프니츠는 프로테스탄트 교회들의 재통합을 믿었던 반면, 뉴턴은 그러지 않았다. 라이프니츠는 캐럴라인에게 보낸 편지에서, 자신이 영국에서 본 종교적 부패의 원인을 뉴턴과 그 추종자들에게 돌렸다. 캐럴라인은 런던에서 주변 사람들에게 그 편지를 보여주었다. 그중에는 새뮤얼 클라크도 있었고, 라이프니츠의 이 발언은 심각한 모욕으로 받아들여졌다.

캐럴라인은 어느 한쪽 편을 들진 않았다. 클라크와 자주 논쟁을 했고, 심지어 뉴턴과도 논쟁을 벌였으며, 라이프니츠와는 편지를 통해 계속 의견을 교환했다. 캐럴라인은 라이프니츠의 손을 들어주려고 한 것이 아니었다. 중재자와 조정자 역할을 하면서 공통의 접점을 찾아 양자 사이의 평화를 모색하고자 했다. 1716년 4월에 보낸 편지에서는 이렇게 썼다. "당신과 뉴턴처럼 대단한 학식을 가진 사람들이 화해하지 못한다는 사실에 나는 절망합니다. 만약 두 사람이 화해할 수만 있다면 모든 국민에게 막대한 이익이 돌아갈 것입니다."[7] 불행하게도 두 사람은 결코 화해에 이르지 못했다. 뉴턴과 라이프니츠는 둘 다 죽을 때까지 자신이 미적분을 먼저 발명했다고 계속 주장했다.

평결

지금은 라이프니츠와 뉴턴이 이전 사람들의 연구를 토대로 각자 독자적으로 미적분을 발명한 것으로 널리 받아들여지고 있다. 역사는 그들의 이야기에만 초점을 맞춰 상대방이 표절했다는 비난을 무차별적으로 난사한 두 천재 사이의 서사시적 싸움으로 묘사해왔다. 하지만 미적분의 기원이 라이프니츠나 뉴턴에게 있다는 주장은 잘못이다. 한 가지만큼은 확실한데, 둘 다 최초의 발명자는 아니다. 그렇다고 해서 인도의 케랄라 학파에게 모든 공을 돌리는 것도 잘못이다.

미적분은 광범위하고 다양한 연장통이고, 그래서 그 기원도 광범위하고 다양하다. 뉴턴은 "만약 내가 남들보다 더 멀리 보았다면, 그것은 거인들의 어깨 위에 서 있었기 때문이다"라고 한 말로 유명하다.[8] 거인들은 자신의 연구를 후세대에 전해준 이전의 수학자들과 선생들이었다. 수학의 발전은 항상 이런 식으로 일어난다. 수학 분야에서 일어나는 진전은 진리를 향해 나아가는 길고도 구불구불한 여정이며, 마지막 단계에 이른 사람뿐만 아니라 도중의 여정에 기여한 사람들의 공로도 잊지 말아야 한다.

19세기 초에 영국 공무원 찰스 휘시Charles Whish가 케랄라 학파의 연구를 서양에 소개했을 때, 그는 사람들로부터 의심의 눈초리를 받았다. 휘시는 마드라스에서 근무할 때 이 연구에 접했다. 그에게는 야자 잎에 기록된 원고*를 수집하는 취미가 있었다. 언어학자이기도 한 그는 산스크리트어와 말라얄람어도 읽을 수 있었다. 1834년에 쓴 논문에서 휘시는 그때까지 케랄라 학파를 비롯해 여러 곳의 인도 수학자들이 축적한 집단 지식을 같은 시기의 유럽 수학과 비교했다. 우리가 아는 한, 이런 일을 한 사람은 휘시가 처음이었다. 게다가 그는 인도 수학이 훨씬 앞서 있었다고 결론지었다. 이것은 과학 발전을 바라보는 유럽 중심적 견해와 인도를 폄하하는 편견에 크게 어긋나는 견해였다. 하지만 유럽 제국주의가 온 세상을 뒤덮던 시절에 증거를 자세히 들여다보려는 사람은 별로 없었다.

더 최근에는 케랄라주에서 태어난 수학자 조지 게베르게세 조지프George Gheverghese Joseph도 경종을 울렸다. 그는 수학의 역사가 유럽에만 초점을 맞추는 경우가 너무 흔하다고 지적하면서, 유럽 수학이 세상에서 가장 앞섰다는 견해를 계속 고수하는 태도의 위험을 강조했다. 그는 《무한으로 가는 통로》(2009)에서, 인도에서 서양으로 지식이 전해진 경로가 있었다고 주장한다. 따라서 유럽에서 독자적으로 미적분이 발전한 것이 아니라, 라이프니츠와 뉴턴이 케랄라 학파의 영향을 받았을 가능성이 있다는 것이다. 이 주장은 기존의 증거만으로는 완전히 뒷받침할 수 없으며, 아직까지 연구가 진행 중이다. 하지만 수학의

* 현재 그중에서 195점은 영국아일랜드왕립아시아학회가 소장하고 있다.

기원이 여러 갈래였다는 개념은 역사학자들이 서양 밖에서 발전한 수학의 기원에 대해 더 깊이 생각할 수 있는 길을 열었다.

누가 무엇을 언제 알았는지 정확한 사실을 파악하려면 아직도 많은 연구가 필요하다. 하지만 수학의 역사에 관한 우리의 견해에 수정이 일어난다고 하더라도 놀랄 것은 하나도 없다. 많은 서양 학자들은 서양 바깥의 사람들이 과학과 수학과 세계에 아무 관심이 없었다는, 지극히 편협한 유럽 중심적 견해를 오랫동안 견지해왔다. 그것을 반갑지 않은 반론 제기로 여겨서는 안 된다. 인도의 한 학파가 뉴턴과 라이프니츠에게 바통을 넘겨주었다는 개념은 아주 흥미로운 가능성이다. 이것은 수학이 발전하는 아름답도록 혼돈스러운 방식과도 잘 부합한다. 비록 수학은 깔끔하고 논리적인 개념과 증명과 정리로 이루어져 있다고 이야기하지만, 그 역사는 그렇게 단순하지 않다.

9

숙녀를 위한 뉴턴주의

16세기 말에 화성이 큰 말썽을 일으켰다. 덴마크 천문학자 오누이인 튀코 브라헤Tycho Brahe와 소피아 브라헤Sophia Brahe는 스웨덴의 벤섬(당시에는 덴마크령)에서 놀랍도록 자세한 천체 관측을 수천 번이나 했다. 튀코는 덴마크와 노르웨이의 왕 프레데리크 2세Frederik II로부터 많은 지원을 받아 벤섬에 세상에서 가장 훌륭한 천문대를 지었다. 그는 프톨레마이오스의 천동설(지구 중심설)과 코페르니쿠스의 지동설(태양 중심설) 중 어떤 태양계 모형이 옳은지 확인하고 싶었다. 소피아는 튀코가 가장 신뢰하는 동료였다.

그런데 어느 모형도 화성의 움직임을 제대로 설명하지 못했다. 두 모형으로 일 년 중 화성이 있는 위치를 예측한 훗날의 결과에 따르면, 실제 위치와 많게는 몇 도나 어긋났다. 브라헤 오누이는 관측에서 무엇보다 정확성을 중요하게 여겼다. 따라서 그러한 오차는 결코 관측상의 실수일 리가 없었다. 그렇다면 튀

튀코 브라헤와 소피아 브라헤. 열 살 남짓한 터울의 두 사람에게는 형제자매가 8명 더 있었다. 소피아는 남편을 여의고 아들 하나를 데리고 살았으며, 원예와 화학, 천문학을 공부했다. 튀코에게서 많은 것을 배웠지만, 라틴어로 쓰인 천문학 책들을 사서 독일어로 번역하기도 했다.

코가 자기도 모르는 실수를 한 것일까? 결국 튀코는 포기하고 화성 문제를 자신의 젊은 조수 요하네스 케플러Johannes Kepler에게 넘겼다.

케플러는 근면하고 정확했지만, 기본적인 가정에 의문을 품는 성향이 자신의 스승보다 강했다. 프톨레마이오스와 코페르니쿠스는 모두 천체의 궤도를 완벽한 원이라고 주장했지만, 케플러는 정말로 그럴까 하고 의심을 품었다. 관측 결과를 다시 검토하다가 놀랍게도 원 궤도 대신에 타원(납작한 원 모양) 궤도를 상정하면 오차가 10분의 1로 줄어든다는 사실을 발견했다. 타원 궤도 개념은 9세기에 '지혜의 집'에서 일하던 궁정 천문학자 알 사비 타비트 이븐 쿠라 알 하라니al-Sābi' Thābit ibn Qurrah

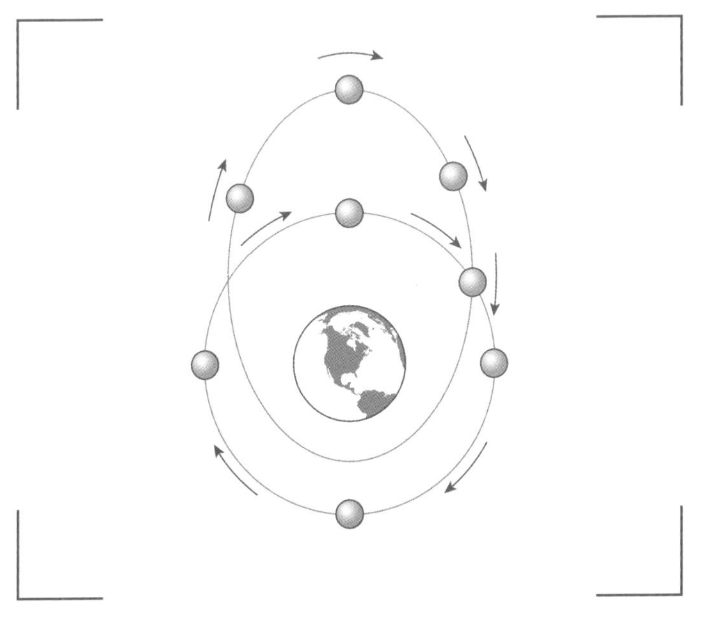

원 궤도와 타원 궤도

al-Harrānī가 처음 주장했지만, 널리 받아들여지지는 않았다.

그때까지만 해도 원은 신성한 형태라는 것이 주류 견해였다. 그런데 타원 궤도가 관측 결과와 더 잘 일치하는 것으로 드러났다. 그 이유를 알려면 미적분이 필요했다.

뉴턴이 미적분을 개발한 원래 동기 중 하나는 우주를 이해하기 위한 것이었다. 뉴턴 이전에 사람들은 종류가 다른 운동은 서로 다르게 기술하는 게 합리적이라고 믿었다. 행성이 움직이는 방식을 기술하는 법칙이 나무에서 사과가 떨어지는 방식을 설명하는 법칙과 같아야 할 이유가 있는가? 하지만 뉴턴은 달리 생각했다. 자신의 대작《프린키피아》에서 뉴턴은 "동일한 자연적 효과에는 가능하면 동일한 원인을 생각해야 한다"라고 썼다.[1] 다시 말해서, 누가 뭐래도 동일하게 움직이는 것은 같은 운동이라는 것이다.

이 원칙에 따라 뉴턴은 뉴턴 역학의 핵심을 이루는 '운동의 법칙'을 발견했다. 운동의 법칙은 모든 운동이 따라야 한다고 뉴턴이 믿었던 기본 원리들을 기술한다. 그리고 운동의 법칙으로부터 '만유인력의 법칙'(본질적으로 중력의 영향하에서 물체들이 움직이는 방식을 기술하는 방정식)을 이끌어냈다. 이 방정식은 케플러가 옳다는 것을 분명히 입증했다. 행성들은 운동의 법칙을 만족시키려면 타원 궤도를 돌 수밖에 없다.

뉴턴 역학은 아주 강력한 수학 이론이었고, 그 후 수백 년 동안 물리학을 이끌어갔다. 하지만 기존의 견해를 뒤집어엎는 과정이 순탄하게 일어나는 경우는 드물다. 다른 사람들이 뉴턴 역학의 유용성을 받아들이는 데에는 수십 년이나 걸렸는데, 그 과정에서 특이한 인물들이 중요한 역할을 했다.

뉴턴 역학의 기초

뉴턴 역학이 나아간 여정을 살펴보기 전에 그것이 어떤 내용인지 간단히 살펴보고 넘어가기로 하자. 뉴턴이 발견한 운동의 법칙은 NASA의 표현을 빌리면 다음과 같다.[2]

> **제1법칙** 정지한 물체는 계속 정지해 있으려 하고, 움직이는 물체는 외부의 힘이 작용하지 않는 한 계속 일정한 속도로 일직선으로 나아가려고 한다.
>
> **제2법칙** 물체의 가속도는 물체의 질량과 힘의 크기에 비례한다.
>
> **제3법칙** 한 물체가 다른 물체에 힘을 가하면, 그 물체도 첫 번째 물체에 크기는 같고 방향이 정반대인 힘을 가한다.

뉴턴의 첫 번째 법칙은 사실상 정지한 물체를 움직이게 하거나 움직이는 물체의 운동 방식을 바꾸려면 항상 힘이 필요하다는 말과 같다. 이것은 아주 단순해 보이지만, 바닥 위로 공을 굴리면 왜 공이 영원히 계속 굴러가지 않을까 하는 의문이 들 수 있다. 힘은 항상 눈에 잘 띄게 작용하진 않는다. 이 경우에 지구 표면 위로 굴러가는 공은 마찰과 공기 저항 때문에 속도가 느려진다. 만약 우주 공간에서 공을 민다면, 공은 영원히 앞으로 계속 나아갈 것이다(중력처럼 다른 힘이 작용하기 전까지는).

두 번째 법칙은 $F = ma$라는 유명한 공식으로 표현된다. 이 공식은 물체를 움직이는 데 필요한 힘은 물체의 질량에 가속도를 곱한 것과 같다는 뜻이다. 바로 여기에 미적분이 필요하다. 가속도는 속도의 변화율이므로, 이 공식은 다음과 같이 고쳐 쓸 수 있다.

$$F = m\frac{dv}{dt}$$

만약 속도를 시간에 대해 나타낸 그래프를 그린다면, $\frac{dv}{dt}$는 주어진 점에서 접선의 기울기를 나타낸다.

세 번째 법칙은 벽을 향해 곧장 걸어간 적이 있다면 잘 이해할 수 있다. 우리는 벽에 쿵 부딪치면서 벽에 힘을 가하지만, 벽도 우리에게 강한 힘을 가한 것처럼 우리는 부딪친 신체 부위에 얼얼한 통증을 느낀다.

뉴턴은 어떤 일이 일어나는지 알아보기 위해 운동의 법칙을 중력과 천체의 경우에 적용하면서, 케플러의 관측 결과를 두 번째 법칙과 결합해보았다. 케플러가 관측한 결과는 궤도의 크기와 행성이 태양 주위를 한 바퀴 도는 데 걸리는 시간 사이의 관계를 나타낸다. 구체적으로는 공전 주기의 제곱은 공전 궤도 반지름의 세제곱에 비례한다. 이 개념과 운동의 두 번째 법칙과 약간의 방정식 계산을 사용해 뉴턴은 다음 공식으로 표현되는 만유인력의 법칙을 유도했다.

$$F = G\frac{m_1 m_2}{r^2}$$

이 공식은 질량이 각각 m_1과 m_2이고 거리 r만큼 떨어져 있는 두 물체 사이에 작용하는 힘을 나타낸다. G는 보편 중력 상수로, 우리 우주에서 작용하는 보편적인 중력의 세기를 나타내는 고정된 값이다.

이것을 비롯한 몇 가지 방정식으로부터 뉴턴은 이전의 어느 누구보다도 더 정확하게 궤도를 계산할 수 있었다. 궤도를 도는 물체가 멀어질수록 중력이 미치는 힘은 지수함수적으로 감소한다. 거리가 2배로 늘어나면 그 물체에 미치는 중력은 4분의 1로 줄어들고, 거리가 3배로 늘어나면 중력은 9분의 1로 줄어든다. 따라서 태양 주위를 도는 행성은 점점 더 멀어져가다가 중력이 가장 약해지는 지점에서 방향을 홱 꺾는다. 아주 드물긴 하지만, 만약 속도가 딱 들어맞는다면 그 물체는 원형 궤도를 돌 수 있다(예컨대 금성의 궤도는 원에 거의 가깝다). 하지만 그렇지 않다면 타원 궤도를 돌게 되는데, 튀코와 소피아의 골치를 썩인 화성이 대표적인 예이다.

납작한 지구

영국에서는 뉴턴 역학이 금방 큰 인기를 얻었다. 영

국국교회의 한 유력 집단은 뉴턴의 개념이, '신'의 법칙이 우주를 지배한다는 자신들의 교리와 일치한다고 생각했다. 왕립학회 회원들도 뉴턴의 연구를 지지했고, 1703년에 뉴턴이 왕립학회 회장이 되자 그의 연구는 더욱 널리 확산되었다.

하지만 모두가 뉴턴의 이론을 반겼던 것은 아니다. 스위스 수학자 요한 베르누이Johann Bernoulli는 힘이 텅 빈 공간을 가로질러 작용한다는 개념은 불가해하다는 이유로 뉴턴의 이론을 묵살했다. 프랑스에서는 보이지 않는 '에테르'라는 유체가 우주를 가득 채우고 있고, 지구와 달, 행성과 별들은 그 속에서 돌아다닌다는 데카르트의 태양계 모형을 선호하는 사람이 많았다. 데카르트 지지자들은 신이 시간이 시작될 때부터 에테르를 만들었다고 믿었다. 그들은 이성적 사고를 중시한 합리주의를 지지한 반면, 뉴턴 지지자들은 경험주의와 수학을 더 중요하게 여겼다.

1731년에 영국과 프랑스의 동맹이 와해되면서 양국 사이에 긴장이 고조되었고, 그와 함께 과학적 논쟁도 치열해졌다. 지구가 납작하다는 뉴턴의 주장도 그런 논쟁을 촉발했다. 이것은 지구가 평평하다는 이야기가 아니라, 꼭대기와 바닥 부분이 다소 납작하다는 주장이다. 운동과 중력에 관한 개념을 계속 연구하던 뉴턴은 지구가 완벽한 구체가 될 수 없다는 결론을 내렸다. 자전축을 중심으로 회전하는 자전 운동 때문에 적도 쪽은 극 쪽보다 바깥쪽으로 밀려 나가는 힘을 더 많이 받게 되고, 그 결과

적도 쪽이 바깥쪽으로 약간 불룩 솟아오를 것이라고 보았다. 그래서 뉴턴은 지구가 완전한 구가 아니라 회전 타원체의 모습을 하고 있을 것이라고 믿었다.

뉴턴이 옳은지 데카르트가 옳은지 판별하기 위해 프랑스과학아카데미는 탐사대를 조직해 한 팀은 적도로, 한 팀은 북극으

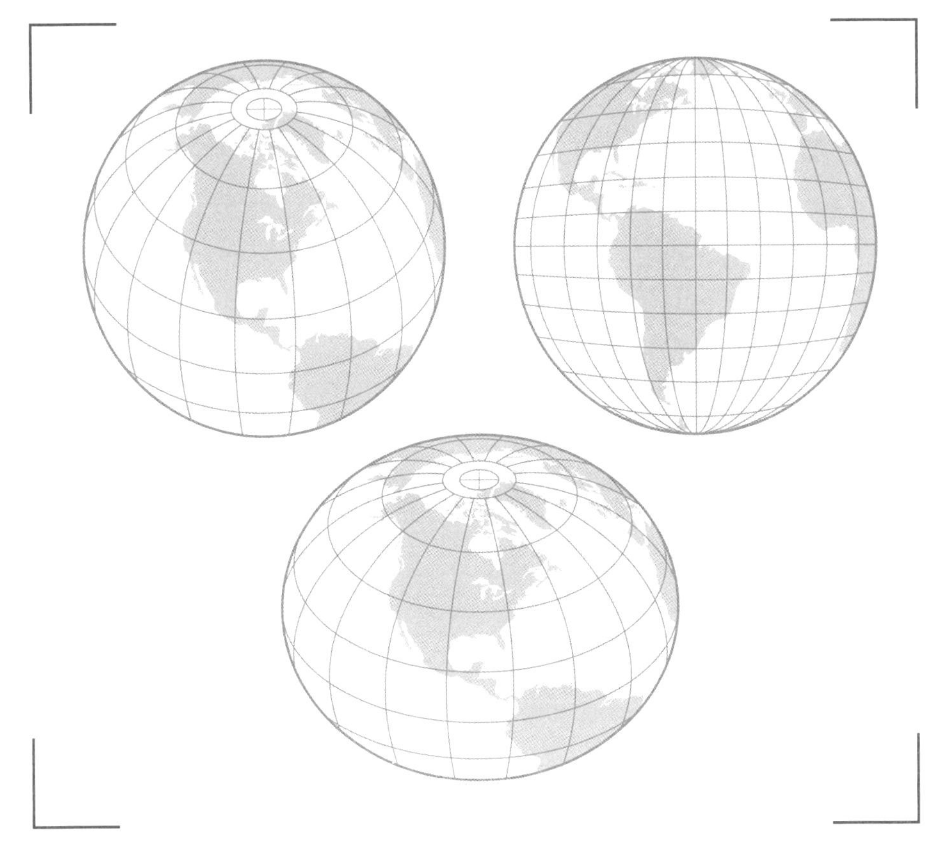

지구는 회전 타원체라고 부르는 납작한 구의 모습을 하고 있다.
아래쪽 그림은 이것을 다소 과장해 나타낸 것이다.

로 보냈다. 이것은 실험을 통해 과학 개념이 옳은지 입증하기 위한 연구에 전 세계 여러 도시가 협력한 최초의 사례였다.

지구의 모양을 결정하는 데 도움을 주는 방법은 두 가지가 있었다. 하나는 서로 다른 장소에서 진자시계가 흔들리는 주기를 측정하는 것이었다. 중력이 강할수록 진자는 더 빨리 움직일 것이다. 또 하나는 별들의 위치를 측정하는 것이었다. 서로 다른 장소에서 동일한 별의 위치를 긴 시간을 두고 측정한 뒤 그 시차를 비교하면, 지구가 완전한 구인지 아닌지 판단할 수 있다.

하지만 이 방법들을 성공적으로 실천에 옮기는 것은 결코 쉽지 않았다. 북극으로 간 탐사대는 유명한 프랑스 수학자 피에르-루이 모로 드 모페르튀Pierre-Louis Moreau de Maupertuis가 인솔했다. 런던에서 몇 개월 동안 공부한 적이 있는 모페르튀는 중력의 효과를 입증하려고 애쓴 뉴턴 학설 지지자였다. 하지만 그는 전문 천문학자가 아니었기 때문에, 스웨덴 천문학자 안데르스 셀시우스Anders Celsius에게 자기 팀에 합류해달라고 요청했다. 출발하기 전에 그들은 런던에서 여러 가지 천문 관측 장비를 구입했다. 그중에는 숙련된 도구 제작자 조지 그레이엄George Graham에게 주문 제작한 망원경도 있었다.

북극점 부근의 라플란드로 가는 여정에는 많은 어려움이 따랐다. 발트해 북단에 위치한 보트니아만의 얼어붙은 표면 위에서 측정을 해야 했는데, 정확한 지도가 없던 시절이라 잇따라

조지 그레이엄에게 주문 제작한 망원경을 묘사한 그림.
1740년에 출판된 피에르-루이 모로 드 모페르튀의
《파리와 아미앵 사이의 자오선 각도》에 실린 그림이다.

문제가 발생했다. 악조건 속에서 최신 장비들은 다루기가 번거로웠다. 그래서 그들은 핀란드 북부의 토르니오에서 지내기로 결정했다. 작은 천문대를 짓고 필요한 관측과 측정을 하면서 현지 주민이 제공한 집에서 지냈다. 혹독한 겨울이 지난 뒤 그들은 1년 사이에 모든 측정을 마쳤다.

이들의 탐사 작업은 무척 힘들었지만, 적도로 떠난 탐사대에 비하면 아무것도 아니었다. 1735년에 프랑스 천문학자 피에르 부게Pierre Bouguer와 샤를-마리 드 라 콩다민Charles-Marie de La Condamine, 루이 고댕Louis Godin은 조수들(그중 일부는 노예였다)과 에스파냐 해군 장교 두 명과 함께 프랑스를 떠났다. 그들은 배를 타고 카리브해로 간 뒤, 육로로 파나마를 가로질러 페루의 태평양 해안에서 다시 배를 타고 그 당시 에스파냐 영토였던 누에바그라나다에 도착했다.

탐사대는 소규모였지만, 세 과학자는 자존심이 아주 강한 성격이어서 화합이 잘되지 않았다. 결국 오늘날의 에콰도르 영토인 키토에 도착하기 전에 팀이 쪼개지고 말았다. 탐사대장이었던 고댕이 대부분의 돈과 장비를 독차지했고, 부게와 라 콩다민은 자력으로 여행을 계속해야 했다. 부게와 라 콩다민은 보트를 타고 페루 해안을 따라 아래로 내려가면서 분점과 월식을 관측해 기록했고, 그러다가 각자 다른 길을 택해 키토로 갔다. 부게는 안데스산맥의 화산들을 지나는 산길을 택했고, 라 콩다민은 열대 정글을 뚫고 직진했다.

마침내 키토에서 모두 합류한 뒤 측정을 하기 시작했지만, 높은 고도에서 작업하는 것은 쉬운 일이 아니었다. 혹독한 날씨 때문에 그들은 멀리 떨어진 기준점들이 선명하게 보일 때까지 몇 달을 손 놓고 기다려야 했다. 야생 곰과 독사도 어려움을 가중시켰는데, 몇 사람은 죽을 뻔한 고비를 넘기기까지 했다. 말라리아에 걸린 사람도 여러 명 나왔고, 그중 한 명은 목숨을 잃었다. 한 사람은 길거리 싸움에 휘말려 목숨을 잃었다.

3년으로 예정했던 계획은 9년으로 늘어났고, 결국 1743년 봄에야 원하던 측정을 마칠 수 있었다. 부게와 라 콩다민은 프랑스과학아카데미가 제공한 자금 중 남은 것을 모두 챙겨 프랑스로 돌아갔는데, 나머지 팀원들은 그곳에 남겨두고 떠났다. 조수들과 조력자들을 사실상 그냥 버리고 떠난 것이다. 에스파냐 해군 장교들은 현지 에스파냐 당국의 도움을 받아 고국으로 돌아갈 수 있었지만, 남은 팀원 중 일부는 남아메리카에서 죽었고, 나머지 사람들은 고국으로 돌아갈 자금을 마련하려고 애쓰면서 아마존에서 15년을 보냈다.

남아메리카와 라플란드에서 측정한 데이터가 마침내 프랑스과학아카데미에 도착하자, 뉴턴의 주장이 옳은 것으로 드러났다. 지구는 회전 타원체였다. 이 결과는 많은 반대자들의 생각을 바꾸게 하기에 충분했고, 뉴턴 역학의 예측 능력이 얼마나 대단한지 입증함으로써 뉴턴의 개념을 유럽 대륙 전체로 확산시키는 데 크게 기여했다.

1748년에 키토 탐사에서 얻은 결과를 소개한 책《페루에서의 천문학과 물리학 관측》에 실린 삽화. 지구는 분명히 적도 쪽이 불룩하고 극 쪽이 납작한 모양을 하고 있었다. 탐사에 동행한 에스파냐 해군 장교 안토니오 데 우요아Antonio de Ulloa와 호르헤 후안 이 산타실리아Jorge Juan y Santacilia는 프랑스 탐사대가 프랑스에서 그 결과를 발표하기 전인 1748년에 에스파냐에서 이 책으로 먼저 발표했다.

프랑스에서 뉴턴을 강하게 지지한 여성

특별히 뉴턴을 강하게 지지한 사람 중에 에밀리 뒤 샤틀레Émilie du Châtelet가 있었다. 18세기의 많은 귀족 여성과 마찬가지로 뒤 샤틀레는 개인 교사를 통해 교육을 받았다. 부모는 자녀들이 지적 자유를 누리길 원했고, 그래서 뒤 샤틀레에게 집에서 그리고 그들이 매주 주최한 살롱 모임에서 광범위한 주제에 대해 의견을 표현하도록 권장했다. 아버지는 베르사유 궁전에서 루이 14세의 수석 의전 비서관을 지냈기 때문에 가족에게 그런 삶을 누리게 할 수 있었다.

20대 시절에 에밀리 뒤 샤틀레는 훗날 라플란드 탐사대를 이끈 뉴턴의 지지자 피에르-루이 모로 드 모페르튀에게서 개인 교습을 받았다. 모페르튀는 뒤 샤틀레에게 대수학과 뉴턴의 미적분을 가르쳤고, 살롱에서 뒤 샤틀레가 좋아한 학문적 토론을 하라고 적극 권했다.

모페르튀 같은 수학자들은 국왕의 도서관이나 파리의 카페 그라도에서 자주 모임을 가졌지만, 여성인 뒤 샤틀레는 그런 모임에 참석할 수 없었다. 그런 배척을 참을 수 없었던 뒤 샤틀레는 하루는 남자 옷차림으로 한 모임에 갔고, 즉각 입장을 허락받았다.

그 무렵에 잘 알던 사람이 뒤 샤틀레의 삶 속으로 다시 돌아

에밀리 뒤 샤틀레

왔다. 뒤 샤틀레는 더 어렸을 때 아버지의 살롱에서 왕성한 작가이자 철학자인 볼테르*를 만난 적이 있었지만, 볼테르는 프랑스 정부를 강하게 비판하다가 두 번이나 감옥에 끌려갔고 한 번은 영국으로 추방되었다. 그런데 1733년에 볼테르는 다시 돌아

* 볼테르의 원래 이름은 프랑수아-마리 아루에François-Marie Arouet이지만, 이 필명으로 널리 알려져 있다.

왔고, 그렇게 해서 두 사람이 다시 만나게 되었다.

에밀리 뒤 샤틀레는 유부녀였지만, 볼테르와 함께 프랑스 북동부에 있는 남편의 사유지로 가 그곳에서 1735년부터 1739년까지 커플로 살았다. 그 당시에 불륜은 상당히 흔했고 용인되기까지 했는데, 귀족에게 결혼은 의례적인 행사이자 의무로 간주되었기 때문이다. 볼테르는 뒤 샤틀레를 여성도 남성만큼 유능하다는 것을 보여주는 살아 있는 증거라고 말하면서 공개적으로 칭송했다.

1739년에 프랑스과학아카데미가 "불이란 무엇인가?"라는 질문에 상금을 내걸자, 뒤 샤틀레와 볼테르는 각자 독자적으로 답을 제출했다. 볼테르는 뒤 샤틀레도 답을 제출했다는 사실을 참가자 명단이 발표될 때까지 몰랐다.

둘 다 상금을 타진 못했지만, 뒤 샤틀레의 논문은 놀라운 통찰력을 보여주었다. 뒤 샤틀레는 주어진 계 내에서 에너지가 보존되어야 한다고 가정했다. 그리고 만약 어떤 속도로 움직이는 두 물체가 충돌한다면, 에너지 중 일부는 열로, 일부는 소리로 변하고, 일부는 운동 에너지가 될 것이라고 주장했다. 그러면서 그 모든 에너지를 합친다면, 두 물체가 충돌하기 전에 존재한 에너지의 양과 똑같을 것이라고 했다. 이것은 오늘날 '에너지 보존 법칙'으로 알려져 있으며, 우주의 기본적인 법칙 중 하나이다. 이 법칙의 수학적 기초는 150여 년 뒤에 독일 수학자 에미 뇌터Emmy Noether(12장 참고)가 발견한다. 그 당시에 에너지 개념이 제대로 정립되지도 않은 상태였다는 사실을 감안하면, 이것은 실로 심오한 통찰력이었다.

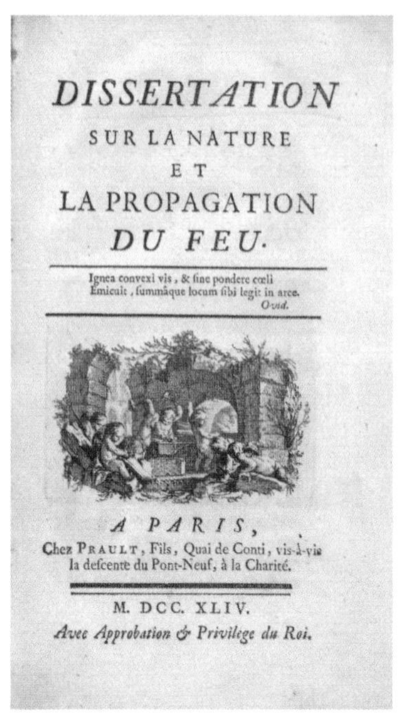
DISSERTATION
SUR LA NATURE
ET
LA PROPAGATION
DU FEU.

Ignea convexi vis, & fine pondere cœli
Emicuit, fummâque locum fibi legit in arce.
Ovid.

A PARIS,
Chez PRAULT, Fils, Quai de Conti, vis-à-vis
la defcente du Pont-Neuf, à la Charité.

M. DCC. XLIV.
Avec Approbation & Privilège du Roi.

《불의 본질과 전파에 관한 논문》 표지

회원인 르네 레오뮈르René Réaumur의 요청으로 프랑스과학아카데미는 뒤 샤틀레와 볼테르의 논문을 수상자의 논문과 함께 발표했다. 이로써 에밀리 뒤 샤틀레는 과학 논문을 공개적으로 발표한 최초의 여성이 되었다.

뒤 샤틀레가 쓴 최초의 완전한 저서 중 하나는 13세의 아들을 위해 쓴 물리학 교과서였다. 《물리학 입문》에서 뒤 샤틀레는 데카르트와 라이프니츠, 뉴턴의 개념과 이론을 망라해 정리했다. 이 책은 여성이 쓴 책이라는 사실을 숨기기 위해 익명으로 1740년에 출판되었는데, 프랑스어로 쓴 물리학 책이 출간된 것은 1671년 이래 처음이었다.

뒤 샤틀레는 《프린키피아》에 소개된 뉴턴의 연구에 매료되었고, 그것을 프랑스어로 번역하는 작업에 돌입했다. 세 자녀를 키우면서 그 일을 해야 했기에 번역을 마치기까지 약 4년이 걸렸다. 가장 생산적인 시간은 새벽 네다섯 시 무렵이었다.

불행하게도 뒤 샤틀레는 그것이 출판되는 것을 보지 못했다. 뒤 샤틀레는 시인 장-프랑수아 드 생-랑베르Jean-François de Saint-Lambert의 아이를 임신해 40세의 나이에 딸을 낳았지만, 며칠 뒤 고열에 시달렸다. 자신의 시간이 다 되었음을 직감한 뒤 샤틀레는 원고를 침대 곁으로 가져오라고 한 뒤에 거기에 완성한 날짜를 '1749년 9월 10일'이라고 썼다. 그리고 얼마 후 의식을 잃었다.

7년 뒤인 1756년에 마침내 비록 일부분이긴 했지만 그 책이 출판되었다. 책은 큰 칭송을 받았다. 뒤 샤틀레는 번역에서 어려운 전문 용어를 배제하고, '궤도'와 '타원' 같은 기본 용어를 초보자도 이해할 수 있는 방식으로 설명했으며, 의미를 명확하게 하기 위해 비유도 종종 사용했다.

이 책이 출간될 즈음에 프랑스에서는 뉴턴 역학에 대한 관심이 새롭게 치솟았는데, 1759년에 핼리 혜성이 다시 돌아올 것이라는 예측이 적중했기 때문이다. 그 결과로 1759년에 최초로 프랑스에서 《프린키피아》 완역본이 출판되었다. 뒤 샤틀레의 번역본은 지금까지도 표준적인 프랑스어 번역본으로 간주된다.

집에서 실험을 한 바시

이탈리아에서 뉴턴 물리학을 가장 앞장서서 지지한 사람은 라우라 마리아 카테리나 바시Laura Maria Caterina Bassi였다. 1711년에 볼로냐에서 태어난 바시는 고전 언어에서부터 자연철학에 이르기까지 폭넓은 교육을 받았다. 아버지는 살롱을 주최하면서 볼로냐의 최고 학자들을 집으로 초대했다. 개인 교사였던 의사 가에타노 타코니Gaetano Tacconi가 바시를 볼로냐의 학계 인사들에게 소개했고, 바시는 곧 신동으로 유명해졌다. 바시는 추기경이 네다섯 명의 교수와 공개 토론을 시킨 자리에서 명성을 확실히 굳혔다. 토론의 승자는 바시였다. 교황 베네딕토 14세를 비롯한 고위 인사들이 지켜보는 가운데 바시는 철학과 물리학에 관한 49편의 텍스트를 변호하는 데 성공했다. 1732년에 볼로냐과학아카데미 회원 16명은 만장일치로 바시를 정식 회원으로 선출했다.

이탈리아는 다른 유럽 지역보다 일반적으로 여성에게 더 관대해 대학 교육을 받는 것도 허용했다. 바시는 철학 박사 학위를 받았고, 볼로냐대학교에 들어가 세계 최초의 여성 교수가 되었다.

그 당시 볼로냐에서는 일부 학자들은 데카르트의 학설을 옹호한 반면, 다른 사람들은 확고한 뉴턴 지지자로 돌아섰다. 바시는 후자에 속했다. 바시는 28년 동안 뉴턴 물리학을 가르쳤지만 한 가지 어려움이 있었는데, 공개 강연은 오직 남성만 할 수 있었다. 강연을 할 기회는 매우 드물었으며, 유명한 방문객이 볼로냐에 오거나 누군가에게 학위를 수여할 때에만 할 수 있었다. 대학교에서 봉급은 받았지만, 학계에서 해야 할 실제적인 연구 업무는 주어지지 않았다.

하지만 바시는 이러한 장애물을 우회하는 방법을 찾아냈다. 바시는 동료 교수이던 남편 주세페 베라티Giuseppe Veratti와 함께 집에서 일주일에 두 번씩 '문학 학회'를 열었다. 기혼 여성인 바시는 손님과 학생을 초대해 강연을 하더라도 아무 문제가 되지 않았다. 바시는 직접 실험을 하기 위해 집에 실험실도 만들었고, 실험 결과를 학계의 동료들에게 보고서로 제출했다. 그 보고서들 중 남아 있는 것은 많지 않지만, 전기, 기체, 역학, 유체역학, 광학에 관한 내용이었다는 사실은 알려져 있다.

바시는 뉴턴의 개념을 연구하는 운동을 새로 시작했다. 바시의 명성이 널리 퍼지자, 그리스와 에스파냐, 독일, 폴란드, 프랑스에서도 방문객이 찾아왔다. 집에서 한 실험 결과는 볼로냐과학아카데미에 제출했고, 출판사를 구할 수만 있으면 언제든 논문을 인쇄물의 형태로 발표했다. 그 당시 바시는 실험물리학의 결과를 공개적으로 발표한 유일한 여성이었다. 볼로냐대학교 실험물리학과 특별 석좌 교수가 된 바시는 남편을 조수로 썼다. 바시는 집의 실험실에 더 좋은 장비를 들여놓을 수 있도록 봉급을 올려달라고 요청했다. 대학 측이 이를 승낙하자, 바시는 볼로냐대학교에서 봉급이 가장 높은 교수가 되었고, 실험실에 그 돈을 투자했다.

지나친 상상력

뒤 샤틀레와 바시의 업적을 감안하면, 뉴턴 역학의 확산에 그 다음번의 큰 진전을 가져온 사건이 여성 독자를 겨냥한 책의 출간이라는 사실은 좀 기이해 보이는데, 이것은 여성에게는 추가로 약간의 도움이 더 필요하다는 뜻을 내포하고 있기 때문이다. 그럼에도 불구하고, 1737년에 출판된《숙녀를 위한 뉴턴주의》는 굉장한 베스트셀러가 되어 여성과 남성 모두에게서《프린키피아》에 대한 큰 관심을 끌어냈다.

저자는 18세기의 박학다식한 이탈리아 지식인 프란체스코 알가로티Francesco Algarotti 백작이었다. 그는 그 시대의 편견에 사로잡혀, 여성은 '상상력이 너무 지나쳐' 수학을 제대로 이해하지 못한다고 생각했다. 설령 여성이 남성보다 상상력이 조금 더 많은 것이 사실이라 하더라도, 그것이 불리한 점이 될 리는 만무하다. 원래 수학은 실제로 존재하지 않는 것을 상상하는 학문이 아닌가? 원(수학적으로 완벽한 원)처럼 단순한 것도 현실에는 존재하지 않는다. 아무리 애쓰더라도, 완벽한 원을 만들거나 그리는 것은 불가능하다. 대신에 약간의 상상력을 발휘해야 그런 원을 생각할 수 있다.

자신의 책에서 알가로티는 기사와 후작 부인 사이에 오가는 가상의 대화를 통해 뉴턴의 개념을 더 친숙하게 소개하려고 노력했다. 기사는 자신을, 후작 부인은 뒤 샤틀레를 모델로 삼았다. 배경 장소는 알가로티가 방문한 적이 있었던 뒤 샤틀레의 전원주택이었다. 거기다가 알가로티는 뉴턴주의를 약간 낭만적으로 만들었다. 한 장면에서 "장소들의 거리의 제곱이라는 이 비율은 … 심지어 사랑에서도 나타난다는 … 생각이 자꾸 떠올라요"라고 후작 부인은 말한다. "그래서 8일 동안 떨어져 있으면, 사랑은 첫째 날보다 64배나 옅어지지요."[3]

다소 에로틱한 이 표현을 통해 후작 부인은 만유인력의 법칙처럼 사랑도 떨어져 지내는 시간이 길어질수록 역제곱 법칙에 따라 줄어든다고 말한 것이다. 떨어져 있는 시간이 길어질수록 심장은 점점 차갑게 식어간다.

일반 독자를 겨냥해 뉴턴 역학을 설명한 책은 알가로티의 책뿐만이 아니었다. 예컨대 《숙녀의 일기》는 런던에서 출판된 연간 간행물로, 달의 주기(음력)와 학기의 시작과 끝을 알리는 날짜처럼 중요한 정보를 달력 형태로 제시했다. 갈수록 점점 어려워지는 퍼즐들도 실려 있었는데, 일부 퍼즐은 풀려면 미적분을 사용해야 했다. 게다가 프랑스 수학자 세자르-프랑수아 카시니 드 튀리César-François Cassini de Thury는 1740년대에 남성과 여성 사이의 대화 형식을 빌려 지구의 모양에 관한 논쟁

《숙녀를 위한 뉴턴주의》(1737)에서는 닷새 동안 여섯 차례의 대화가 펼쳐진다. 배경은 알가로티가 뒤 샤틀레와 볼테르를 만났던 프랑스 시레의 풍경과 비슷하다.

을 소개했다. 이렇게 뉴턴의 개념들이 점점 주류로 자리를 잡아갔다.

미국으로 건너간 뉴턴주의

그다음에 뉴턴주의는 아메리카로 눈을 돌렸다. 16세기 초와 17세기부터 영국인, 프랑스인, 네덜란드인, 스웨덴인 이주민이 북아메리카 동해안에 정착하기 시작했다. 많은 유럽인이 고국에서 겪던 정치적, 경제적, 종교적 어려움에서 벗어나기 위해 아메리카로 건너갔다. 하지만 그들 역시 아메리카 원주민을 박해하면서 수십 년간의 전쟁과 학살을 통해 원주민의 땅을 빼앗아 차지했다. 이것은 비극적인 이야기로, 수학은 여기에 직접적으로 관여하지 않았다. 하지만 뉴턴주의가 대서양을 건너 확산된 것은 바로 이런 상황에서였다. 미국에서 설립된 최초의 고등 교육 기관은 옥스퍼드와 케임브리지에 있는 대학교들을 기반으로 삼았다. 하버드대학교는 1636년에 청교도 성직자이자 케임브리지대학교 졸업생인 존 하버드John Harvard가 설립했다. 예일대학교는 10명의 기독교 목사가 1701년에 세웠다.

18세기가 시작될 때, 《프린키피아》는 출판된 지 약 15년이 지난 뒤였지만, 아메리카로 건너간 책은 단 한 부도 없었다. 하버드에서 수학과 자연철학을 가르치던 토머스 로비Thomas Robie가 뉴턴의 개념들에 기초한 왕립학회 논문들의 내용을 모아 정리해 소개했다. 로비의 제자였던 아이작 그린우드Isaac Greenwood는 더 직접적인 경로로 뉴턴의 개념들을 접했는데, 런던으로 가 뉴턴의 조수로부터 수학을 배웠다. 아메리카로 돌아온 그린우드는 뉴턴 역학을 가르치기 시작했고, 하버드대학교 최초의 수학과 철학 교수가 되었다.

그 무렵에 하버드의 유력한 경쟁자가 된 예일은 유럽에서 과학 책을 들여오는 일을 돕던 중개인을 통해《프린키피아》(1713년판)와《광학》(1704년판)을 입수하는 데 성공했다. 예일대학교 총장이던 토머스 클랩Thomas Clap과 에즈라 스타일스Ezra Stiles는 수학자가 아니었는데도 곧 뉴턴의 이론을 가르치기 시작했다.

유럽에서 뉴턴주의가 살롱에서 확산된 것처럼 아메리카에서도 비슷한 일이 일어났다. 특별히 큰 영향력을 떨친 살롱은 1727년에 벤저민 프랭클린Benjamin Franklin이 필라델피아에 세운 전토Junto('회의'나 '모임'을 뜻하는 에스파냐어 '훈타junta'에서 딴 이름)였다. 프랭클린의 구상은 '상호 발전'을 위한 클럽을 만드는 것이었고, 살롱의 모임은 매주 금요일 저녁에 열렸다. 결국 이 모임은 1743년에 아메리카 최초의 지식인 학회인 미국철학회로 발전했다. 이 학회는 과학과 인문학 분야의 학문적 연구와 출판을 장려하는 것을 목표로 삼았고, 국내뿐만 아니라 해외 학자들도 회원으로 초빙했다.

회원 중에 천문학자이자 수학자로 미국 과학계를 대표하는 데이비드 리튼하우스David Rittenhouse가 있었다. 리튼하우스는 어린 시절에 《프린키피아》 책을 상속받고 나서 평생 동안 열렬한 뉴턴주의 지지자가 되었다. 그는 뉴턴주의가 아메리카에서 고등 수학 교육의 기반이 되어야 한다고 믿었고, 1775년에 미국철학회에서 한 연설에서 이 점을 강조했다. 매사추세츠만 식민지 창설자의 고손(증손자의 아들)인 수학자이자 천문학자, 물리학자 존 윈스럽John Winthrop도 뉴턴의 연구가 중요하다는 사실을 인식했다. 그는 하버드대학교에서 이를 가르치고, 그 개념들을 검증하기 위한 실험실을 세웠다.

뉴턴주의와 경험주의는 아메리카에서 눈덩이처럼 확대돼갔다. 출발은 느렸지만, 점점 더 많은 사람이 뉴턴의 연구를 알게 되었고, 그것을 다른 과학 분야에 적용하면서 비슷한 원리들이 전기와 자기에서도 성립하는지 연구했다. 예를 들면, 벤저민 프랭클린은 전하를 띤 병 두 개로 전지를 만든 실험을 한 것으로 유명한데, 그 전기는 칠면조를 구울 수 있을 만큼 강했다.

아메리카에서 뉴턴주의가 확산된 것은 미국이 결국 과학 강대국으로 우뚝 서는 하나의 계기가 되었다. 얼마 후 아메리카 식민지는 영국으로부터 정치적 독립을 선언하고 독립 전쟁을 벌였지만, 과학과 수학 분야는 여전히 영국과 긴밀한 유대를 맺고 있었다. 하버드대학교와 예일대학교를 비롯한 여러 교육 기관이 유럽의 모델을 기반으로 세워졌고, 그래서 새로운 수학적 발전이 일어나면 양 대륙 모두에서 쉽게 받아들여질 수 있었다.

중국에서는 상황이 조금 다르게 흘러갔다. 18세기에 예수회 소속 천문학자 몇 사람이 청나라 조정에서 뉴턴의 저술을 중국어로 번역했다. 유럽인은 더 넓은 문화적 외교의 일환으로 과학적 개념을 동양으로 전파하려고 했는데, 궁극적으로는 기독교 전파에 목적이 있었다. 하지만 중국에는 독자적인 수학적 전통이 있었다. 단순히 중국 수학이 유럽 수학으로 교체되는 일은 일어나지 않았다. 대신에 훨씬 흥미로운 일이 벌어졌다.

10

대종합

17세기 중엽에 청나라는 전성기를 구가했다. 이 시기에 제국의 영토는 히말라야산맥에서부터 만주까지 확장되어 역사상 최대에 이르렀다. 땅이 광대한 청나라는 다민족 국가였고, 만주족이 몽골족과 한족을 비롯한 수많은 민족을 지배했다. 사람들은 황제를, 천제가 '중화中華'('세계의 중심'이란 뜻) 왕국을 통치하라고 내려보낸 아들인 천자天子라고 믿었다. 그리고 중화를 통치하는 자가 우주 전체를 통치한다고 믿었다.

중국의 지적 영향력은 아주 광대했다. 오늘날의 한국과 일본, 태국, 베트남을 비롯하여 동아시아에서 중국에 조공을 바치던 나라들은 모두 중국 문화에 큰 영향을 받았다. 각국의 통치자들은 존경을 표하기 위해 황제에게 외교 사절과 선물을 보냈고, 그 대가로 군사적 보호와 교역 기회를 얻었다. 7세기 이후에 중국에서는 유학이 세계 질서로 자리 잡았지만, 청나라 시절에는 더 세속적이고 합리적인 형태의 유학인 성리학이 득세했다.

수학 분야에서도 마찬가지였다. 중국의 수학적 전통이 청나라의 수학적, 정치적 중심지인 베이징의 자금성에서 발원하여 주변국으로 확산되었다.

유럽에서 르네상스가 수학적 재발견과 수정과 계시를 촉발한 것처럼, 중국의 수학도 변하기 시작했다.《주역》과《구장산술》을 기반으로 한 중국의 수학은 출발점은 달랐지만, 아랍 수학에 큰 영향을 받기는 마찬가지였다. 중국과 서아시아 사이의 빈번한 교역으로 개념의 교환이 자주 일어났고, 양쪽 지역에서 각기 사용하던 수학적 도구들이 그에 힘입어 크게 개선되었다. 양쪽의 수학적 전통이 공진화한 것이다.

중국과 유럽의 관계는 전혀 달랐다. 유럽의 기독교 선교사들은 16세기에 중국을 방문할 때 새로운(그리고 낡은) 사상과 개념을 가지고 왔고, 당연히 의심을 받았다. 의심이 너무 큰 나머지, 한 분쟁에서는 일단의 예수회 수학자들이 사형 선고를 받기까지 했다.

하지만 청나라는 철학적으로 진화하는 시기를 겪으면서 유학 이외의 다른 사상에 더 열린 태도를 보이게 되었다. 이것은 중국 수학자들이 유럽과 아랍의 훌륭한 개념과 이론을 빌려와 자신들의 것과 융합하는 일종의 '대종합'을 낳았다. 그 결과로 부분들의 합보다 더 큰 수학이 탄생했지만, 유럽인은 그것을 대체로 무시했다. 대다수 유럽 지식인은 편견을 갖고 있었던 탓에 중국 수학에서는 배울 게 아무것도 없다고 잘못 알고 있었다.

이 대종합은 1000년 사이에 중국 수학에서 일어난 가장 큰 규모의 갱신이었다. 이를 통해 중국은 기술적으로 매우 능숙한 수학 국가로 변모했다. 그것은 강희제康熙帝라는 7세 소년에게서 시작되었다.

예수회 선교사들의 활약

1654년에 현엽玄燁이 태어났을 때, 그는 왕위 계승 서열이 세 번째였다. 아버지 순치제順治帝에게서 먼저 태어난 형이 두 명 있었지만, 그 어머니들의 지위가 낮았다. 그래서 1661년에 순치제가 천연두로 사망하자, 불과 7세이던 현엽이 황제 자리에 올라 강희제가 되었다.

처음에 강희제는 나이가 어려 명목상의 황제에 불과했다. 할머니인 효장孝莊 태황태후가 수렴청정을 할 권한이 있었지만, 효장 태황태후는 네 명의 보정 대신에게 황제를 보필해 섭정을 하게 했다. 그중 한 명이 사망하자, 나머지 세 사람은 정치적 권력을 더 차지하려고 혈안이 되었고, 그러다가 한 사람이 다른 사람을 죽이는 일까지 벌어졌다. 이런 시작을 감안하면, 강희제가 중국 역사에서 재위 기간이 가장 긴 황제로 기록되고, 오랫동안 정치적 안정과 번영을 이룬 성군으로 남은 것은 놀라운 일이다. 17세기 중엽에 강희제는 아직 어린이에 불과했고, 제국을 완전히 통치할 힘도 없었다. 하지만 이런 배경에도 불구하고 강희제는 서학, 특히 그중에서도 수학과 천문학에 큰 흥미를 느꼈다.

일식이 다가올 때마다 황제와 대신들은 황실 천문대인 흠천감欽天監의 천문학자들에게 정확한 시기와 지속 시간을 계산하라는 지시를 내렸다. 흠천감은 하늘과 땅의 자연 현상을 토대로 중요한 국가 의례와 제사의 날을 정하는 부서인 예부 산하에 있었다. 일식이나 월식은 중국의 정치적 점성술에서 큰 비중을 차지하진 않았지만, 흠천감의 천문학자들은 이 자연 현상을 다른 목적으로 사용할 수 있다는 사실을 깨달았다. 일식과 월식은 달력의 정확성을 판단하는 데 훌륭한 지표가 될 수 있었다.

중국에서 정확한 달력을 만드는 것은 하늘과 땅 사이의 중개자 역할을 맡고 있는 황제의 중요한 임무였다. 정확한 달력은 황제의 신뢰성을 높여주었다. 훌륭한 통치자는 의례의 길일을 잘 택해야 했기 때문에, 만약 일이 잘못되기라도 하면 황제의 평판에 오점이 되었다. 흠천감은 라틴어와 아랍어로 기록된 달력 참고 도서들을 수집해 천문학자들에게 연구하고 만주어로 번역하게 했다. 하지만 중국과 아랍과 유럽의 달력은 제각각 다른 접근법을 사용하고 있었는데, 마침내 최후의 결전이 다가오고 있었다.

그 당시 베이징의 흠천감 책임자는 요한 아담 샬 폰 벨Johann Adam Schall von Bell(중국명 탕약망湯若望)이라는 예수회 선교사였다. 기독교를 포교하기 위해 중국으로 파견된 선교사들 중에는 우연히 천문학과 수학을 공부한 사람들이 많이 있었다. 샬은 순치제 시절에 일식이 일어나는 시기와 지속 시간을 정확하게 예측해 이 직책을 얻었다. 아랍과 중국의 방법을 사용한 현지 천문학자들은 예측에 실패했다.

하지만 중국 천문학자들은 예수회 선교사를 책임자로 모시는 게 달가울 리가 없었다. 특히 유학자들은 외국인에게 달력 계산을 맡기는 것은 유학의 원칙을 저버리는 것이어서 도덕적 붕괴를 초래할 것이라고 염려했다. 그래서 중국인은 꼬투리를 잡기 위해 샬의 연구를 철저하게 조사하기 시작했는데, 비판에 나선 사람 중에 양광선楊光先이라는 아주 특이한 인물이 있었다.

양광선은 우리가 흔히 아는 전형적인 천문학자가 아니었다. 그는 수학적 배경이 전혀 없었지만, 여러 관리의 비리를 빌미로 협박과 갈취를 일삼다가 요서 지방으로 귀양을 갔을 때 점성술과 점술을 배웠다. 명나라가 멸망한 후 베이징으로 돌아와 천문학자 행세를 하던 그는 흠천감의 높은 자리를 모두 예수회 선교사들이 차지하고 있다는 사실을 알게 되었다. 샬을 끌어내리기 위해 양광선은 공개적으로 그를 비난하고 나섰다. 순치제의 넷째 아들이 태어난 지 석 달 만에 사망했을 때 그 장례식 날을 샬이 흉일로 선택하는 바람에 2년 뒤에 효헌 황후가 사망했다고 상소했다. 서양 달력과 기독교를 공격하는 글도 써서 돌렸다. 양광선은 예수회가 반란을 획책하고 이단 종교를 퍼뜨리며 잘

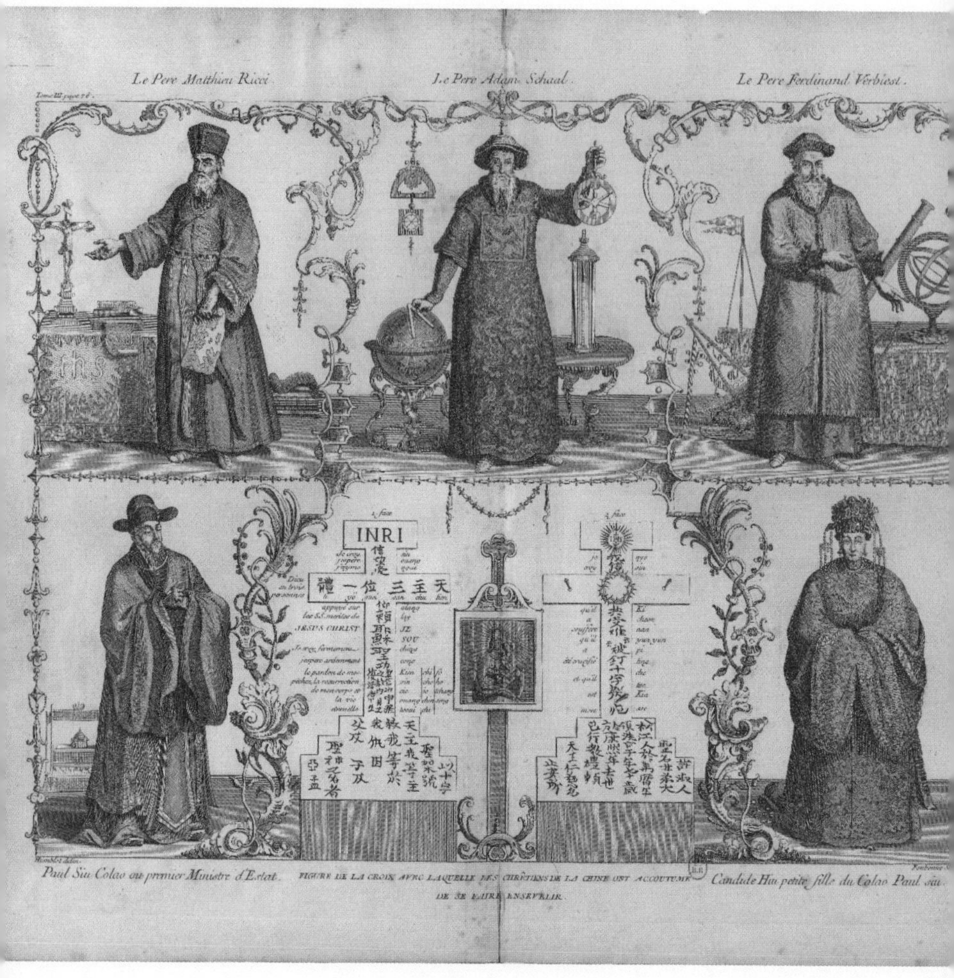

중국에서 활동한 예수회 선교사들.
장-바티스트 뒤 알드Jean-Baptiste Du Halde가 쓴《중국 제국과 번부*의 지리적, 역사적, 연대기적, 정치적, 물리적 기술》(파리, 1735)에 실린 그림이다.

* [옮긴이] 번부藩部는 청나라 때 비한족 거주지로 간접 통치를 받은 지역을 가리킨다. 지리적으로 몽골, 서역신강, 청해, 티베트, 그리고 흑룡강 일대의 야인여진 부락들이 이에 속한다.

못된 천문학 지식을 퍼뜨린다고 주장했다.

청나라 관리들은 이 주장을 심각하게 받아들였다. 또 다른 천문학자 오명훤吳明烜은 샬의 방법에 결함이 있다고 주장하면서 양광선을 공개적으로 지지하고 나섰다. 이슬람계 혈통을 물려받은 오명훤 집안은 1000년이 넘게 여러 왕조에 걸쳐 천문학 전문가로 일해왔다. 하지만 이제 자신이 사용하는 방법이 예수회 선교사들이 알고 있는 방법보다 못한 것으로 평가받으면서 일자리를 잃은 상태였다.

상황은 금방 샬에게 불리하게 돌아갔다. 그러잖아도 이미 예수회 선교사들을 의심하고 있던 정부 관리들은 샬을 기소했다. 샬은 수사를 받던 도중에 뇌졸중을 일으켜 말을 할 수 없게 되었다. 그래서 친구인 플랑드르 출신의 예수회 선교사이자 숙련된 천문학자인 페르디난트 페르비스트Ferdinand Verbiest가 샬의 방법을 변호하는 데 도움을 주었다.

1665년 4월, 샬은 틀린 달력을 만들고 중요한 국가 의례 날짜를 잘못 선택했다는 혐의에 대해 유죄 선고를 받았다. 샬은 페르비스트를 비롯한 흠천감 동료들과 함께 투옥되었다. 투옥된 사람은 예수회 선교사 세 명과 기독교로 개종한 한인 다섯 명이었다. 샬은 사지를 찢어 죽이는 형을 선고받았다. 동료들은 태형 100대를 받고 흠천감에서 쫓겨났다. 한편, 강희제와 대신들은 양광선을 흠천감 책임자로 앉혔고, 오명훤도 흠천감에 복직되었다.

하지만 행운의 사건 덕분에 샬은 목숨을 건졌다. 큰 지진이 일어나 처형장이 파괴되었고, 하늘에서 희귀한 유성이 목격되었다. 미신을 믿던 대신들은 이것을 샬과 선교사들을 처형해서는 안 된다는 징조로 받아들였다. 예수회 선교사들은 풀려나 중국 남부의 광둥성으로 유배되었다. 하지만 한인 천문학자들은 그런 행운을 누리지 못하고 모두 처형당했다.

양광선은 흠천감 책임자가 되었지만, 제대로 일을 해내지 못했다. 시헌력時憲曆이라는 새로운 역법을 만들었다고 주장했지만, 사실은 명나라 시절의 대통력大統曆을 재포장한 것에 지나지 않았다. 그는 흠천감 관리들에게 반드시 이 역법을 사용하라고 명령했다. 그 결과, 1666년과 1667년에 큰 실수가 일어났는데, 두 해에 춘분과 추분이 각각 두 번씩 있을 것이라고 예측했기 때문이다. 1668년에 이르러 양광선의 능력에 대한 의심이 커졌고, 조정 대신들은 양광선이 이끄는 팀이 만든 이듬해 달력의 정확성을 우려하게 되었다.

그 후 샬은 병이 악화되어 죽었지만, 페르비스트를 비롯해 유배를 당한 선교사들은 베이징으로 다시 부름을 받았다. 그들은 예부에서, 바타비아(지금의 자카르타)를 통치하던 네덜란드 총독이 보낸 편지를 번역하는 일을 도왔다. 그곳에서 일하는 동안 정부 관리들은 페르비스트에게 역법 계산을 시켜보기로 했는데, 그는 거기서 오류를 발견했다. 양광선이 이끄는 팀은 바타비아 수도의 일출 시간과 일몰 시간만을 사용했지만, 페르비스트는 각 주도州都의 일출 시간과 일몰 시간을 사용했고, 그럼으로써 왜 오류가 생겼는지 알아낼 수 있었다.

문제가 있을 가능성을 보고받은 강희제는 페르비스트와 양광선에게 세 가지 시험을 통해 각자 자신의 방법이 옳음을 입증하게 하자는 제안에 동의했다. 세 가지 시험은 해시계의 그림자 길이 예측하기, 특정 날짜에 태양과 일부 행성의 위치 예측하기, 앞으로 다가올 월식의 시기와 지속 시간 예측하기였다. 페르비스트는 "실수를 가장 많이 저지르는 사람이 가장 잘못된 수학을 사용한 것으로 드러날 것입니다"라고 말했다.[1]

그때 14세였던 강희제는 두 사람을 궁정 천문대로 불러들였고, 거기서 두 사람은 황제와 소란스러운 군중 앞에서 3일에 걸쳐 시험을 치렀다. 세 차례 시험에서 페르비스트는 매번 승리를 거두면서 박수갈채를 받았다. 그곳에 있던 사람들은 이 시험을 통해 유럽 수학의 유용성을 확신하게 되었다. 강희제는 훗날 그 계산이 실제로 어떻게 이루어졌는지 "그 방법을 아는 사람이 아무도 없었다"라고 회상했다. 그는 이 사건에서 큰 깨달음을 얻었고, 훗날 아들들에게 이렇게 말했다. "나 자신이 그것을 제대로 모른다면, 무엇이 옳고 그른지 판단할 수 없다는 사실을 깨달았다. 그래서 나는 수학을 공부하기로 단호하게 결심했다."[2] 양광선은 무능을 이유로 파면되고 페르비스트가 흠천감 책임자이자 황실 천문대장이 되었으며, 강희제에게 수학을 가르치는 스승도 맡았다.

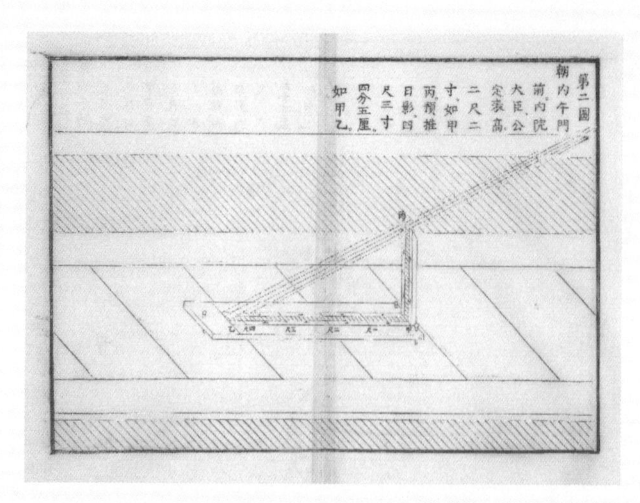

1668년 12월 28일 궁 안에 설치된 해시계

중국 황제가 예수회 선교사들과 만나는 장면을 묘사한 태피스트리. 필리프 베아글Philippe Béhagle의 주도 아래 1690년에서 1710년 사이에 제작되었다.

동양과 서양의 만남

강희제는 매일 수학 수업을 받았다. 페르비스트와 예수회 선교사들은 유클리드 기하학부터 시작해 산술과 대수학, 삼각함수 표, 논리, 그리고 달과 별들의 경로를 예측하는 유럽의 방식을 가르쳤다. 강희제는 이 새로운 지식을 자신이 이미 알고 있는 중국의 기술과 접목했는데, 종종 주판을 사용해 선교사들보다 계산을 더 빨리 하기도 했다.

《유클리드의 원론》 중 처음 여섯 권은 이탈리아의 예수회 선교사 마테오 리치와 중국인 친구 서광계徐光啓가 1607년부터 1610년까지 《기하원본幾何原本》이라는 제목으로 이미 번역한 바 있었다. 이 책을 통해 중국에 '기하'라는 새로운 용어가 생겼고, 중국의 다른 수학 책들도 이 용어를 쓰기 시작했다. 하지만 많은 사람들은 이 책을 회의적으로 바라보았고, 리치가 나머지 일곱 권을 번역하지 않은 것은 뭔가를 숨기고 있기 때문이 아닐까 의심했다. 하지만 유럽 수학에 대한 강희제의 열정이 이런 견해를 바꾸어놓았고, 이를 계기로 두 세계의 수학 전통을 면밀히 검토하는 연구가 오랜 기간 진행되었다.

이 일에 뛰어든 사람 중 한 명은 매문정梅文鼎이었다. 유능한 수학자 집안에서 태어난 매문정은 샬이 감옥에서 고초를 겪은 사건을 계기로 유럽 천문학에 접하게 되었다. 그 소식이 금방 전국으로 퍼지자, 그것을 들은 매문정은 그 중심에 있는 수학을 이해해야겠다고 마음먹었다.

그는 중국의 것이건 유럽의 것이건 수학 텍스트를 적극적으로 조사했는데, 각자의 장점과 단점을 판단하기 위해서였다. 예컨대 그는 연립방정식에 관한 유럽 수학은 중국의 전통 수학 기술보다 뒤처진다고 믿었다. 친구에게 보낸 편지에서 그는 이렇게 썼다. "나는 전통적인 중국 수학을 배제한 서양 선교사들이 역겨워. 그래서 마테오 리치조차 찍소리 할 수 없는 이 책을 쓰기로 했어."[3] 이렇게 하여 1672년에 출판된 《방정론方程論》은 중국의 연립방정식 연구가 유럽에 비해 훨씬 발전했음을 분명하게 보여주었다.

14세기에 중국 수학에는 이미 매우 발전된 형태의 대수학이 있었다. 그중 대부분은 상업에 실용적으로 응용할 수 있는 문제에 초점을 맞추었다. 동전 125냥으로 비단 세 필과 무명 두 필을 사야 하는 상황을 상상해보자. 비단이 무명보다 30냥이 더 비싸다고 한다면, 125냥으로 살 수 있는 비단과 무명의 최대량은 얼마인가? 오늘날의 표기법으로 바꾸면, 그 식을 다음과 같이 쓸 수 있다.

$$3x + 2y = 125$$
$$x - y = 30$$

여기서 x는 비단 가격, y는 무명 가격이다. 우리는 $+$와 $-$와 $=$ 부호를 사용해 나타냈지만, 그 당시에는 중국인도 예수회 선교사도 이 문제를 방정식으로 표현하지 못했다. 양쪽 다 단어를 사용해 표현할 수밖에 없었지만, 중국 수학자들에게는 또 다른 방법이 있었다. 바로 산가지를 사용하는 것이었다.

앞에서 언급했듯이, 이와 같은 연립방정식을 풀 때 중국 수학자들은 음수는 검은색 산가지로, 양수는 빨간색 산가지로 나타냈다. 그리고 방정식을 효율적으로 풀기 위해 다양한 방법을 사용해 산가지를 이리저리 옮기면서 계산을 했다.*

중국의 예수회 수학자들이 강력하게 지지한 유럽식으로 연립방정식을 풀려면 더 힘들 때가 많았다. 그들은 문제를 특정 규칙을 적용할 수 있는, 알 콰리즈미가 처음 기술한 것과 비슷한 표준적인 형태로 만들기 위해 항들을 이리저리 옮겼다. x^2이나 x^3처럼 차수가 높은 방정식을 풀려고 할 때면 유럽식 방법은 훨씬 더 번거로웠다. 그들은 라딕스radix나 젠스zens, 쿠부스cubus처럼 미지수의 다양한 거듭제곱을 나타내는 이름을 따로 사용했는데, 이 같은 관행은 오히려 이런 다항 방정식의 표현을 더 어렵게 만들었다. 반면에 중국 수학자들은 산가지를 사용해 이런 형태의 방정식을 훨씬 우아하게 다룰 수 있었다.

예를 들어 방정식 $x^4 + 2x^3 - 13x^2 + x - 265 = 0$을 살펴보자. 이것은 산가지를 사용해 높은 차수에서 낮은 차수로 계수들

* 위의 연립방정식 해가 궁금한 독자를 위해 알려준다면, $x = 37$, $y = 7$이다.

을 수직 방향으로 배열해 나타낼 수 있다.

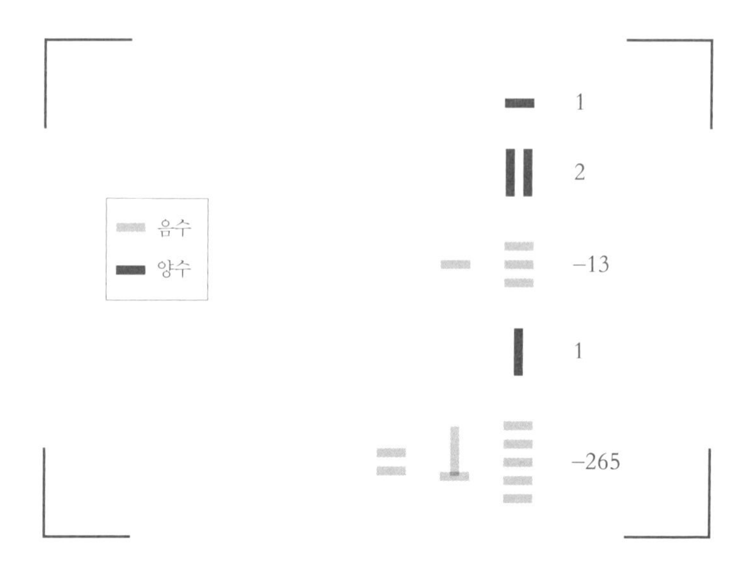

그런 다음, 중국 수학자들은 천원술天元術이란 방법을 사용해 방정식을 풀었다. 그 당시에 유럽에서는 이것과 같은 다항방정식을 푸는 방법으로 이에 필적할 만한 것이 개발되지 않았다. 1819년에 가서야 마침내 그런 방법이 발견되었는데, 이것은 윌리엄 조지 호너William George Horner의 이름을 따 '호너법'이라 부른다. 중국에서는 수학자 진구소秦九韶가 1247년에 이 방법을 처음 알아냈다. 하지만 서아시아에서도 진구소 이전과 이후에 이와 비슷한 방법을 생각해낸 수학자들이 있었다. 지혜의 집에서 일했고 투시 쌍원으로 유명한 나시르 알 딘 알 투시는 1265년에 이 방법에 관한 글을 썼다.

이 방법을 누가 맨 먼저 발견했건 간에, 중국 수학이 유럽 수학에 결코 뒤지지 않는다는 매문정의 생각은 옳았다. 그는 그다음 20년 동안 둘을 종합하는 최선의 방법을 찾아내려고 노력했다. 그가 쓴 천문학 저서 《역학의문보曆學疑問補》는 천문학에 문외한인 학자와 전문 천문학자 사이의 대화 형식으로 구성되었다. 다소 위험하게도 천문학에 무지한 학자는 17세기의 유학자 이광지李光地를, 천문학자는 매문정 자신을 모델로 한 인물이었다.

첫 장에서 두 사람은 중국과 서양과 이슬람의 역법에 대해 토론을 벌인다. 중국에서는 여전히 삼통력을 사용했지만, 15세기 말에 이르자 많은 사람이 그것이 부정확하다는 것을 알아챘고, 그것을 개선한 수시력授時曆이 점점 더 많이 사용되었다. 하지만 이 개선된 역법조차 월식을 정확하게 예측하지 못했다. 두 사람은 서양 천문학이 더 정확하지만 이슬람 천문학과 서양 천문학은 기원이 같다고 결론 내린다. 주요 차이점은 서양 천문학은 망원경으로 얻은 관측 데이터를 사용함으로써 더 나은 성과를 거두었다는 것이지만, 그렇다고 더 발전된 것이라고 볼 수는 없다고 두 사람은 말한다. 매문정은 "수와 원리는 통합돼 있다. 중국과 서양은 차이가 없다"라고 결론짓는다.[4] 그는 수학 지식은 보편적이라고 보았다.

매문정은 연구 과정에서 새로운 내용을 추가하면서 이 지식을 수정해 나갔다. 예를 들면, 구고 정리는 3세기에 유휘가 자신의 저술에서 다룬 뒤로 아무도 손대지 않았으며, 그 증명은 중국에서 발행된 어떤 수학 책에서도 다룬 바가 없었다. 매문정은 두 가지 증명법을 제시했다.

매문정이 낡은 지식을 수정하는 데 큰 역할을 할 수 있었던 이유 중 하나는 새로운 격물치지格物致知(실제 사물의 이치를 연구하여 궁극적인 지식에 이른다는 뜻) 운동의 일원이었기 때문이다. 공자와 성현들의 가르침을 따르는 데에만 치중한 이전의 많은 유학자와 달리 매문정은 주변 세계를 연구함으로써 세계가 돌아가는 일반적인 원리를 밝혀낼 수 있다고 믿었다. 고증학의 부상은 수학자들에게는 좋은 소식이었다. 매문정은 아홉 편의 논문을 모아《중서산학통中西算學通》('중국 수학과 서양 수학의 통합'이란 뜻)을 편찬하는 작업을 시작했다. 그는 예수회 수학자들로부터 서양 수학을 배웠지만, 항상 비판적인 시각을 잃지 않았다. 서양 수학에서 어떤 개념들은 더 발전했지만, 중국 수학보다 못한 것도 있으며, 어떤 것은 그저 다를 뿐이라는 사실을 알게 되었다. 결국 두 수학 체계를 통합하는 것이 그의 목표가 되었다.

1703년, 70세가 된 매문정의 연구 성과를 알게 된 강희제가 그를 자금성으로 불렀다. 매문정은 자신이 발견한 개념 몇 가지를 제출했다. 그중에는 구고 정리 증명과 토지를 측량하는 다양한 방법도 있었다. 황제를 알현한 뒤에 매문정은 시를 한 수 지었는데, "고금과 중국과 서양은 모두 하나로 통한다"라는 구절로 마무리 지었다. 이 알현이 계기가 되어 그의 손자 매곡성梅穀成이 1712년에 궁정 수학자로 등용되었고, 1713년에는 프랑스 과학아카데미를 모델로 수학아카데미에 해당하는 산학관算學館이 설립되었다.

최선의 관측 데이터를 선택하다

매문정 밑에서 훈련받은 매곡성과 다른 수학자들은 중국과 아랍과 유럽의 수학을 융합하는 작업을 계속해 나갔다. 그들은 달의 운동에 관한 매문정의 연구를 검토한 결과, 그것이 이전에 알려진 어떤 방법보다도 월식을 더 정확하게 예언한다는 사실을 알아냈다. 핵심 비결은 출처가 어디이건 모든 천문 관측 데이터 중에서 최선의 것을 선택하는 데 있었다.

산학관도 비슷한 접근법을 택했다. 강희제의 셋째 아들 윤지允祉의 통솔하에 그들은 여러 수학 전통을 함께 모은 약 5000쪽짜리 책을《어제수리정온御製數理精蘊》(흔히 줄여서《수리정온》이라고 함)이라는 제목으로 발간했다. 이 야심적인 참고서는 고대 중국 천문학과《구장산술》에서 시작해《유클리드의 원론》과 예수회 선교사들이 들여온 수학을 소개한 뒤에 매문정이 검토하고 추가한 내용을 곁들이면서 수학의 대종합을 보여준 본

보기에 해당하는 대작이었다.

그다음에는 여성 수학자 왕정의王貞儀가 바통을 이어받았다. 1768년에 안후이성 쑤저우의 학자 집안에서 태어난 왕정의는 어린 시절에 할아버지의 큰 서재에서 책을 읽으며 많은 시간을 보냈다. 가족이 만리장성 부근의 지린성으로 이사했을 때에는 무술도 배웠는데, 몽골 장군의 아내 아아의 도움으로 궁술과 승마술, 그리고 말을 타면서 활을 쏘는 법 등을 익혔다. 시를 좋아한 할머니의 영향을 받아서 쓴 〈여장부 그림에 부쳐〉라는 시에서는 "만 리를 여행하고 만 권을 읽으며, 남아보다 웅대한 포부를 품었노라"라고 선언했다.

왕정의는 자신의 포부를 수학과 천문학 쪽으로 돌렸다. 독학으로 수학을 배운 왕정의는 매문정이 쓴 《주산籌算》에 특히 큰 영향을 받았다. 그리고 그것을 비전문가도 이해할 수 있도록 더 간단하게 고쳐 써 《주산이지籌算易知》라는 책을 내놓았다. 그것은 결코 쉬운 작업이 아니었다. 그녀는 그 심정을 "붓을 내려놓고 한숨을 쉴 때도 있었다. 하지만 나는 이 분야를 사랑하며, 포기하지 않을 것이다"라고 표현했다.[5] 24세 때에는 곱셈과 나눗셈을 간단하게 하는 방법을 고안해 5권짜리 《술산간존術算簡存》을 출간했다.

천문학에 관해 쓴 글은 특히 도발적이었다. 중국의 많은 천문학자들은 서양 역법을 싫어했지만, 왕정의는 그것을 채택하라고 촉구했다. 왕정의는 "중국 것이건 서양 것이건 상관없이, 중요한 것은 유용성이다"라고 썼다.[6] 왕정의는 발표한 글들을 통해 분점(춘분과 추분)을 결정하는 방법을 설명하고, 그것을 계산하는 법을 보여주었다. 또, 천체들의 궤도를 밝혀내고, 자전축을 중심으로 어떻게 회전하는지 그림으로 나타냈다. 일식과 월식이 어떻게 일어나는지도 설명했다. 왕정의의 책에는 그 당시 중국의 어느 누구보다 훨씬 자세한 관측과 설명이 들어 있었다.

라우라 바시처럼 왕정의도 외부에 실험 장소를 만들었다. 정원에 세운 임시 구조물의 끈에 매달린 크리스털 램프는 태양을 나타냈다. 바깥쪽에 놓인 둥근 탁자는 지구를, 탁자 한쪽에 놓인 둥근 거울은 달을 나타냈다. 그러고 나서 이 모든 물체를 움직이면서 천체들 사이의 관계를 보여주었다. 그리고 이 실험을 바탕으로 일식이 어떻게 일어나는지 설명하는 글을 썼다.

왕정의는 왕성한 작가이자 수학 지식의 전파자였다. 또한 남녀평등을 강하게 옹호했다. 글 중에는 유교 사회에서 여성의 지위를 비판한 것도 있다. 교육과 과학에 관한 논의에서 여성은 대화에 끼지조차 못하는 현실을 한탄했다. 대신에 여성은 '요리와 바느질'에만 전념하도록 기대되었다. 왕정의는 사후에 발견된 짧은 시를 통해 이를 함축적으로 표현했다.

> 대장부의 기개와 재주와 야망이 있는데,
> 누가 여자는 영웅이 될 수 없다 하는가?[7]

왕정의는 그 당시 전 세계의 수학계에서 활동한 극소수 여성 중 한 명이었다. 왕정의가 전 세계의 가장 우수한 개념들을 분석하고 결합하여 풍부한 과학 지식을 만들어낸 접근법은 매우 현대적으로 느껴지며, 중국 수학을 당대에 가장 발전된 수준으로 올려놓았다. 그와 비슷한 종합은 유럽에서는 거의 일어나지 않았다. 가톨릭교회는 유교 전통에 큰 거부감을 보여 그 내용이 무엇이건 중국의 지식을 완전히 배척했다. 유럽 학계와 지식인들도 중국 수학을 이해하려는 노력을 거의 기울이지 않았다. 수학은 종교와 이념과 정체성과 뒤얽혀 있었다. 수학은 단지 수학적 도구에 관한 문제가 아니라 삶의 방식이었던 것이다.

주목할 만한 예외는 강희제를 가르친 수학자 중 한 명인 조아킴 부베Joachim Bouvet였다. 부베는 1685년에 루이 14세가 보낸 프랑스 대표단의 일원으로 베이징에 파견된 예수회 선교사였다. 그는 궁정에 남아 강의를 해달라는 부탁을 받았다. 궁정에 머무는 동안 천문 관측도 했는데, 그 관측 결과는 중국 황제와 프랑스과학아카데미가 모두 활용했다. 부베는 한자를 익혔는데, 그 문자에 중요한 상징적 의미가 있다고 믿었다. 부베를 비롯해 몇몇 선교사는 중국의 많은 고전에는 예수의 탄생을 포함해 기독교의 중요한 사건을 예고한 내용이 있다고 믿었다. 그래서 중국의 지식을 가톨릭교회와는 상당히 다른 시각으로 바라보았다. 부베는《주역》이 현존하는 책 중 가장 오래된 책이라고 믿었고, 기독교에 관한 수수께끼를 풀 단서가 들어 있을지 모른다고 생각했다. 그가 나중에 라이프니츠에게 보여준 64괘도 바로《주역》에서 발견한 것이었다. 하지만 중국의 지식을 강조한 그의 노력도 끝내 중국을 바라보는 유럽인의 시각을 바꾸지는 못했다.

만약 유럽 수학계에서 중국에서 일어난 것과 비슷하게 개념들의 종합이 일어났더라면, 오늘날 수학의 역사가 어떻게 바뀌었을지 상상해보는 것도 재미있다. 우리가 반복해서 본 것처럼 진정한 수학이 단 하나만 존재하는 것은 아니다. 대신에 그것은 문화와 장소와 시간의 영향을 받으며 계속 발전해가고 진화해가는 지식의 종합이다. 그리고 확실히 시대가 변하기 시작했다.

11

수학의 언어

1888년, 파리. 프랑스과학아카데미가 주최한 명성 높은 보르댕상 경연에 응모한 논문들이 제출되었다. 심사 위원들이 응모자의 명성에 영향을 받지 않도록 모든 논문에는 응모자 이름 대신에 특정 구절만 표시돼 있었다. 그중에서 군계일학처럼 빛나는 한 논문이 심사 위원들의 눈길을 끌었다. 유명한 수학자 레온하르트 오일러Leonhard Euler와 조제프-루이 라그랑주Joseph-Louis Lagrange마저 머리를 긁적이게 만들면서 100년 이상 풀리지 않은 채 남아 있던 수학 문제에 답을 제시한 논문이었다.

저자 이름을 표시하는 칸에는 "아는 것만 말하고, 반드시 해야 할 일을 하라. 일어날 일은 반드시 일어날 것이다"라는 구절만 있었다. 평생 동안 차별과 좌절과 개인적 불행을 겪다가 이제야 뜻을 이룬 사람의 필명이었다. 어쩌면 그를 이 자리까지 오게 만든 것은 이 좌우명처럼 강인한 정신력, 그리고 어떤 난관에도 굴하지 않는 끈질긴 결의였을지도 모른다.

프랑스과학아카데미의 회장인 천문학자 쥘 장센Jules Janssen은 우승자를 발표하며 이렇게 말했다. "여러분, 우리가 수여하려는 왕관 중에서도 가장 아름다우며 얻기 어려운 왕관이 이제 한 여성의 이마 위에 씌워질 것입니다."[1] 그해의 보르댕상 우승자는 세계 최초의 여성 수학 교수인 소피야 코발렙스카야Sofya Kovalevskaya였다.

이 순간은 그 이전부터 서서히 다가오고 있었다. 그전 수십, 수백 년 동안 여성은 수학 분야에서 지배적인 견해와 규범에 도전하며 그 족적을 남겨왔다. 17세기부터 유럽의 수학자들은 서서히 아마추어에서 전문가로 변신했는데, 대학교수 자리가 그 과정에서 큰 역할을 담당했다. 하지만 교수직은 정치적 수단이기도 하여 동종 학계에 종사하는 사람에게만 주어지고, 학계 밖에 있는 사람에게는 주어지는 경우가 드물었다. 그런데 코발렙스카야는 천신만고 끝에 온갖 장애물을 극복하고 이 세계에 진입하는 데 성공했다. 하지만 그러기까지는 상당히 큰 대가를 치러야 했다.

최초의 여성 수학 교수

이 이야기를 시작하기에 가장 적절한 장소는 오늘날

의 이탈리아에 해당하는 지역이다. 여성이 최초로 박사 학위를 받은 것은 1678년으로 기록돼 있다. 알바니아 출신의 엘레나 루크레치아 코르나로 피스코피아Elena Lucrezia Cornaro Piscopia는 베네치아에서 활동한 철학자였다. 귀족 가문에서 태어난 피스코피아는 어릴 때부터 라틴어, 그리스어, 히브리어, 에스파냐어, 프랑스어, 아랍어에 능통했다. 그리고 남는 시간을 이용해 하프시코드와 클라비코드, 하프, 바이올린 연주도 배웠다. 개인 교사를 맡았던 카를로 리날디니Carlo Rinaldini는 파도바대학교의 철학 교수였는데, 코르나로에게 수학도 가르쳤다. 코르나로가 수학을 아주 빨리 습득하자, 리날디니는 코르나로를 위해 특별히 따로 교과서를 만들었고, 그것을 1668년에 책으로 출판했다. 십대 시절에 이미 코르나로는 평균적인 대학 졸업생을 넘는 수준의 지식을 쌓았다. 영향력 있는 추기경이었던 아버지는 딸의 재능을 높이 사 박사 학위를 따라고 권했다.

로마가톨릭교회의 담당자들은 처음에는 여성이라는 이유로 그 요청을 거부했으나, 파도바 주교도 마침내 아버지의 편을 들고 나섰다. 코르나로는 32세 때인 1678년에 파도바대학교에서 구술시험을 통과하면서 박사 학위를 땄다. 하지만 코르나로는 파도바대학교에서 교수직을 맡지 않고 수학 대신에 자선 활동을 하면서 살아가기로 결정했다. 그리고 실제로 가난한 사람들을 돕는 활동을 하면서 살아갔다. 코르나로는 건강이 좋지 않아 38세에 세상을 떠났는데, 사인은 결핵으로 추정된다.

최초의 여성 수학 교수라는 타이틀은 이탈리아의 마리아 가에타나 아녜시Maria Gaetana Agnesi에게 돌아갈 뻔했다. 1718년에 밀라노에서 태어난 아녜시는 코르나로처럼 언어에 뛰어난 재능을 보였다. 다섯 살 때 이미 이탈리아어와 프랑스어를 말했고, 11세 생일이 될 무렵에는 그리스어와 히브리어, 에스파냐어, 독일어, 라틴어까지 익혔다. 12세 때부터 아녜시는 병명을 알 수 없는 만성 질환을 앓기 시작했다. 그 당시에 주변 사람들은 공부를 너무 많이 해서 그런 게 아닐까 하고 의심했지만, 일종의 정신 질환이었을 가능성이 있다. 결국 의사의 권유로 아녜시는 밀라노에서 북쪽으로 25km쯤 떨어진 마시아고의 시골 별장에서 지냈다. 여유 있는 시골 생활을 하면서 승마와 춤을 즐길 수 있었지만, 여전히 격심한 정신 발작에 시달렸고, 그 때문에 자살을 시도한 적도 몇 번 있었다.

그러다가 1733년에 마침내 건강을 회복해 밀라노로 돌아가 여러 분야의 공부를 재개했다. 형이상학과 도덕철학과 수학에 뛰어났는데, 미적분에도 통달했다. 400여 권의 책을 수집해 큰 서재를 꾸몄고, 《이탈리아 청년들을 위한 미적분학》이라는 수학 입문서도 썼다. 출판사인 리키니는 아녜시가 세부 과정을 감독할 수 있도록 아녜시 집 1층에 인쇄기를 설치했다. 아녜시는 수학을 모르는 식자공이 실수를 할까 봐 미분 기호와 적분 기호에 특별히 신경을 썼다.

이 책이 출판된 지 2년이 지나자 아녜시의 명성이 높아졌고,

INSTITUZIONI
ANALITICHE
AD USO
DELLA GIOVENTU' ITALIANA
DI D.NA MARIA GAETANA
A G N E S I
MILANESE
Dell' Accademia delle Scienze di Bologna.
TOMO I.

IN MILANO, MDCCXLVIII.
NELLA REGIA-DUCAL CORTE.
CON LICENZA DE' SUPERIORI.

아녜시 집에서 인쇄된《이탈리아 청년들을 위한 미적분학》의 표지

그 이름은 교황 베네딕토 14세에게까지 알려졌다. 교황은 개화된 가톨릭교회 문화를 위해서는 여성의 교육이 필수적이라고 믿었고, "먼 옛날부터 볼로냐는 공직을 당신[아녜시]과 같은 성의 사람들에게까지 확대해왔다. 이 명예로운 전통을 계속 이어가는 것이 적절하다고 생각한다"라고 썼다.[2]

1750년, 아녜시는 '여성의 낙원'으로 알려진 볼로냐대학교의 수학과 자연철학 명예 교수로 초빙받았다. 볼로냐도 고향인

밀라노와 마찬가지로 자유롭고 포용적인 기풍이 있는 도시였다. 하지만 아녜시는 또다시 병이 도졌고, 의사는 교수로 일하지 말라고 조언했다. 그래서 아녜시는 교수직을 맡지 않았고, 대신에 신학을 공부하고 코르나로처럼 자선 활동을 하면서 여생을 보냈다.

벽에 적힌 방정식

소피야 코르빈-크루콥스카야Sofya Korvin-Krukovskaya는 어릴 때부터 영재라는 소리를 들었다. 1850년에 제정 러시아에서 태어난 소피야는 여성이 수학자의 길을 걷지 못하게 방해하는 장애물을 헤쳐 나가기로 결심했다. 아버지 바실리 코르빈-크루콥스키Vasily Korvin-Krukovsky는 그 당시 러시아를 지배하던 가부장적 규범을 엄격하게 신봉하는 사람이었다. 그래서 여성은 사교계에 진출할 수 있을 정도의 교육만 받으면 충분하다고 생각했다. 집안에 박학한 여성이 있으면, 그 때문에 나머지 가족이 수치심을 느낄 것이라고 믿었다. 그래서 소피야는 아버지가 아니라 삼촌 표트르를 통해 수학을 처음 접했다. 표트르는 소피야의 집에 자주 들렀는데, 아내가 하인에게 살해당한 뒤에는 더 자주 들락거렸다.

삼촌의 방문을 통해 두 사람 사이의 유대가 점점 깊어졌다.

표트르는 소피야와 대화를 자주 나누었고, 깊은 교양을 갖춘 그는 어린 조카딸의 천재성을 알아채고는 수학적 개념도 이야기해주기 시작했다. 예를 들면, 주어진 곡선에 무한히 가까이 다가가는 직선인 점근선에 대해 이야기하기도 했다. 훗날 회고록에서 언급했듯이, 소피야는 처음에는 이런 개념들을 제대로 이해하지 못했지만 큰 흥미를 느꼈다. "자연히 나는 이 개념들의 의미를 아직 이해하지 못했지만, 그것들은 내 상상력을 자극했고, 초보자에게 경이로운 신세계를 열어주는 고상하고 신비스러운 과학으로 수학을 숭배하게 만들었다."[3] 삼촌은 소피야의 흥미를 자극했고, 소피야는 곧 더 많은 수학 지식에 접하게 되었다.

여덟 살 때 아버지가 모스크바 포병 부대장에서 퇴역하면서 소피야 가족은 시골의 새집으로 이사를 했다. 팔리비노에 있던 그 집은 얼마 전에 개조를 해 아직 도배가 완료되지 않은 상태였다. 실내 장식을 하면서 상트페테르부르크에 벽지를 주문했지만, 훗날 소피야의 표현에 따르면 "시골 특유의 느슨함과 전형적인 러시아식 지체" 때문에 아무리 시간이 지나도 감감무소식이었다. 할 수 없이 소피야 가족은 아이들 놀이방은 나머지 방들과 달리 대충 꾸미기로 결정했다. 재활용을 적극 이용하기로 한 그들은 바실리가 소장하고 있던 오래된 수학 공책을 벽지로 사용하기로 했다. 젊은 시절에 바실리는 포병 장교가 되기 위해 미분과 적분을 공부했다. 11세 때 소피야는 벽에 적혀 있는 신비한 방정식들에 기묘한 매력을 느꼈다. 그것이 무엇을 의미하는지는 알 길이 없었지만, "매우 현명하고 흥미로운" 것이 틀림없다는 느낌이 강하게 들었다.[4] 그 기호들은 마치 벽에서 튀어나와 자신에게 말을 거는 것 같았다.

소피야는 처음에는 수학 강의를 들을 기회가 없었지만, 이오시프 말레비치Iosif Malevich라는 가정교사가 산술과 기하학, 대수학의 기초를 가르쳐주었다. 이미 그때부터 소피야가 수학에 뛰어난 재능이 있다는 사실이 분명히 드러났다. 그래서 말레비치는 대수학 교과서를 한 권 구해다 주었다. 소피야는 그 책을 처음부터 끝까지 아주 열심히 읽었다. 하지만 아버지는 여전히 여성의 교육에 반대하는 입장이어서 개인 교습을 중단시켰다. 그래도 소피야는 굴하지 않고 모두가 잠든 밤중에 몰래 대수학 책을 읽으며 공부를 계속했다. 그러다가 또 한 번의 행운이 소피야를 수학의 세계로 끌어들였다.

이웃에 니콜라이 티르토프Nikolai Tyrtov라는 학자가 살고 있었는데, 새로 출판한 물리학 교과서를 선물로 가지고 왔다. 소피야는 그 책에 푹 빠졌다. 특히 빛의 물리학을 다룬 광학에 큰 흥미를 느꼈다. 사인, 코사인, 탄젠트(삼각함수의 기본 요소)가 책 전체에 가득 널려 있었다. 공식들은 이전에 본 것과는 아주 달랐다. 천천히, 그렇지만 확실히 소피야는 책을 읽어 나갔다. 그리고 자신이 이해한 것을 이야기하자, 티르토프는 큰 감명을 받고 소피야가 영재가 분명하다고 판단했다. 그리고 아버지를 설득해 딸에게 적절한 수학 교육을 받게 했다. 티르토프는 소피야가 '제2의 파스칼'이 될 만한 재능이 있다고 생각했다.

그 말에 바실리도 생각을 고쳐먹고 1867년에 새로운 개인 교사를 고용했다. 소피야는 러시아 최초의 대수학 교수법과 학습법 지침서를 쓴 알렉산드르 스트란놀륩스키Aleksandr Strannolyubsky에게서 광범위한 수학 교육을 받았다. 수학 실력이 향상될수록 소피야는 수학에 점점 더 깊이 빠져들었다. 그와 동시에 학식이 높은 여성에 대해 여전히 강한 편견을 갖고 있어 소피야가 수학자가 되는 것에 동의하지 않던 아버지에게서 탈출해야겠다는 생각이 점점 더 강해졌다. 그러다가 18세 때 마침내 아버지에게서 벗어날 기회가 찾아왔다.

1860년대 후반에 급진적 사회주의 철학인 허무주의(니힐리즘)가 확산되었다. 이 운동은 기존의 모든 권위를 거부하고 대신에 과학에 대한 공부와 믿음을 장려했다. 젊은 세대는 허무주의에 열광했는데, 그것을 동방정교회의 정통 교리에 도전하는 수단으로 간주했다. 소피야의 언니 안나도 이 새로운 철학에 빠져 러시아를 떠나기로 결심했다. 그래서 러시아를 떠날 기회를 모색했지만, 미혼 여성인 안나는 해외여행을 하려면 여권에 아버지의 서명이 필요했는데, 아버지는 서명을 거부했다. 그래서 안나는 대안을 찾으려고 했다. 가장 빠른 방법은 니힐리스트 사이에서 '하얀 결혼'이라 불리던 위장 결혼을 하는 것이었다. 자신의 뜻에 동조하는 사람과 위장 결혼을 하면, 외국으로 가서 여성을 받아들이는 대학교에 입학할 수 있었다.

그래서 적절한 구혼자를 찾아 나섰는데, 그중에서 딱 알맞은 사람을 구했다. 급진적이고 여행을 많이 다닌 26세의 블라디미르 코발렙스키Vladimir Kovalevsky라는 젊은이였다. 그는 런던에 간 적이 있었는데, 러시아로 돌아와서는 찰스 다윈의 최신작《순화된 동식물의 변이》를 러시아어로 번역하느라 바빴다. 그는 다윈의 개념에 큰 감명을 받고서 서둘러 번역 작업에 매진했는데, 그 결과로 영국에서 원본이 출간되기도 전에 러시아어 번역본이 먼저 나왔다. 코발렙스키는 두 자매 모두 압제적인 가족에게서 탈출해야 한다고 믿었지만, 안나 대신에 소피야에게 반해 소피야에게 하얀 결혼을 하자고 제안했다.

소피야 코발렙스카야

하지만 아버지는 이를 승낙하지 않았다. 소피야는 겨우 18세인 반면, 블라디미르는 여덟 살이나 더 많았다. 소피야는 도스토옙스키의 소설에서 영감을 얻어 한바탕 소동을 벌였다. 블라디미르의 아파트에 들어가 아버지가 결혼을 승낙할 때까지 나오지 않겠다고 선언한 것이다. 결국 아버지도 두 손을 들었고,

소피야는 이름이 소피야 코르빈-크루콥스카야에서 소피야 코발렙스카야로 바뀌었다. 그러자 소피야 앞에는 드넓은 세계가 활짝 펼쳐졌다. 소피야는 상트페테르부르크와 하이델베르크에서 공부한 뒤에 베를린으로 갔다. 그리고 그곳에서 자신이 명성 높은 수학자로 부상하는 데 결정적 도움을 준 독일 수학자 카를 바이어슈트라스Karl Weierstrass를 만났다.

생산적인 파트너

처음 만났을 때, 두 사람은 이미 명성을 통해 상대방을 익히 알고 있었다. 바이어슈트라스는 세계적으로 유명한 수학자였고, 그는 코발렙스카야의 재능을 칭송하는 소문을 하이델베르크의 교수들을 통해 들었다. 소문이 사실인지 확인하기 위해 바이어슈트라스는 가장 뛰어난 (남자) 학생에게 내는 수학 문제들을 코발렙스카야에게 보냈다. 코발렙스카야는 그 문제들을 침착하게 풀었고, 바이어슈트라스는 깊은 인상을 받았다. 코발렙스카야는 다른 학생들에 비해 정규 수학 교육을 받은 기간이 얼마 되지 않았는데도 능력이 너무나도 출중해 바이어슈트라스는 코발렙스카야를 받아들이기로 했다. 코발렙스카야는 이 결정이 "나의 전체 수학 경력에서 가장 큰 영향력을 미친 사건"이었다고 표현했다.[5]

바이어슈트라스의 지도를 받으면서 코발렙스카야가 최초로 이룬 주요 수학적 발견은 토성의 고리 형태에 관한 것이었다. 약 100년 전에 프랑스의 수학자이자 천문학자인 피에르-시몽 드 라플라스Pierre-Simon de Laplace는 토성에는 고체 고리가 다수 있다고 주장했지만, 그 고리들의 형태를 천문학적 관측 결과에 들어맞게 설명할 수 있는 사람이 아무도 없었다. 코발렙스카야는 새로운 접근법을 제안했는데, 고리들이 고체 물질 대신에 유체로 이루어져 있다는 가설이었다. 마다바와 라이프니츠, 뉴턴이 각자 독자적으로 연구했던 것과 비슷한 무한급수를 사용하여 코발렙스카야는 만약 고리들이 유체로 이루어져 있다면, 이전에 생각되었던 것처럼 완전히 대칭적인 타원 대신에 달걀 모양이어야 한다는 것을 보여주었다. 비록 나중에 천문학자들은 토성의 고리가 거의 다 작은 얼음 조각으로 이루어져 있다는 사실을 발견했지만, 코발렙스카야가 개발한 수학적 방법은 기하학 분야에서 많이 응용되었다.

코발렙스카야는 금방 독창적인 연구를 많이 했다. 만약 남성이었더라면 박사 학위를 받고도 남았을 업적이었지만, 그 당시에 베를린대학교는 사실상 여성에게 박사 학위를 수여하지 않았다. 박사 학위를 따기 위한 조건 중에는 전문가들 앞에서 자신의 연구를 구두로 변호하는 구술시험을 통과해야 한다는 것도 있었다. 하지만 여성은 구술시험 자체가 허용되지 않았다. 결국 바이어슈트라스는 토성의 고리에 관한 논문을 포함해 코발렙스카야의 수학 논문 세 편을 괴팅겐대학교로 보냈다. 괴팅겐대학교에서는 논문이 충분히 훌륭하기만 하다면 박사 학위 후보자가 논문을 변호하는 구술시험을 치르지 않고도 졸업할 수 있었다. 괴팅겐대학교는 코발렙스카야의 연구가 충분히 훌륭하다고 판단했고, 1874년 여름에 코발렙스카야는 마침내 박사 학위를 땄다.

20년 뒤, 독일의 유명한 교수 100명을 대상으로 학계에서 활동하는 여성에 관한 견해를 조사한 적이 있었다. 긍정적으로 생각한다고 답한 비율은 절반이 못 되었다. 그 당시로서는 이 정도만으로도 여성 학자를 바라보는 시각에 상당한 진전이 일어난 것으로 볼 수 있었지만, 여성이 절대로 학계에서 활동해서는 안 된다고 응답한 비율도 3분의 1이나 되었다. 여성은 이러한 편견을 피해 가기 위해 창의적인 방법을 사용해야 했다.

무슈 르블랑Monsieur LeBlanc의 경우가 대표적인 사례인데, 이것은 이탈리아 출신의 프랑스 수학자 조제프-루이 라그랑주가 받은 편지 하단에 적힌 이름이었다. 라그랑주는 뉴턴주의자이자 1794년에 파리 외곽에 세워진 공학 계열 최고 명문인 에콜폴리테크니크의 수리분석과 창설 교수였다. 무슈 르블랑은 라그랑주의 강의를 듣는 학생처럼 보였는데, 편지를 통해 몇 가지 질문을 했다. 라그랑주는 그 이름이 기억나지 않았지만, 편지에서 학생의 비범한 재능을 간파하고는 질문을 진지하게 받아들였다. 그는 답장을 보냈고, 그 후 두 사람은 자주 편지를 주고받는 사이가 되었다.

무슈 르블랑은 에콜폴리테크니크의 수학과 교수 아드리앵-마리 르장드르Adrien-Marie Legendre에게도 편지를 보냈는데, 그 내용은 '페르마의 마지막 정리'를 증명하려는 시도였다. 페르마의 마지막 정리는 믿기 힘든 단순성 때문에 수학자들 사이에서 오랫동안 신비로운 문제로 남아 있었다. 방정식 $x^2+y^2=z^2$을 만족하는 정수들이 있다. 예컨대 3-4-5와 5-12-13 같은 경우가 그렇다. 이 수들은 '피타고라스 삼조Pythagorean triple'라고 부른다('구고 삼조'라고 부르는 게 더 정확하지 않을까 싶지만). 그렇다면 $x^3+y^3=z^3$이나 $x^{14}+y^{14}=z^{14}$을 만족하는 정수들도 있지 않을까 하는 생각이 들겠지만, 페르마가 추측한 것처럼 n이 2보다 큰 경우에 $x^n+y^n=z^n$을 만족하는 양의 정수 x, y, z는 없다. 페르마는 책의 여백에 다음과 같은 주석을 달았다. "나는 이것을 경이로운 방법으로 증명했지만, 책의 여백이 부족해 자세히 쓸 수가 없다."[6] 불행하게도 그 이후로 그 증명(만약 그런 게 실제로 존재한다면)을 발견한 사람은 아무도 없었다.

무슈 르블랑은 페르마의 마지막 정리를 증명하려고 시도했는데, 특히 $n=p$인 경우에 초점을 맞추었다. 여기서 p는 xyz를 나누어떨어지게 하지 않는 소수素數로, 무슈 르블랑은 100보다 작은 모든 소수 p에 대해 이 정리가 성립한다는 것을 증명했다. 라그랑주와 르장드르는 깊은 인상을 받아 르블랑을 만나보길 원했다. 하지만 막상 만났을 때 두 사람은 무슈 르블랑이 실제로는 소피 제르맹Sophie Germain이라는 여성이라는 사실에 충격을 받았다.

부유한 상인 집안의 딸로 태어난 제르맹은 집에 마련된 서재에서 많은 책을 읽으면서 자랐다. 부모는 제르맹이 수학을 공부하는 것에 반대해 밤중에 공부를 하지 못하게 하려고 침실에서 따뜻한 옷과 양초를 압수했다. 제르맹은 이에 굴하지 않고 시트로 몸을 감싸고 어떻게든 양초를 구해 공부를 계속했다. 결국 부모도 두 손을 들고 제르맹이 공부를 계속하도록 허락했다.

그 당시에 제르맹이 살고 있던 파리의 에콜폴리테크니크처럼 특별한 일류 대학교들은 여학생을 받아들이지 않았다. 하지만 제르맹은 개인적 부탁으로 라그랑주의 강의 노트를 얻어 독학으로 수학을 공부할 수 있었다. 제르맹의 정체를 안 라그랑주는 그녀의 지식에 큰 감명을 받아 수학에 관한 논의를 계속 이어가다가 제르맹의 개인 지도 교수가 되었다. 제르맹은 독일 수학자 카를 프리드리히 가우스Carl Friedrich Gauss와도 비슷한 교분을 맺었는데, 가우스도 페르마의 마지막 정리에 큰 관심을 갖고 있었다. 무슈 르블랑은 편지에 이렇게 썼다. "불행하게도 제 지성의 깊이는 식욕의 탐욕스러움에 미치지 못합니다. 그리고 모든 독자가 필연적으로 공유하는 존경심 외에는 관심을 끌 것이 아무것도 없는 제가 천재를 귀찮게 하는 것에 제 자신이 뻔뻔스럽다는 느낌마저 듭니다."[7] 편지에서 보인 겸손한 태도와는 대조적으로 제르맹은 가우스에게 아주 놀라운 주장을 했다. 자신이 페르마의 마지막 정리를 완전히 증명했다고 말한 것이다.

과연 제르맹이 정말로 그 문제를 푼 것일까? 가우스는 답장에서 "산술이 당신에게서 아주 유능한 친구를 발견하게 되어 무척 기쁩니다"라고 썼다. 하지만 뒤이어 비록 제르맹의 증명은 훌륭하긴 하지만, 특정 경우에만 성립하고 나머지 수들에 대해서는 성립하지 않는다고 지적했다.[8] 하지만 그래도 제르맹의 시도가 일부 진전을 이룬 것은 사실이다. 그 증명은 $n=p-1$인 특별한 경우에만 성립했는데, 여기서 p는 $p=8k+7$을 만족하는 소수이다(k는 양의 정수). 그럼에도 불구하고, 제르맹이 발견한 방법은 그 후 수백 년 동안 페르마의 마지막 정리를 증명하려는 시도들에서 중요한 기반이 되었다. (페르마의 마지막 정리는 1995년에 마침내 증명되었다.)

제르맹이 페르마의 마지막 정리를 증명하려는 시도에서 등장한 특별한 종류의 소수에는 제르맹의 이름이 붙어 있다. p가 소수일 때 $2p+1$도 소수라면, p를 '소피 제르맹 소수'라고 부른다. 예를 들면, 11은 소피 제르맹 소수인데, $2 \times 11+1=23$이기 때문이다. 소피 제르맹 소수는 암호학에서 중요하게 쓰인다. 암호 체계가 상대방의 해독 공격에 버텨내는 능력은 훌륭한 소수를 선택하는 데 달려 있는데, 소피 제르맹 소수는 특별히 훌륭한 선택에 속한다.

제르맹은 수학 연구를 계속했다. 그러다가 1870년에 나폴레옹이 프로이센을 침공할 계획을 세우자, 제르맹은 베를린에 살고 있던 가우스가 그 와중에 목숨을 잃는 사태가 벌어지지 않을까 염려가 되었다. 그래서 가족의 친구이던 조제프-마리 페르네티Joseph-Marie Pernety 장군에게 가우스를 보호해달라고 부탁했다. 페르네티는 가우스에게 제르맹이라는 여성 덕분에 목숨을 건지게 되었다고 알려주었는데, 이 때문에 제르맹은 다음번에 가우스에게 편지를 보낼 때 자신의 진짜 이름을 밝힐 수밖에 없었다.

1807년 2월 20일에 보낸 편지에서 제르맹은 "여성 학자에게 따라다니는 조롱이 두려워 지금까지 당신에게 편지를 쓸 때 르블랑이라는 이름을 사용했습니다"라고 썼다.[9] 가우스는 1807년 4월 30일에 답장을 보냈다. "존경하는 M. 르블랑이 이토록 저명한 사람으로 변신한 것을 보고서 느낀 놀라움과 감탄을 어떻게 표현할 길이 없군요." 제르맹이 처한 상황을 충분히 이해한 가우스는 이렇게 덧붙였다. "한 여성이 성과 관습과 편견 때문에 [정수론의] 난제들에 통달하기까지 남성보다 무한히 더 많은 장애물에 맞닥뜨리고서도, 그러한 구속을 극복하고 가장 깊숙이 숨겨져 있는 것을 꿰뚫어보았다면, 그 여성은 고결한 용기와 비범한 재능과 발군의 천재성을 지닌 게 분명합니다."

인어를 만나다

남편 블라디미르 코발렙스키가 예나대학교에서 박사 과정을 마치는 동안 소피야 코발렙스카야는 베를린에 머물면서 하마 전문가가 되었다. 하지만 중앙유럽은 사하라 이남 아프리카에 서식하는 거대 동물 전문가를 위한 일자리가 부족했기 때문에, 두 사람은 대부분의 시간을 거의 무일푼 상태로 살았다. 코발렙스카야는 독일에서 일자리를 구하려고 애썼지만 여성에게 일자리를 주려는 대학교는 어디에도 없었다. 실망한 코발렙스카야는 러시아로 돌아와 결혼 생활에 집중하기로 했다.

그때까지 두 사람은 대부분 서로 떨어져 살았지만, 이제 지리적 거리가 가까워지자 둘의 관계도 더 애틋해졌다. 두 사람은 경제적으로 독립할 만큼 충분히 많은 돈을 벌어 학문적 관심사를 추구하길 기대하면서 부동산 사업을 시작했다. 하지만 얼마 후 사업은 실패로 끝나고, 두 사람은 다른 일로 눈길을 돌렸다. 코발렙스카야는 소설을 쓰고, 신문에 연극 비평과 대중 과학 기사를 싣는 직업으로 전환했다. 하지만 수학 분야에서 일자리를 얻지 못해 과학 연구를 중단하는 수밖에 달리 도리가 없었다. 두 사람 사이에서는 푸피Foufie라는 별명으로 부른 아기가 태어났지만, 블라디미르는 변변한 일자리를 구하지 못했고, 결국 두 사람은 파산을 선언하게 되었다.

1880년 1월, 유명한 러시아 수학자 파프누티 체비쇼프Pafnuty Chebyshyov가 코발렙스카야에게 상트페테르부르크에서 강연을 해달라고 부탁했다. 코발렙스카야는 전문 수학자가 되겠다는 꿈을 포기하지 않았기 때문에 그 기회를 놓치지 않았다. 자신의 미발표 논문을 하룻밤 사이에 독일어에서 러시아어로 번역한 뒤 다음 날 그 내용에 관한 강연을 했다. 이것은 꿈을 실현시키는 전환점이 되었다.

청중 중에 바이어슈트라스의 옛 제자로 헬싱키대학교의 수학과 교수로 있던 망누스 예스타 미타그-레플레르Magnus Gösta Mittag-Leffler가 있었다. 그는 강연에 큰 감명을 받고서 자기 고국 스웨덴에서 일자리를 알아봐주기로 결심했다. 그는 다음 해에 스톡홀름대학교의 수학과 교수가 되기로 내정돼 있었기 때문에, 자신의 영향력을 이용해 코발렙스카야의 일자리를 마련해보기로 했다. 코발렙스카야는 미타그-레플레르와 서로 편지를 주고받기 시작했는데, 1881년에 코발렙스카야는 아름다우면서도 풀기 어려운 문제에 사로잡혀 있다고 하면서 그 문제를 '수학의 인어'라고 부르기로 했다고 썼다.

그것은 발레리나라면 직관적으로 풀 수 있는 문제이다. 한 발로 서서 빙빙 도는 피루엣 동작을 할 때, 발레리나는 팔이나 다른 쪽 다리의 위치를 조절함으로써 회전 속도를 변화시킬 수 있다. 빙빙 돌면서 자세를 조금만 바꾸면 회전 속도를 빠르게 할 수도 있고 느리게 할 수도 있다. 그들은 관련 변수들(형태와 가속도와 속도)을 너무나도 쉽게 이해한다. 한 변수에 변화를 주면 다른 변수가 변한다. 변수들 사이의 관계에 숙달되면, 발레리나는 회전 속도를 완벽하게 조절할 수 있다. 하지만 수학자는 그런 행운과 거리가 멀다. 팽이조차도 완전히 둥글지 않으면 수학적으로 제대로 기술할 수 없었다. 그 움직임은 너무나도 무작위적이고 어려워서 방정식으로 표현할 수 없는 것처럼 보였다.

코발렙스카야는 팽이의 수학을 제대로 기술하는 것을 목표로 삼았다. 편지에서 "이 연구는 너무나도 흥미롭고 매력적이어서 한동안 나머지 모든 것을 잊고, 있는 열정을 다 끌어모아 이 연구에만 몰두했습니다"라고 썼다. 수학 연구로 되돌아가고 싶은 마음이 간절했던 코발렙스카야는 베를린으로 되돌아갔는데, 몇 살밖에 안 된 딸도 함께 데리고 갔다. 한동안 결혼 생활에 어려움이 있었기 때문에, 남편에게는 독일로 간다는 사실을 알리지 않았다.

바이어슈트라스와 함께 연구를 재개한 코발렙스카야는 베를린에 2년을 더 머물렀다. 한편, 미타그-레플레르는 부유한 가문의 여성과 결혼했는데, 신부의 막대한 지참금 덕분에 1822년에 《악타 마테마티카》라는 수학 학술지를 창간하고, 스톡홀름 북쪽에 우아한 별장을 지었다. 그리고 개인적으로 수학 도서관까지 지었고, 그로 인해 수학계에서 그의 영향력이 매우 커졌다.

1883년 봄, 코발렙스카야의 인생에 비극이 닥쳤다. 자신이 떠나 있는 동안 블라디미르는 우울증에 빠져 자살을 하고 말았다. 코발렙스카야는 엄청난 충격에 빠졌다. 자신을 위해 누구보다 큰 도움을 주었던 사람이 자살을 했다는 사실에 큰 죄책감을 느껴 자신도 굶어 죽으려는 시도를 하기까지 했다.

바로 그때, 미타그-레플레르에게서 연락이 왔다. 이제 충분한 영향력을 갖게 된 그는 스톡홀름대학교에 코발렙스카야를 위한 강사 자리를 마련할 수 있었고, 그럼으로써 코발렙스카야가 계속 살아가야 할 이유를 제공했다. 코발렙스카야는 기운을 차리고 그 자리를 수락했고, 평생 동안 꿈꿔온 전문 수학자가 되는 길을 향해 힘차게 발을 내디뎠다. 그것은 자신의 인생에서 새로운 장을 열어주었지만, 결코 쉬운 길은 아니었다. 여성이라는 이유로 봉급을 전혀 받지 못했다. 대신에 학생들에게서 개인적으로 수업료를 받아야 했다. 동료들과 비평가들은 엇갈린 반응을 보였다. 극작가 아우구스트 스트린드베리August Strindberg는 "여성 교수는 유해하고 불쾌한 현상이다. 심지어 기괴한 현상이라고까지 말할 수 있다"라고 주장했다.[10] 스톡홀름의 한 신문은 코발렙스카야의 도착을 알리면서 그녀를 "과학의 공주"라고 묘사했다. 이에 대해 코발렙스카야는 "저것 좀 보세요! 저들이 나를 공주로 만들었어요! 차라리 봉급을 주면 더 좋았을 텐데요"라고 말했다.[11]

코발렙스카야는 딸을 러시아의 친척에게 맡기고 홀로 스톡홀름에서 강의를 했다. 1884년 5월에 코발렙스카야는 이렇게 썼다. "만약 내가 스톡홀름의 노파들 눈에 좋은 어머니로 비치고 싶다는 소망에 조금이라도 영향을 받는다면, 그것은 용서할 수 없는 약점이 될 것이라고 생각한다."[12] 얼마 지나지 않아 동료 수학자들은 코발렙스카야의 능력에 매료되었다. 1883년에는 빛의 성질에 관한 수학 논문을 발표하여 많은 찬사를 받았다. 강의를 듣는 대학생들도 그녀를 훌륭한 강사라고 생각했다. 결국 1884년 7월에 코발렙스카야는 스톡홀름대학교의 수학 교수로 임명되었고, 그럼으로써 코발렙스카야는 역사가 되었다.

팽이 문제

교수가 된 코발렙스카야는 수학의 인어라고 부른 팽이 문제에 전념할 시간과 자유를 얻었다. 그보다 100년 전에 그 문제를 풀려고 시도했다가 일부 진전을 이룬 두 수학자의 연구를 기반으로 도전에 나섰다. 1758년에 스위스 수학자 레온하르트 오일러는 팽이의 회전축이 그 무게중심과 같은 상황(다음 그림에서 왼쪽)을 기술하는 방정식들을 발견했다. 처음의 속도와 위치를 안다면, 이 방정식들을 사용해 일정 시간이 지난 뒤에 팽이가 어느 위치에서 회전할지 계산할 수 있었다. 라그랑주는 대칭적인 팽이를 모두 포함하도록 이 방정식들을 확장했다. 이제 남은 문제는 팽이가 대칭적이지 않은 경우까지 포함하도록 방정식들을 확장하는 것이었다. 하지만 이 과제는 너무 어려워서 두 사람의 능력으로는 역부족이었다.

회전하는 팽이의 세 가지 예. 회전하는 물체의 움직임은 그 형태에 따라 달라진다. 왼쪽 물체는 팽이 위에 대칭적인 장식물이 붙어 있다. 무게중심은 회전축 위에 있다. 가운데 물체도 대칭적인 장식물이 있지만, 무게중심은 회전축 위에 있지 않고 장식물 중심에 있다. 오른쪽 물체는 한쪽에 작은 추가 올려져 있어 비대칭적인 장식물이 붙어 있다. 무게중심은 회전축과 일치하지 않으며, 물체 내부에 있지도 않다.

1년 동안 코발렙스카야는 수학의 인어 문제를 푸는 데 모든 시간을 쏟아부었다. 회전하는 팽이의 한 점이 움직이는 경로를 기술하려고 시도하는 과정에서 '세타 함수'라는 도구를 발견하면서 돌파구가 열렸다. 세타 함수는 수학에서 새로운 것은 아니었지만, 코발렙스카야는 그것을 사용하면 문제를 단순화할 수 있다는 사실을 깨달았다. 오일러와 라그랑주의 연구는 방정식이나 변수에서 변하는 부분을 오직 한 가지만 처리할 수 있었고, 그래서 대칭적인 물체의 회전 방식을 나타낼 수 있었다. 하지만 비대칭적인 물체의 움직임을 제대로 기술하려면 2개의 변수가 필요했다. 바로 여기에 세타 함수가 도움을 주었다. 세타

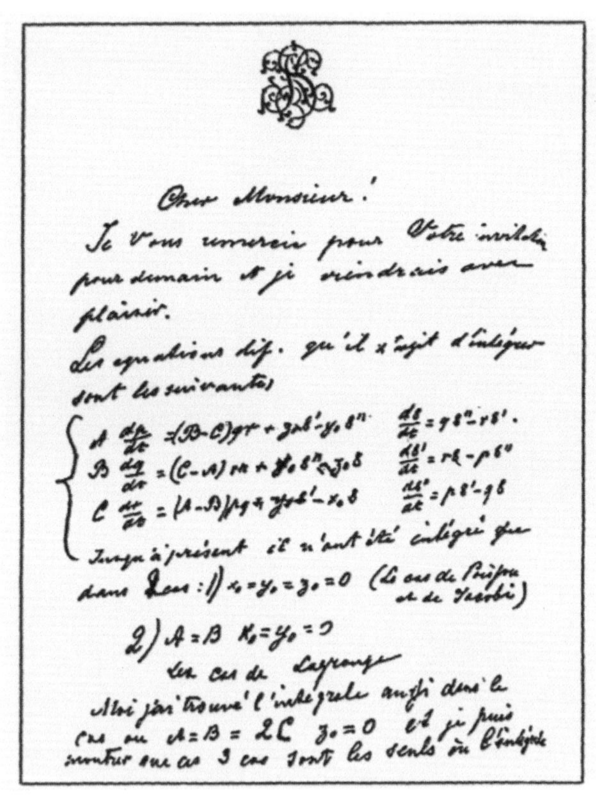

Cher Monsieur!

Je vous remercie pour votre invitation pour demain et je viendrais avec plaisir.

Les équations dif. qu'il s'agit d'intégrer sont les suivantes

$$\begin{cases} A\frac{dp}{dt} = (B-C)qr + z_0\gamma' - y_0\gamma'' & \frac{d\gamma}{dt} = q\gamma'' - r\gamma' \\ B\frac{dq}{dt} = (C-A)rp + x_0\gamma'' - z_0\gamma & \frac{d\gamma'}{dt} = r\gamma - p\gamma'' \\ C\frac{dr}{dt} = (A-B)pq + y_0\gamma' - x_0\gamma & \frac{d\gamma''}{dt} = p\gamma' - q\gamma \end{cases}$$

Jusqu'à présent ils n'ont été intégrées que dans 2 cas: 1) $x_0 = y_0 = z_0 = 0$ (le cas de Poisson et de Jacobi)

2) $A = B$ $x_0 = y_0 = 0$ le cas de Lagrange

Moi j'ai trouvé l'intégrale aussi dans le cas où $A = B = 2C$ $z_0 = 0$ et je puis montrer que ces 3 cas sont les seuls où l'intégrale

자신의 연구 결과를 보고한 코발렙스카야의 편지

함수의 주요 특징은 여러 변수를 결합하는 데 있는데, 그럼으로써 변하는 부분이 더 적어진 것처럼 보이게 하는 효과가 있다. 코발렙스카야는 세타 함수를 사용해 2개의 변수를 1개로 줄일 수 있었고, 거기에 오일러와 라그랑주가 개발한 방법을 적용했다. 수학의 인어에 세타 함수를 적용할 수 있다는 사실을 깨닫는 순간, 코발렙스카야는 올바른 길에 들어섰음을 알아차렸다. 그리고 그 결과와 추가적인 진전을 원하는 자신의 바람을 공유하기 위해 편지를 썼다.

이 소식은 금방 널리 퍼졌다. 프랑스과학아카데미 회원들은 이 진전 소식에 흥분해 그 문제를 그해의 명성 높은 보르댕상 경연 문제로 내걸기로 결정했는데, 코발렙스카야가 연구 결과를 제출하길 기대해서였다. 1886년에 경연 문제는 아주 간결하게 제시되었다.

보르댕상

(해답 제출 마감 시한: 1888년)

"강체의 운동 이론을 의미 있는 방식으로 개선한 연구 결과를 제출하시오."

여기에는 엄청난 수학적 명성과 상금 3000프랑(오늘날의 가치로 2200만 원이 넘는다)이 걸려 있었다. 경연에 참가한 사람은 10여 명이었는데, 모두 익명으로 논문을 제출했다. 심사 위원단은 저명한 수학자들을 위촉해 정예 팀으로 꾸려졌다.

마감 시한은 1888년 6월 1일이었다. 하지만 코발렙스카야는 또 한 번 사별의 아픔을 겪었는데, 1887년 10월에 사랑하는 언니 안나가 44세의 나이로 세상을 하직했다. 이 슬픔 때문에 코발렙스카야는 마감 시한 내에 논문을 제출하지 못했다. 다행히도 프랑스과학아카데미의 해당 위원회는 융통성을 보였다. 비록 보르댕상 문제는 공개 경연 방식으로 제시하긴 했지만, 이 문제는 특별히 코발렙스카야의 연구를 염두에 두고 출제한 것이었다. 그들이 아는 한, 나머지 사람들은 어느 누구도 정답 근처에 다가가지 못했기 때문에, 그들은 더 기다려주기로 했다. 코발렙스카야가 반쯤 완성된 논문을 제출하면서 기한 연장을 요청하자, 다음과 같은 답장이 돌아왔다. "아카데미의 담당 회원들[보르댕상 심사 위원들]이 몹시 필요한 휴가를 떠났기 때문에, 10월 전까지는 심사가 끝나지 않을 것이라고 안심해도 됩니다." 코발렙스카야는 석 달의 시간을 벌었고, 그 시간 안에 논문을 완성해 제출할 수 있었다.

가을에 회의를 연 심사 위원들은 코발렙스카야의 논문을 보고서 크게 감동한 나머지 우승작으로 선정했을 뿐만 아니라, 상금을 5000프랑(오늘날의 가치로 약 3700만 원)으로 올렸다. 코발렙스카야의 논문은 봉투와 논문 자체에 다음과 같은 자신의 좌우명이 적혀 있었다. "아는 것만 말하고, 반드시 해야 할 일을 하라. 일어날 일은 반드시 일어날 것이다."

후세의 평가

체비쇼프의 추천으로 코발렙스카야는 러시아과학 아카데미에 최초의 여성 회원으로 가입했다. 다만 정회원인 남성 동료들과는 달리 준회원 자격으로 가입했다.

코발렙스카야는 1891년에 폐렴으로 세상을 떠났는데, 겨우 41세에 불과한 나이였다. 평생 동안 많은 도전에 직면해 모두 극복했지만, 그녀의 유산에 이의를 제기한 사람들도 있었다. 유명한 수학자 펠릭스 클라인Felix Klein은 코발렙스카야가 살아 있을 때 그녀의 연구를 스승인 카를 바이어슈트라스의 수학을 모방한 것에 불과하다고 주장하면서 끊임없이 무시하고 폄하했다. 1926년에 클라인은 19세기 수학사를 다룬 책에서 같은 주장을 반복하면서 코발렙스카야의 연구가 독창적인 것이 아니라는 인상을 심어주었다. “그녀의 연구는 바이어슈트라스의 방식으로 이루어졌는데, 거기에 자신의 독창적인 생각이 얼마나 들어 있는지 알 수 없다.”[13] 클라인은 코발렙스카야의 가장 큰 기여는 바이어슈트라스에게 자신의 개념을 확신하게 만든 데 있다고 믿었다.

약 80년 뒤에 수학자이자 다작 작가인 스티븐 크랜츠Steven Krantz는《수학자와 수학계의 이야기와 일화》에서, 증거가 극히 빈약한데도 불구하고 코발렙스카야가 유부남 동료인 미타그-레플레르와 바람을 피웠다는 풍문을 되풀이했다. “코발렙스카야는 한동안 미타그-레플레르의 집에서 살았는데, 둘이 매우 친밀했다는(둘은 부부가 아니었다) 소문이 나돌았다." 그리고 신체적 외모도 강조했는데, 코발렙스카야를 "유별나게 아름다운 여성"으로 묘사하면서 "신체적 매력은 분명히 사람들의 관심을 끄는 데 도움이 되었을 것"이라고 썼다. 이 책에는 정체를 알 수 없는 여성이 멋진 드레스를 입고 있는 사진도 실려 있는데, "키티 캣처럼 차려입은 매력적인 소냐 코발렙스카"라는 캡션이 붙어 있다.[14]

다른 사람들도 코발렙스카야의 외모를 부당하게 강조하는 우를 범했다. 바이어슈트라스는 코발렙스카야에게 보낸 편지에서, 코발렙스카야가 자신의 실험실에 절대로 여성을 들이지 않는다는 원칙을 세운 독일 화학자 로베르트 분젠Robert Bunsen이 생각을 바꾸게 하는 데 성공했다는 사실을 언급했는데, 다만 어떻게 해서 그렇게 만들었는지 구체적인 내용은 밝히지 않았다.[15] 어떤 역사학자들은 분젠의 생각을 바꾼 것은 코발렙스카야의 논리적 설득 능력이나 지성이 아니라 미모였다고 주장했다. 20세기의 수학자이자 작가인 에릭 템플 벨Eric Temple Bell은 《수학을 만든 사람들》*에 예상 밖으로 그녀를 포함시키면서 "눈부시게 아름답고 젊은 여성"으로 묘사해 수학 실력보

* [옮긴이] 원제는 'Men of Mathematics'여서 '수학을 만든 남성들'이란 뜻이 강하다.

다 외모가 더 출중했다는 이미지를 영속시키는 데 기여했다.[16] 역사학자 에바 카우프홀츠-졸다트Eva Kaufholz-Soldat가 쓴 것처럼 많은 전기 작가들은 코발렙스카야를 일종의 팜 파탈처럼 묘사했다.[17]

어떤 작가들은 코발렙스카야와 바이어슈트라스 사이의 연애 '관계'를 암시하기까지 했다. 바이어슈트라스가 코발렙스카야에게 그런 감정을 느낀 것은 사실이지만, 코발렙스카야가 그에 응했다는 확실한 증거는 없다. 이러한 묘사들은 코발렙스카야의 성공 비결이 수학적 능력보다는 유명한 수학자와 과학자를 혹하게 만든 외모에 있었다는 일반적인 인상을 부추기는 데 기여했다.

현재로서는 코발렙스카야가 미타그-레플레르나 바이어슈트라스와 사귀었다는 증거는 거의 없지만, 설령 그랬다 하더라도 수학자로서 코발렙스카야의 업적이나 위상을 깎아내려야 할 하등의 이유가 없다. 다른 분야와 마찬가지로 수학 역시 개인적 관계와 완전히 무관할 수 없다. 당연히 자신이 좋아하지 않는 사람보다 좋아하는 사람의 업적을 공개적으로 칭찬하기 쉽다. 혹은 비어 있는 자리를 친구에게 권하거나 협력적인 사람을 학회 회원으로 추천하기 쉽다. 이것은 충분히 상식적인 일이지만, 이런 관행 때문에 코발렙스카야 같은 외부인은 전문 집단에 진입하기가 더 어렵다.

코발렙스카야는 자신에게 불리한 체제에서도 성공을 거두

었다. 하지만 그녀의 이야기를 오직 힘겨운 투쟁의 측면에서만 바라보아서는 안 된다. 코발렙스카야는 어린 시절에 벽지에 적힌 방정식들을 처음 본 순간부터 수학과 숨겨진 진실을 밝혀내는 그 능력에 큰 매력을 느꼈는데, 이것이야말로 다른 어떤 것보다도 수학에 매진한 큰 원동력이었다. 코발렙스카야는 "시인은 다른 사람들이 감지하지 못하는 것을 감지하고, 다른 사람들이 보는 것보다 더 깊이 볼 수 있어야 하는 것처럼 보인다. 수학자도 그와 비슷하다고 생각한다"라고 썼다.[18]

이전에 어느 누가 본 것보다 더 깊이 보아야 한다는 이 개념은 아주 중요하다. 잘 확립된 수학적 개념은 때로는 마치 더 이상 거론할 것이 없다는 듯이 완벽한 인상을 줄 수 있다. 하지만 대담한 수학자가 나타나 좀 더 자세히 들여다보려고 시도했을 때, 이전에 상상했던 것보다 더 많은 것이 드러날 때가 가끔 있다. '기하학의 코페르니쿠스'가 유클리드와 그 밖의 수학자들이 수천 년 동안 그 기반을 다진 기하학의 기본 규칙들을 재검토했을 때 바로 이런 일이 일어났다. 그 모든 것은 가우스에 관한 이야기에서 시작되었다.

12

혁명

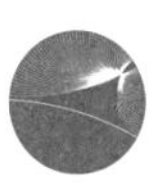

독일 수학자 카를 프리드리히 가우스에 관해 다음과 같은 이야기가 전해진다. 1821년, 가우스는 새로 발명한 일광 반사기(햇빛을 반사해 먼 곳에 초점을 맞추는 장비)를 가지고 산에 올랐다. 이 장비는 측량 기사가 여러 물체들 사이의 각도를 측정할 때 정확한 기준점을 제공했다. 가우스가 측정하려고 한 세 물체는 괴팅겐 부근의 호허하겐산과 하르츠산맥의 브로켄산, 그리고 튀링겐 숲에 있는 인젤베르크산의 봉우리였다(다음 지도 참고). 세 지점을 잇는 삼각형은 아주 컸는데, 가장 긴 변은 길이가 (정확하게 가우스가 계획한 대로) 약 110km에 이르렀다. 이 세 산봉우리는 삼각형의 본질에 관한 질문을 탐구하는 데 도움을 줄 것으로 기대되었다.

가우스는 지구가 굽어 있다는* 사실을 알았고, 따라서 세 삼

* 뉴턴이 있었더라면, "그야 회전 타원체니까!"라고 외쳤을 것이다.

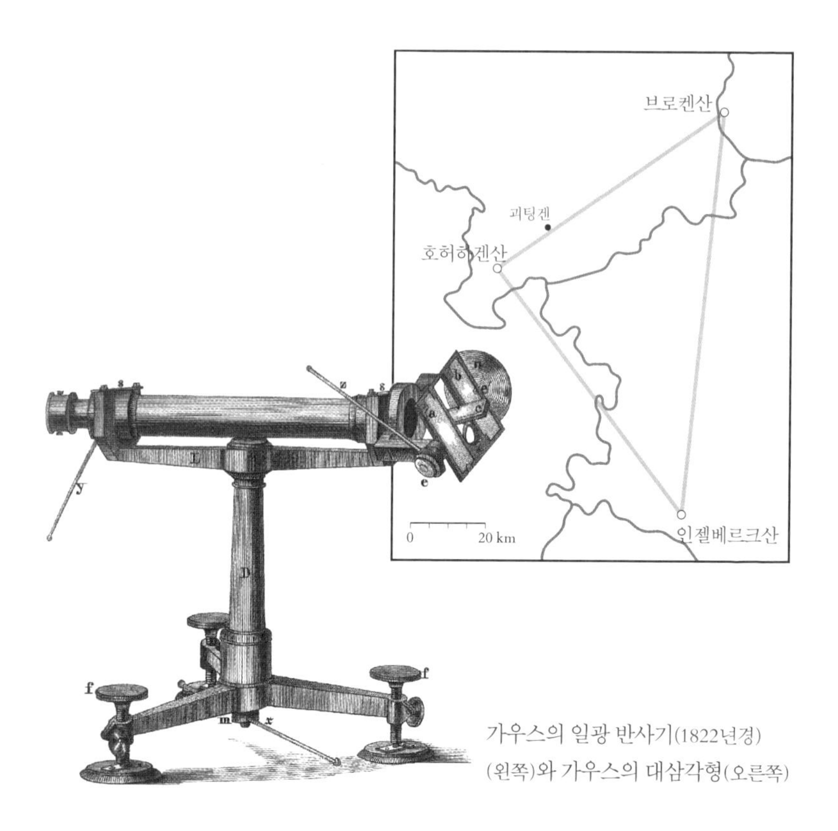

가우스의 일광 반사기(1822년경)
(왼쪽)와 가우스의 대삼각형(오른쪽)

각형의 내각의 합은 180°가 아니라 그보다 클 것이라고 생각했다. 이렇게 큰 규모에서도 그 차이는 아주 미소할 테지만, 가우스는 1827년 3월 1일에 동료 하인리히 올베르스Heinrich Olbers에게 보낸 편지에서 "과학의 영광은 이 불균일성의 본질을 명확하게 이해하길 요구한다"라고 썼다.[1]

'기하학'을 뜻하는 'geometry'는 직역하면 '지구를 측정하는 것'이란 뜻이다. 하지만 19세기 초의 유럽에서 기하학은 여

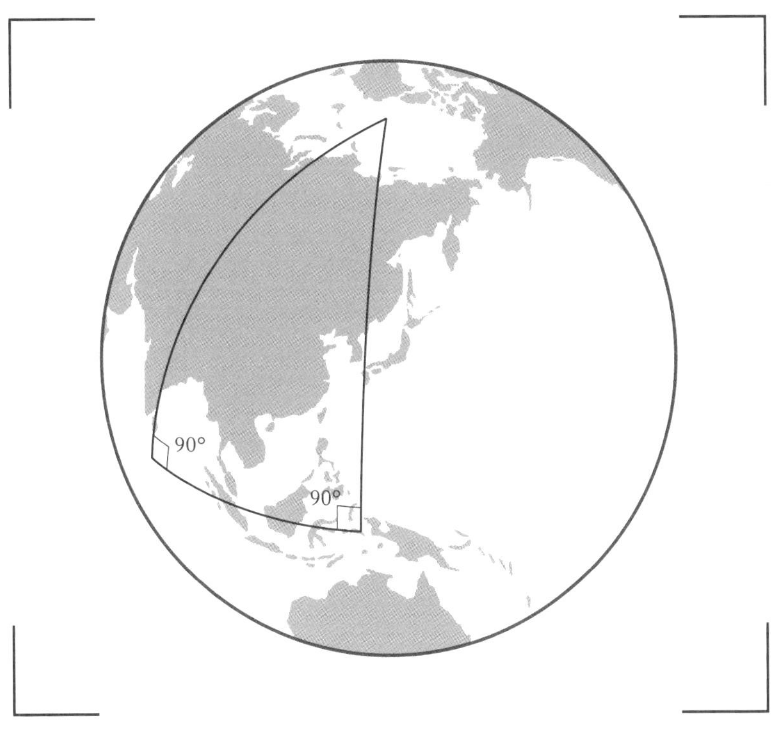

지표면 위에 그린 삼각형의 예

전히《유클리드의 원론》과 그가 수천 년 전에 쓴 공준에 기반을 두고 있었다. 그중 하나인 '평행 공준'은 삼각형의 내각의 합이 항상 180°라고 이야기하는데, 이것은 평면에서는 옳지만 지표면처럼 굽은 표면에서는 성립하지 않는다. 그렇다면 이 공준에 뭔가 결함이 있는 게 분명했다. 그러고 나서 기하학과 그 의미에 느리지만 급진적인 변화가 일어났는데, 그 결과로 수학적으로 가능한 기하학과 형태와 공간을 완전히 다시 기술하게 되

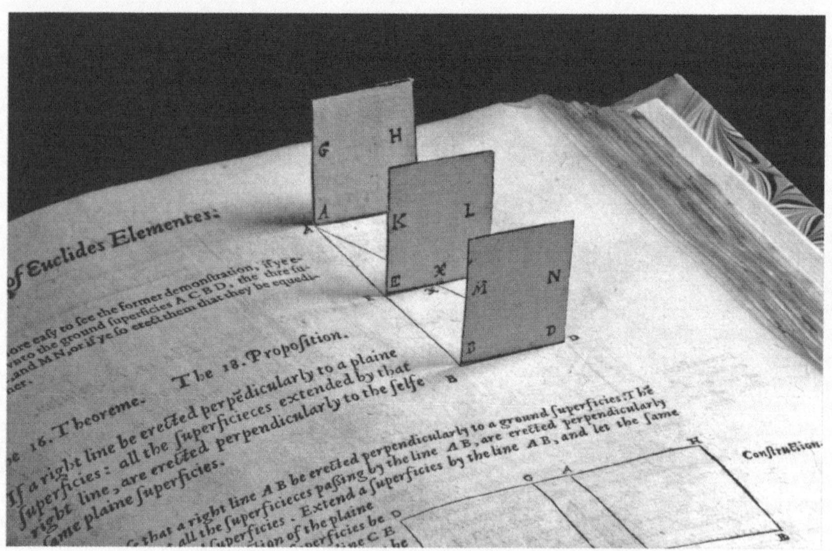

헨리 빌링즐리Henry Billingsley가 최초로 영어로 번역해 출판한
《유클리드의 원론》(1570)

었다. 이러한 변화는 뉴턴 이후에 우주 물리학에서 일어난 가장 큰 격변의 근본 원인이 되었다.

유클리드 기하학의 유행

《유클리드의 원론》은 1000년 이상 유럽에서 가장 중요한 수학 교과서였다. 13권으로 이루어진 《유클리드의 원론》은 기원전 300년경에 처음 나온 이래 증쇄 횟수로 따진다면 성경 다음으로 가장 많이 출판되었다. 이 책은 반복적으로 번역 출간되었고, 심지어 포켓판과 팝업 북으로도 제작되었다.

《유클리드의 원론》은 점과 선, 거리 같은 기하학의 기본 가정을 소개하는 다섯 가지 공준으로 시작한다. 처음의 네 공준은 아주 단순한데, 예컨대 "두 점을 연결하는 직선은 단 하나만 존재한다"라는 것도 있다. 하지만 다섯 번째 공준인 평행 공준은 수천 년 동안 수학자들의 골머리를 앓게 했다. 평행 공준은 두 직선이 다른 한 직선과 만나 이루는 두 동측내각의 합이 두 직각보다 작을 때, 이 두 직선을 무한히 연장하면 결국에는 서로 교차하게 된다고 이야기한다. 이것을 상상하기는 약간 어려울 수 있으므로, 그림으로 보는 편이 낫다. 다음 그림에서 화살표가 달린 두 직선은 결국 만나게 된다는 것이 평행 공준의 내용이다.

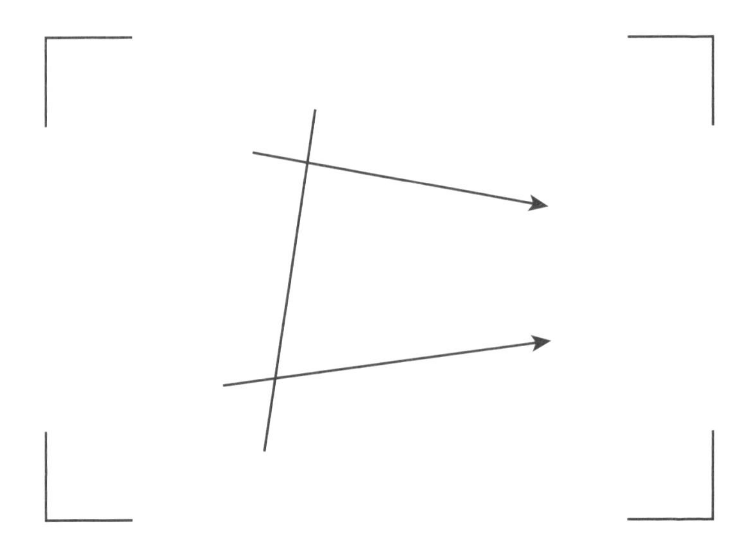

이것은 바꿔서 이렇게 말할 수도 있다. 만약 두 직선이 세 번째 직선을 지나가면서 그 동측내각의 합이 180°라면, 두 직선은 영원히 만나지 않는다. 즉, 평행하다.

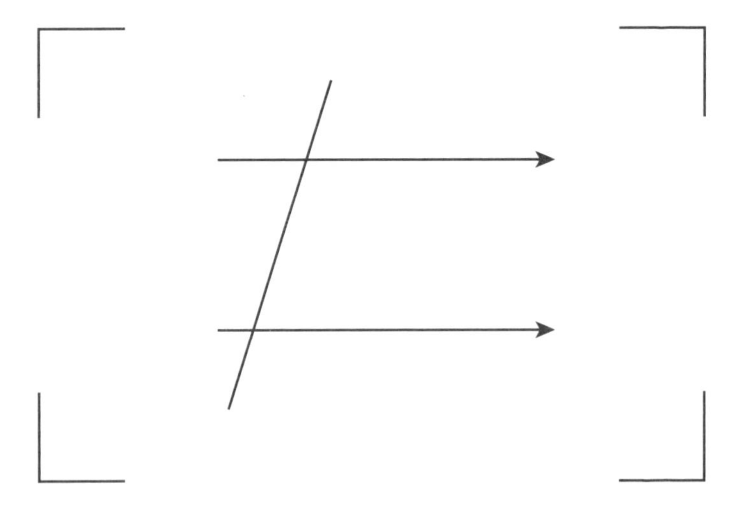

이것은 직관적으로 옳아 보이지만, 이 다섯 번째 공준은 나머지 네 공준보다 훨씬 복잡하다. 이븐 알 하이삼Ibn al-Haytham (965?~1040?), 오마르 하이얌Omar Khayyam(1048~1131), 조반니 지롤라모 사케리Giovanni Girolamo Saccheri(1667~1733), 요한 하인리히 람베르트Johann Heinrich Lambert(1728~1777)를 비롯해 서아시아와 유럽의 많은 수학자들은 처음의 네 공준으로부터 다섯 번째 공준을 유도하는 방법이 있을 것이라고 기대했지만, 그들의 노력은 모두 무위로 돌아갔다. 특이하게도 이것은 단순히 포기하는 것이 최선의 접근법인 사례였다.

포기라는 올바른 길을 택한 사람 중 한 명은 헝가리 수학자 보여이 야노시Bolyai János*였다. 하지만 그의 이야기는 단순하지가 않다. 보여이는 비슷한 시기에 비슷한 개념을 떠올린 세 수학자 중 한 명이다. 세 사람 사이의 정확한 관계는 (내각의 합이 180°가 아닌 삼각형처럼) 모호한데, 수학적 개념이 흔히 발전하는 방식을 보여주는 중요한 사례이다.

1802년에 헝가리의 콜로주바르(지금은 루마니아의 클루지나포카)에서 태어난 보여이는 어린 시절부터 수학에 뛰어난 재능을 보였다. 아버지 보여이 퍼르커시Bolyai Farkas는 가우스의 동료와 절친한 사이였는데, 자신의 아들을 가우스의 집에서 함께 살

* [옮긴이] 헝가리는 우리나라와 마찬가지로 성+이름으로 인명을 표기한다.

게 하면서 수학을 가르쳐주지 않겠느냐고 부탁했다. 그것은 특이한 요청이었고, 가우스는 거절했다. 수학을 배울 수 있는 길이 얼마 없었던 보여이는 16세 때 빈의 군사공학학교에 들어가 군사공학을 배웠다. 그리고 7년짜리 과정을 단 4년 만에 마치고 군에 입대했다.

남는 시간에 보여이는 평행 공준을 다른 것으로 대체하는 연구를 하기 시작했다. 아버지도 이전에 그 연구를 한 적이 있었지만, 골머리만 썩이다가 아무런 성과도 얻지 못했다. 그는 아들에게 보낸 편지에서 이렇게 충고했다. "제발 간청하건대 그 일을 포기하거라. 관능적인 욕정만큼 그것을 두려워하거라. 그것은 모든 시간을 앗아가고 건강과 마음의 평화와 인생의 행복을 해칠 것이다."[2] 보여이는 결국 포기했지만, 아버지가 기대한 방식으로 포기하진 않았다. 평행 공준을 기본 구성 요소로 사용하는 것은 포기했지만, 대신에 그것이 필요 없는 기하학을 만들기 시작했다. 1823년, 그는 아버지에게 "무에서 완전히 새롭고 다른 세계를 만들었어요"라고 알렸다.[3] 보여이는 만약 평행 공준이 성립하지 않는다면, 완전히 다른 종류의 기하학이 존재할 수 있다는 사실을 깨달았다. 그는 그것을 '절대 기하학'이라고 불렀다.

안장이나 겹쳐 쌓을 수 있는 포테이토 칩 표면을 상상해보자. 직선은 두 점 사이의 최단거리로 정의되기 때문에, 이러한 표면에서 직선은 구부러진 형태로 나타나며, 삼각형은 짜부라진 모양이 되는데, 그래서 내각의 합이 180°보다 작다. 이런 표면 위에서 일어나는 일을 상상하는 분야를 훗날 '쌍곡기하학'이라 부르게 된다. 우리에게는 그것을 상상하는 것이 약간 재미있는 놀이처럼 보일 수 있지만, 그 당시 사람들에게는 매우 어려

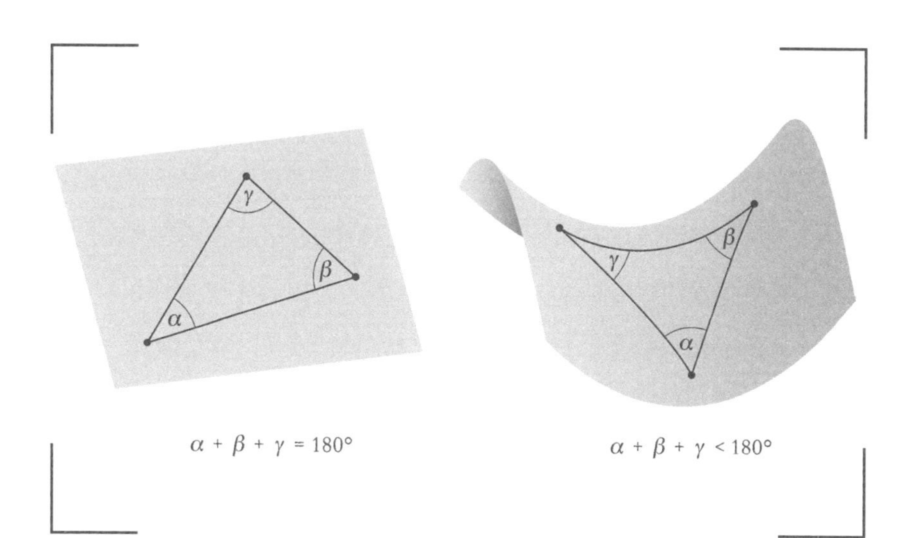

유클리드 기하학(왼쪽)과
절대 기하학 또는 쌍곡기하학(오른쪽)의 예

웠을 것이다. 유클리드의 공준들과 그 기하학은 신성불가침의 영역이었다. 다른 기하학이 존재할 수 있다고 시사하는 것은 무엇이건 정통 유클리드 기하학에 대한 심각한 도전으로 간주되었다. 아마도 그래서 보여이의 아버지는 분명히 그것을 대단치 않게 생각했을 것이다.

몇 년 뒤, 근무지를 루마니아 아라드로 옮긴 보여이는 그곳에서 이전에 빈의 군사공학학교에서 수학을 가르쳤던 선생인 볼터 폰 에크베어Wolter von Eckwehr를 만났다. 보여이는 폰 에크베어에게 자신의 개념을 기술한 원고를 건넸지만, 폰 에크베어는 거기에 어떤 피드백도 제공하지 않았고, 심지어 원고를 돌려주지도 않았다. 보여이의 아버지는 7년이 지나는 동안 아들의 개념에 더 친숙해져 곧 출간될 자신의 책에 그것을 부록으로 싣는 것이 어떻겠느냐고 제안했다. 아버지는 또한 아들의 개념에 대한 보고서를 옛 친구 가우스에게 보냈다. 하지만 기대했던 승리의 순간이 찾아오기는커녕 가우스는 그 연구의 전체 내용이 "지난 30년 내지 35년 동안 내 마음 한구석을 차지하고 있던 생각과 거의 완전히" 일치한다고 차갑게 답했다.[4] 1824년에 가우스는 한 동료에게 "우리의 것과는 아주 다르지만, 완전히 아무 모순이 없는 기묘한 기하학"을 보았다고 진술한 편지를 보낸 적이 있었다.[5] 가우스는 정말로 동일한 문제를 연구하고 있었다.

보여이는 가우스가 비슷한 개념을 이미 알고 있었다는 소식을 듣고서 절망했고, 이 사건이 계기가 되어 평생 동안 가우스를 싫어했다. 하지만 가우스의 자신감에도 불구하고, 이 새로운 기하학을 처음 발견한 사람은 그가 아니었다. 그 당시에는 수학자들에게 낡은 기하학 개념에 도전하라고 부추기는 분위기가 형성되고 있었던 게 분명하다. 두 사람보다 먼저 이 개념을 생각한 사람은 니콜라이 로바쳅스키Nikolai Lobachevsky였다.

평행선이 만날 때

니콜라이 로바쳅스키가 러시아의 카잔에서 수학을 처음 공부한 것은 형과 함께 정부 장학금을 받고 엘리트 고등학교인 카잔 김나지움에 입학하면서부터였다. 5년 뒤에 카잔대학교에 입학했는데, 그곳에는 독일에서 교육받은 교수들이 많았다. 그 당시에 러시아는 수학자들에게 매우 인기 있는 곳이었지만, 그들 중에서 러시아에서 태어난 사람은 거의 없었다. 교수 중에서 마르틴 바르텔스Martin Bartels는 수학과 수학사에 관한 강의를 했는데, 아마도 로바쳅스키는 이 강의에서 평행 공준에 처음 접했을 것이다.

로바쳅스키는 물리학과 수학 석사 학위를 받고 카잔대학교를 졸업한 뒤 그곳에서 학생들을 가르치기 시작했다. 그는 새로운 천문대 건설을 지휘 감독했는데, 이 천문대는 러시아에서 가장 좋은 장비를 갖춘 곳이 되었다. 1816년 무렵에 로바쳅스키는 유클리드의 공준으로 관심을 돌리고는, 그것을 더 잘 이해하기 위해 주변 세계를 이용하기로 했다. 오직 우주의 기하학만이 기하학의 기본을 제대로 알려줄 수 있을 것이라고 생각했다.

로바쳅스키는 세 별을 관측해 별들 사이의 각도의 합을 계산하기로 마음먹었다. 그중 둘은 상대적으로 가까이 있고, 하나는 훨씬 먼 곳에 있었다. 하지만 러시아의 최고 천문대를 사용한다 하더라도, 그렇게 먼 거리를 측정하고 계산하는 것은 결코 쉬운 일이 아니었다. 별들이 이루는 삼각형의 내각의 합이 180°보다 작다는 것을 보여주는 측정을 하는 데 성공했지만, 그 차이는 극히 미미했다. 그 차이가 너무나도 미소한 나머지 그는 기하학의 기초에 관한 원고에서 측정값을 빼고 대신에 이론적 논증을 펼치는 쪽을 선택했다. 이 논증 때문에 그는 훗날 보여이가 마주친 것과 동일한 입장에 서게 되었다. 그것은 유클리드의 평행 공준이 성립하지 않는 기하학이었다. 로바쳅스키는 이 수학 세계를 '가상' 기하학이라고 불렀다.

로바쳅스키는 이 연구를 처음에는 상트페테르부르크과학아카데미에 제출했지만 거부당했는데, 이는 그다지 놀라운 일이 아니었다. 많은 점에서 이 연구는 논란의 소지가 컸기 때문이다. 평행 공준이 성립하지 않는 세계는 우리가 지각하는 현실보다 에스허르Escher*의 작품에 더 가까워 보일 수 있다. 유클리드 기하학에서는 한 직선과 한 점이 주어졌을 때, 그 점을 지나면서 직선에 평행한 직선은 단 하나만 존재하지만, 쌍곡기하학에

* [옮긴이] 20세기 초의 네덜란드 판화가.《괴델, 에셔, 바흐》라는 책처럼 국내에서는 영어식 발음인 '에셔'로 널리 알려져 있고, 네덜란드에서는 '에셔르'로 발음한다. 따라서 국립국어원이 정한 '에스허르'라는 표기는 적절치 않다.

서는 무한히 많은 평행선이 존재한다. 그 당시 사람들에게 이것은 마치 16세기 사람들에게 태양이 지구 주위를 돌지 않는다는 개념만큼 아주 충격적인 개념이었다.

로바쳅스키는 퇴짜를 맞고서도 굴하지 않고 자신의 연구를 '범기하학pangeometry'이라고 부르기 시작했다. 즉, 자신의 기하학이 유클리드 기하학을 특수한 경우로 포함하는 일반적인 기하학 이론이라고 주장한 것이다. 그는 이 연구를 1829년에 카잔대학교의 학술지 《카잔 메신저》에 발표했다. 그것은 너무나

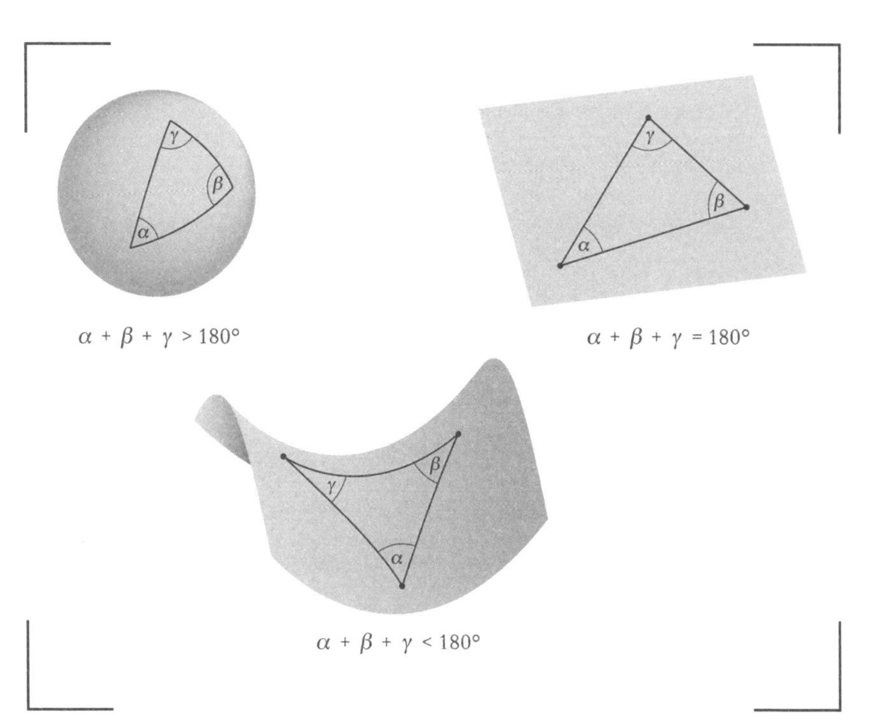

(위 왼쪽부터 아래로) 양의 곡률, 0의 곡률, 음의 곡률

도 혁명적인 개념이어서 러시아에서 받아들여지기까지 수십 년이 걸렸다. 하지만 보여이와 가우스의 사례에서 보았듯이 그 외에도 비슷한 결론에 도달한 사람들이 있었다. 그렇지만 훗날 수학계에서 기하학의 코페르니쿠스로 불린 사람은 로바쳅스키였다.

보여이와 가우스와 로바쳅스키가 발견한 것은 전체 이야기 중 일부에 불과하다. 이들은 안장 모양의 표면에서 펼쳐지는 쌍곡기하학을 탐구했다. 우리는 구면 위에서 살아가는데, 구면 기하학은 단지 '비非유클리드' 기하학일 뿐만 아니라, 세 사람이 발견한 기하학과 다른 종류의 곡률을 갖고 있다. 양의 곡률을 가진 이런 종류의 기하학에 관심을 쏟은 사람은 베른하르트 리만Bernhard Riemann이었다.

1854년, 가우스는 괴팅겐대학교에서 리만이 박사 후 연구원 자격을 얻도록 지도하고 있었다. 리만은 보여이와 로바쳅스키의 쌍곡기하학과 정반대되는 기하학이 있다고 설명했다. 그것은 삼각형의 내각의 합이 180°보다 작은 게 아니라 오히려 큰 기하학 세계였다. 가우스도 이런 종류의 기하학을 알고 있었지만, 그 수학적 의미를 실제로 탐구한 사람은 리만이 처음이었다.

타원 기하학은 평행 공준뿐만 아니라 유클리드의 공준 중 다른 세 가지도 위배한다. 다시 반복하면, 첫 번째 공준은 두 점을 연결하는 직선은 단 하나만 존재한다고 이야기한다. 하지만 북극점과 남극점 사이의 최단거리를 지나는 선, 즉 직선을 긋는다고 상상해보자. 유클리드 기하학에 따르면 그런 직선이 오직 하나만 존재해야 하지만, 실제로는 두 지점 사이의 경선은 어느 것이라도 그런 직선이 될 수 있다. 두 점을 연결하는 직선이 단지 하나에 불과한 게 아니다. 타원 기하학의 일부 사례에서는 그러한 직선이 무한히 많이 존재한다!

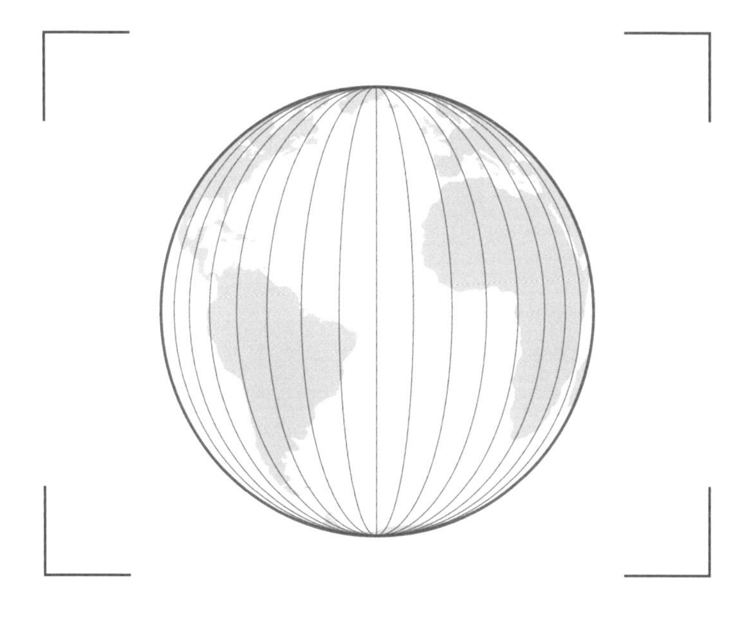

게다가 리만은 기하학의 많은 개념을 더 높은(그리고 더 낮은) 차원으로 일반화할 수 있다는 사실을 알아챘다. 정사각형과 정육면체 개념을 살펴보자. 정사각형의 모든 변 옆에 직각으로 정사각형을 붙이면 정육면체가 된다. 그런데 왜 여기서 멈춰야 하

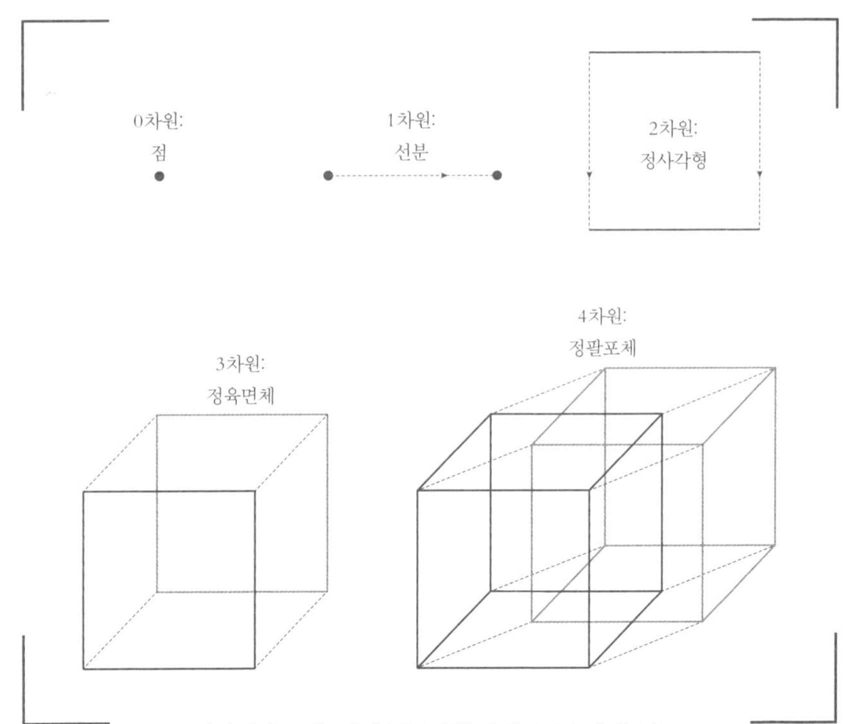

여러 가지 차원에서의 '정사각형'. 수학자들은 이것들을 때로는 (위 왼쪽에서 아래 오른쪽까지) 0차원 입방체, 1차원 입방체, 2차원 입방체, 3차원 입방체, 4차원 입방체라고 부른다.

는가? 정육면체의 모든 면 옆에 직각으로 정육면체를 붙이면, 정팔포체tesseract라는 또 다른 형태가 생긴다. 정팔포체를 제대로 나타내려면 4차원이 필요하지만, 수학적으로 다루는 데에는 아무 문제가 없다. 이를 통해 수학자들은 더 높은 차원에 적용할 수 있는 더 일반화된 정사각형 개념을 발전시키게 되었다.

괴팅겐대학교는 곧 비유클리드 기하학의 중심지가 되었고,

펠릭스 클라인이 이 운동의 선도자 중 한 명이 되었다. 새로운 기하학들을 타원 기하학과 쌍곡기하학으로 분류한 사람이 바로 클라인이다. 클라인은 '클라인병'이라는 더 높은 차원의 기묘한 형태를 최초로 기술한 사람이기도 하다. 클라인병은 원기둥의 양쪽 끝을 '역방향'으로 이어 붙임으로써 만들 수 있는데, 다시 연결할 때 원기둥을 한 번 비틀어 꼼으로써 안과 밖의 구별이 없이 한쪽 면만 있는 2차원 곡면 형태로 만든 것이다. 클라인병의 정확한 형태는 3차원에서는 만들 수 없지만, 4차원이라면 가능하다. 클라인병은 우리에게 더 친숙한 뫼비우스의 띠를 4차원 버전으로 만든 것이다. 뫼비우스의 띠 표면은 직사각형을 비틀어 양쪽 가장자리를 이어 붙임으로써 만들 수 있다. 그 결과는 한쪽 면만 있는 평면이다. 뫼비우스의 띠 위에서 차를 몰고 달린다면, 차를 표면에서 들어 올려 반대쪽 표면으로 옮기지 않더라도 전체 표면을 다 달릴 수 있다.

괴팅겐대학교의 또 다른 수학자 다비트 힐베르트David Hilbert는 1899년에 유클리드의 공준을 대체할 수 있는 새로운 공준들을 제안했다. 힐베르트가 새로 제안한 21개의 공준 중에는 평행선에 관한 것도 있다. 유클리드가 시도한 것처럼 평행선을 보편적으로 기술하는 대신에, 힐베르트의 평행 공준은 "평면에서…"라는 구절로 시작한다. 다시 말해서, 2차원 평면에서는 평행선이 존재한다고 상정했지만, 더 높은 차원과 다른 표면에서는 평행선이 존재한다고 상정해야 할 이유가 없다. 힐베르트는

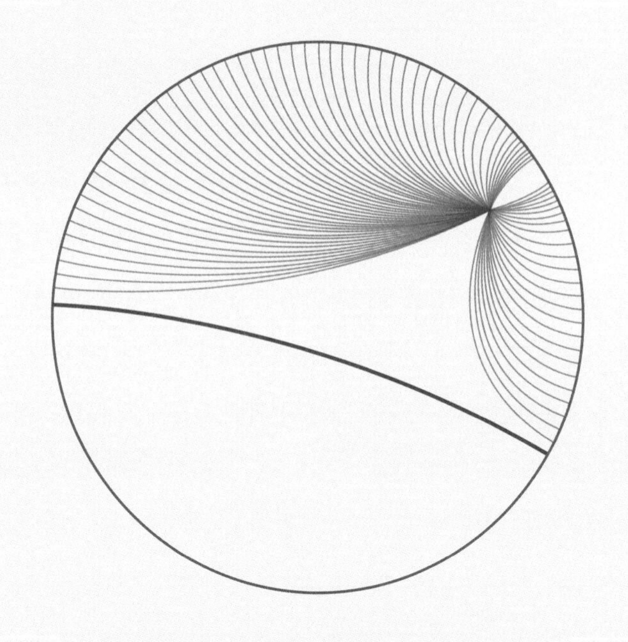

쌍곡기하학에서는 한 점을 지나가는
평행선이 무한히 많이 존재한다.

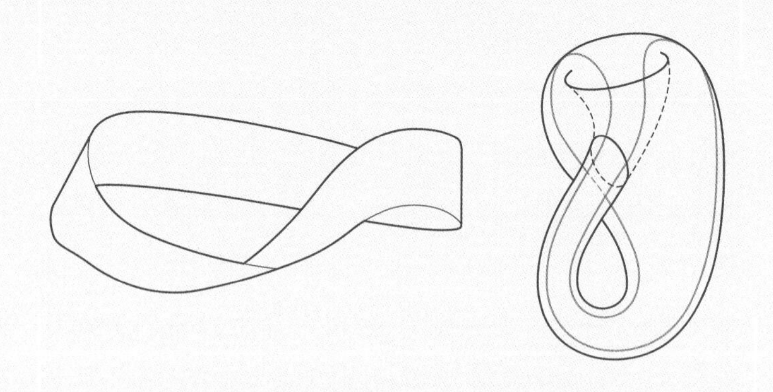

뫼비우스의 띠(왼쪽)와 클라인병(오른쪽)

새로운 수학 시대를 열었는데, 1900년에 새로 결성된 세계수학자대회에서 한 연설이 그 결정판이었다. 그는 해결해야 할 문제 중 가장 중요하다고 생각하는 문제 23개를 모아 그중 10개를 세계수학자대회에서 발표했다. 그의 연설은 그 후 수십 년간 진행될 수학 연구의 방향을 결정하는 데 큰 도움을 주었다.

기본적인 제한 속도

1900년까지 산업화와 대서양 노예무역, 청나라와 영국과 프랑스 사이에 벌어진 아편 전쟁 등으로 세상은 큰 격변을 겪었다. 아편 전쟁은 쇠퇴하던 중국의 상황을 악화시켰고, 그 결과로 상하이와 홍콩이 개항되었다. 일본도 1853년에 외세의 강요로 쇄국 정책을 폐지하면서 급격한 변화가 일어났다. 250년 이상 극히 제한된 수의 네덜란드인과 중국인만이 통상을 위해 일본을 방문할 수 있었고(다른 나라 사람들은 입국이 금지되었다), 해외여행을 허락받은 일본인도 극소수였다. 미 해군은 일본 연안에 전함 네 척을 보내 통상을 강요했다. 일본 정부는 미국의 무력시위에 큰 충격을 받았고, 서구식 문물과 제도를 받아들일지 여부를 놓고 치열한 논쟁이 시작되었다.

유클리드 기하학은 이미 중국어로 번역된 《유클리드의 원론》을 통해 일본에 소개되었다. 하지만 그때까지만 해도 수학을 전문으로 가르치고 연구하는 교육 기관이 존재하지 않아 그것을 제대로 이해하는 사람이 거의 없었다. 일본식 수학인 와산和算 대신 서양식 수학인 요산洋算 교육을 우선시하는 것이 공식적인 정부 정책이 되었다. 19세기 말에서 20세기 초에 일본 정부는 미국과 영국, 프랑스, 독일 등지로 학자들을 보내 신문물을 배워 오게 했다. 돌아온 학자들은 학술 단체를 만들고, 대학에서 학생들을 가르치고, 교과서를 썼다. 서양 수학이 표준이 되었다. 그 변화가 얼마나 대대적으로 일어났던지, 이제 주판 외에는 전통적인 일본식 수학 중에서 여전히 사용되는 것이 거의 없을 지경에 이르렀다. 그러고 나서 일본은 자신의 식민지로 삼은 아시아 지역(오늘날의 대만, 미크로네시아, 한국, 중국 일부)에 서양 수학을 수출하기 시작했다.

수학은 아주 빠르게 발전했고, 그 뒤를 이어 물리학이 속도를 내기 시작했다. 1905년, 알베르트 아인슈타인은 '특수 상대성 이론'을 발표하면서 시간과 공간에 대한 개념을 완전히 다시 고쳐 썼다. 그때까지만 해도 속도는 상대적인 것으로 간주되었다. 달리는 차에서 공을 앞으로 던지면, 공은 던진 속도에 차의 속도를 더한 속도로 날아간다. 하지만 이전 실험과 관찰에서는 빛은 이런 식으로 행동하지 않는다고 시사하는 결과가 나왔다. 진공 속에서 달리는 빛의 속도는 어떤 상황에서도 일정했다.

이 결과에 많은 물리학자는 당황했지만, 아인슈타인은 그것을 불편한 사실로 생각하지 않고, 대신에 우주의 기본적인 제한 속도로 생각하기로 했다. 그리고 그것과 관련된 방정식들을 세우고 풀다가 믿기 힘든 결과를 얻었다. 예를 들면, 아인슈타인은 $E = mc^2$이라는 관계를 통해 에너지와 물질이 어떤 방식으로 상호 전환되는지 보여주었다. 여기서 E는 에너지, m은 질량, c는 진공 속에서 빛의 속도를 가리킨다. 그리고 기묘한 결론에 이르렀는데, 시공간은 균일한 실체가 아니라, 이러한 우주의 제한 속도를 수용하기 위해 구부러져야 한다는 것이었다.

이 과정에서 그는 비표준적 기하학의 세계로 발을 들여놓을 수밖에 없었지만, 자신이 그 세계에 완전히 빠져 있다는 사실을 깨달은 것은 자신의 이론에 중력을 추가했을 때였다. 그러지 않고서는 이론이 성립할 수 없었다. 일반 상대성 이론에서 아인슈타인은 중력이 거대한 물체가 그 질량으로 시공간을 구부러뜨리는 효과로 나타난다고 말했다. 그리고 이러한 시공간의 굴곡 때문에 시공간에서 움직이는 물체는 질량과 연관된 가속적 힘을 받는다고 주장했다. 이 책과 우리 사이에 작용하는 이 힘은 아주 미소하다. 하지만 지구와 우리 사이에 작용하는 힘은 우리를 땅에 붙어 있게 할 만큼 크다. 아인슈타인의 이론에 수학적 기반을 제공한 것은 리만이 개발한 기하학이었다. 아인슈타인은 상대성 이론에 필요한 개념적 도약을 하긴 했지만, 만약 거기에 필요한 수학이 미리 개발돼 있지 않았더라면 이론을 완성하기가 매우 힘들었을 것이다. 결국 그의 접근법은 공리에 관한 것이었다. 빛에 제한 속도가 있다는 원리를 논리적으로 적용함으로써 특수 상대성 이론과 그 너머까지 나아갈 수 있다. 하지만 물리학과 수학에는 그 밖에도 많은 공리가 있다. 그리고 무엇이 공리가 될 만큼 정말로 충분히 기본적인 것인지, 그리고 무엇이 추론을 통해 유도할 수 있는 것인지 알아내는 과정에서 모든 시대를 통틀어 가장 큰 경외감을 불러일으킨 정리 중 하나가 나오게 되었다.

우주의 방정식

에미 뇌터Emmy Noether는 1882년에 독일 바이에른주 에를랑겐에서 태어났다. 그녀의 아버지는 그곳 대학교에서 수학자로 일했다. 뇌터는 처음에는 프랑스어나 영어 교사가 되려고 했지만, 얼마 지나지 않아 진로를 수학으로 바꾸었다. 박사 학위를 딴 뒤에는 에를랑겐수학연구소에서 일자리를 얻었다. 코발렙스카야처럼 경력 초기에는 무급으로 일을 했다. 공부를 하고 연구소에서 일을 하는 동안은 계속 가족에게서 재정적 지원을 받았다. 그러다가 큰 전환점이 찾아왔다. 괴팅겐대학교의 다비트 힐베르트와 펠릭스 클라인이 뇌터에게 아인슈타인의 일반 상대성 이론에서 파생된 문제들을 푸는 일을 도와달라고 요청한 것이다. 괴팅겐에 도착한 뇌터는 오늘날 '뇌터의 정리'로 알려진 중요한 정리를 내놓았다.

이 정리가 얼마나 놀라운 것인지 감을 잡고 싶다면, 우주를 기술하는 모든 방정식을 적는다고 상상해보라. 여러 과학 분야에서 나온, 온갖 기이한 수를 포함한 방정식이 무수히 많을 것이다. 그런데 그것이 어떤 것이건 간에, 뇌터의 정리는 그 모든 방정식에 대해 뭔가를 알려준다.

뇌터의 정리는 만약 물리학 법칙이 우주의 모든 곳에서 똑같이 적용된다면, 운동량이 항상 보존되어야 한다고 이야기한다. 그리고 만약 오늘의 물리학 법칙이 내일의 물리학 법칙과 동일하다면, 에너지 역시 보존되어야 한다고 이야기한다. 설령 우리가 우주의 방정식들이 정확하게 어떤 것인지 모른다 하더라도, 뇌터의 정리는 그 결과를 알려준다. 뇌터 이전에는 운동량 보존과 에너지 보존은 가정에 불과했다. 하지만 이제 이것들은 옳다는 것이 증명되었다.

뇌터는 변분법*의 도구들을 사용해 자신의 정리를 증명하는 놀라운 솜씨를 보여주었다. 변분법은 단순히 수만 다루는 함수에만 적용하는 데 그치지 않고, 함수들 자체를 다루는 함수에도 적용할 수 있어 미적분학을 일반화한 것이라고 생각하면 된다. 이 방법을 사용해 뇌터는 물리학 법칙과 대칭들이 정확하게 무

* [옮긴이] 미적분학의 한 분야로, 일반 미적분학과는 달리 범함수를 다룬다.

엇인지 자세한 내용을 모르더라도, 그 본질을 수학적으로 파악할 수 있었다. 그런 다음, 이러한 식들을 적절히 처리해 자신의 정리를 증명할 수 있었고, 그럼으로써 그것들 사이의 기본적인 연결 관계를 밝혀낼 수 있었다.

이것은 실로 놀라운 업적이었지만, 그렇다고 해서 뇌터의 수학적 경력이 순풍에 돛 단 듯이 술술 풀린 것은 아니었다. 뇌터가 에를랑겐대학교에서 박사 학위를 따자, 힐베르트가 뇌터를 위해 괴팅겐대학교에 강사 자리를 마련해주었다. 그 당시 괴팅겐대학교는 훌륭한 수학자가 많이 있었고, 힐베르트와 클라인 덕분에 유럽에서 수학의 중심지로 떠오르고 있었다. 하지만 여러 교수는 뇌터의 강사 임명에 반발했는데, 여성이 대학에서 학생을 가르친다는 개념 자체에 반대했다. 화가 난 힐베르트는 자격을 심사하는 대학 고위 인사들에게 이렇게 일갈했다. "나는 성별이 지원자의 채용을 반대하는 이유가 될 수 없다고 생각합니다. … 아무튼 이곳은 대학교지, 목욕탕이 아니지 않습니까!"[6] 결국 힐베르트는 뇌터에게 일종의 객원 강사 자리를 마련해주는 데 성공했지만, 이 일자리 역시 무급이었다. 목욕탕이 아닌 대학교에서 많은 수학자들은 남성 전용 수영장에서 수영을 즐기며 잡담을 나누었다. 당연히 뇌터는 그곳에 가는 것이 허용되지 않았지만, 전하는 이야기에 따르면 그래도 어떻게든 들어가 수영을 했다고 한다.

4년 뒤인 1923년에 뇌터는 약간의 급여가 지급되는 유급 강사로 승진했다. 하지만 1933년에 독일에서 나치가 권력을 잡자, 유대인인 뇌터가 대학교에서 쫓겨날지 모른다는 이야기가 나돌기 시작했다. 많은 수학자와 대학원생이 이에 반대하는 편지를 썼다. 그들은 뇌터의 탁월한 수학 연구 능력을 증언하고 헌신적인 교수 노력도 칭찬했다. 뇌터의 협력자였던 헬무트 하세Helmut Hasse는 "나는 뇌터가 독일의 최고 수학자 중 한 명이라고 확신합니다. 만약 뇌터가 해외로 쫓겨난다면, 특히 젊은 세대에게 매우 큰 손실이 될 것입니다"라고 썼다.[7] 7월 31일까지 코펜하겐과 빈, 케임브리지, 볼로냐, 취리히, 오사카, 도쿄를 비롯해 세계 각지에서 편지들이 쇄도했다. 몇 달 뒤, 뇌터는 프로이센주 과학예술보통교육부로부터 대학교에서 해임될 것이라는 통보를 받았다. 하지만 뇌터는 이미 탈출 계획을 세워놓고 있었다.

뇌터는 옥스퍼드와 모스크바에서도 와달라는 제의를 받았지만, 결국은 미국 펜실베이니아주에 있는 브린모어칼리지의 제의를 받아들였다. 그 당시로서는 전 세계 여자대학교 중에서 유일하게 수학 박사 과정이 있던 곳이었다. 이곳에서 뇌터는 여러 여성 동료를 처음으로 만났다. 수학과 학과장이던 애나 펠 휠러Anna Pell Wheeler와 친한 친구 사이가 되었는데, 휠러는 뇌터를 미국으로 데려오는 데 큰 역할을 했다. 휠러는 수학계에서 여성이 경력을 쌓기가 얼마나 힘든지 잘 알고 있었다. 그녀는 "여성에 대한 반대가 매우 심해, 설령 교육이나 연구 실력이 모

1933년 7월 괴팅겐 부근의 니콜라우스베르크에 모인 수학자들.
(왼쪽부터 오른쪽으로) 에른스트 비트Ernst Witt, 파울 베르나이스Paul Bernays, 헬레네 바일Helene Weyl, 헤르만 바일Hermann Weyl, 요아힘 바일Joachim Weyl, 에밀 아르틴Emil Artin, 에미 뇌터, 에른스트 크나우프Ernst Knauf, 신원 미상의 인물, 쩡즁즈曾炯之, 에르나 반노프Erna Bannow

두 여성보다 뒤떨어지더라도 남성을 선호한다"라고 쓰기도 했다.[8] 휠러는 괴팅겐에서 공부한 적이 있었고 독일어를 말할 줄 알았는데, 이 점 때문에 뇌터가 이 대학교에 더 매력을 느꼈을지 모른다.

두 사람은 친구이자 협력자가 되었다. 브린모어칼리지에서 보낸 시간은 뇌터의 인생에서 가장 행복한 시절이었다. 이곳에서는 조국에 있을 때보다 직업적으로 더 대우를 받는다는 느낌이 들었다. 휠러와 다른 사람들의 도움을 받아 뇌터는 학생들을 가르치는 데 전력을 다했다. 영어는 초보 수준이었지만 어떻게든 그 난관을 헤쳐나갔고, 가끔 영어로 설명이 여의치 않으면 독일어를 사용하기도 했다. 프린스턴대학교가 당대 최고의 지성들을 초빙하겠다는 목적으로 새로 설립한 고등연구원에서 강의를 해달라는 초청도 받았다. 고등연구원은 남성 교수들만 초빙했지만, 뇌터만큼은 예외를 인정했다. 비록 정식 교수가 아니고 '객원' 교수 자격이긴 했어도 뇌터는 수학과 대학원에서 매주 강의를 했다.

독일에 있을 때, 뇌터의 훌륭한 전문 지식과 강의 덕분에 '뇌터의 아이들'이라 불린 추종자들이 생겨났다. 그중에는 뇌터에게서 배우려고 아주 먼 곳에서 온 사람들도 있었다. 쩡즁즈曾炯之, Chiungtze C. Tsen라는 중국인 학생은 유럽에서 수학을 배우려고 장학금을 받아 청나라에서 괴팅겐으로 왔다. 그는 나중에 곡선을 포함한 함수에 관한 기본적인 결과를 증명했는데, 이를 그의 영어식 이름을 따 '첸의 정리Tsen's theorem'라고 부른다. 또, 서양 수학을 배우려는 국가적 노력의 일환으로 일본에서 온 다카기 데이지高木貞治는 주로 힐베르트와 함께 연구했다. 다카기는 나중에 뇌터가 교수에서 해임될 위기에 처했을 때 이에 항의하는 편지를 쓰기도 했다. 뇌터는 학생들을 가르치길 좋아했고, 엄격한 강의 계획을 따르기보다는 공개 대화를 선호했다. 한번은 대학교가 문을 닫자, 커피 하우스로 학생들을 데려가 토론을 하기도 했다. 브린모어칼리지에서도 독일에서와 비슷하게 헌신적인 추종자들이 생겨났다. 하지만 이번에는 젊은 여성들이었는데, 그중에 훗날 300편이 넘는 수학 논문을 발표한 올가 타우스키Olga Taussky도 있었다.

뇌터가 브린모어칼리지에서 지낸 시간은 겨우 2년 남짓에 불과했다. 뇌터는 1935년에 종양 제거 수술을 받고 나서 며칠 뒤 53세의 나이로 숨을 거두었다. 가까운 친구들에게만 자신의 병을 알렸기 때문에, 그녀의 죽음은 많은 사람에게 큰 충격으로 다가왔다. 사망 소식이 전해지자 많은 추도사가 쏟아졌다. 알베르트 아인슈타인은 《뉴욕 타임스》에 "뇌터 양은 여성 고등 교육이 시작된 이래 지금까지 배출된 사람 중 가장 중요한 창조적 수학 천재였다"라는 글을 실었다.[9]

뇌터는 독일을 떠날 무렵에 이미 명성이 높은 수학자였다. 브린모어칼리지에 오기 전에 뇌터가 그곳을 잘 알았는지는 분명하지 않지만, 그곳에 있던 사람들은 뇌터에 대해 많은 것을 알고 있었다. 브린모어칼리지는 뇌터를 돕기 위해 많은 노력을 기울였는데, 추방된 독일 학자들을 도우려는 목적으로 미국국제교육원이 운영하던 계획 덕분에 가능했다. 추방된 학자 중 상당수가 다양한 대학교와 연구 기관에 초빙을 받았다. 하지만 유대인 혈통을 가진 사람을 받아들이길 꺼리는 곳이 많았다. 또, 독일 출신 학자에게는 지원을 제공하지 않으려는 곳도 있었다. 이렇게 덜 포용적인 태도는 개방적이고 포괄적이지 못한 사회의 특징이다. 뇌터는 사람들이 가능하리라고 믿었던 것을 크게 확대함으로써 수학 분야에 종사하는 여성에 대한 견해를 바꾸는 데 큰 역할을 했다. 하지만 수학 분야에서 다양성이 활짝 꽃을 피우려면 아직도 갈 길이 멀다. 비록 그 길이 험난하긴 하겠지만, 결국은 원하는 모든 사람에게 수학 부문에서 공부하고 경력을 추구할 기회가 확대될 것이다.

13

二

신예 천문학자 벤저민 배너커Benjamin Bannaker는 자신의 예측과 계산에 대해 유명한 천문학자 데이비드 리튼하우스가 했다는 말을 듣고서 기분이 언짢았다.

1790년대 초에 배너커는 일식과 월식이 일어나는 시기와 하늘에서 행성들이 정렬하는 시기를 수록한 천문 연감을 발간하려고 했다. 새로 건국된 미국에서 애팔래치아산맥 서쪽 지역의 지도를 제작한 것으로 유명한 앤드루 엘리콧Andrew Ellicott이 이 노력을 지원했다. 배너커에게 힘을 실어주기 위해 그는 다른 사람들에게 배너커가 제작하려고 하는 천문 연감을 한번 살펴보라고 권했다. 그런 지지를 보낸 사람 중 한 명이 리튼하우스였다(앞의 9장에서 뉴턴주의를 지지한 사람으로 잠깐 나온 바 있다). 리튼하우스는 천문학계에서 이미 자리를 확고히 다진 사람으로, 자신도 천문 연감을 만든 적이 있었는데, 배너커의 천문 연감을 보고서 깊은 인상을 받은 게 틀림없었다. 그는 배너커의 계산을

"충분히 정확"하다고 묘사했다. 또한 그것이 "아주 비범한 업적"이라고 평했다. 다만 "저자의 피부색을 감안하면"이라는 구절을 덧붙임으로써 비범함의 수준을 살짝 깎아내렸다.[1]

배너커는 메릴랜드주에서 태어났다. 어머니 메리는 흑인 자유민이었고, 아버지 로버트는 기니에서 끌려온 노예 출신이었다. 배너커의 조상 계보에 대해서는 진술이 엇갈리지만, 한 이야기에 따르면 외할아버지가 서아프리카의 도곤족 출신이라고 한다. 도곤족의 종교에는 태양계에 관한 세부 사실이 많이 나오는데, 토성의 고리와 목성의 위성을 비롯해 맨눈으로 관측할 수 없는 내용도 많다. 도곤족이 이런 사실들을 어떻게 알았는지는 알 길이 없다. 다만 외할아버지는 배너커가 태어나기 전에 세상을 떠났지만, 죽기 전에 아내(배너커의 외할머니)에게 이 지식을 전수했을 가능성이 있고, 그것을 외할머니가 배너커에게 들려주면서 천문학에 대한 관심을 키워주었을 수도 있다.

배너커의 어린 시절 이야기는 다소 안개에 싸여 있다. 어린 시절에 학교를 다니면서 읽기와 쓰기와 산수를 배운 것으로 보이지만, 아마도 가족의 농장에서 일할 만한 나이가 되자 학교를 그만두었을 것이다. 21세 때 배너커는 빌린 회중시계를 견본으로 삼아 나무로 그 부품들을 만듦으로써 회중시계의 메커니즘을 완벽하게 재현하는 데 성공했다. 목제 시계는 매시간 차임벨을 울렸고, 50년 뒤에 그가 죽을 때까지 계속 작동했다. 그 당시에 미국에서 시간 단위로 시간을 잰 사람이 극히 드물었다는 사실을 감안한다면, 이 시계는 특히 놀라운 제작품으로 보인다. 리튼하우스를 비롯해 여러 미국인이 부자들을 위해 우아한 시계를 만들긴 했지만, 시계는 여전히 희귀한 물건이었다. 배너커는 행성과 별이 움직이는 방식에도 큰 흥미를 느껴 소형 망원경을 구입해 더 자세히 관측했다.

20대 후반부터 배너커는 천문학에 대한 열정이 시들해졌는데, 아마도 비극으로 끝난 연애 때문이었을 것이다. 그리고 50대 후반까지 농장에서 일하다가 엘리콧 가족을 만났다. 퀘이커교도였던 그들은 인종의 평등을 믿었고, 배너커에게 자기들이 소유한 공장에서 일할 기회를 주었다. 그곳에서 일하는 동안 배너커는 엘리콧 가족에게서 천문학 책을 빌려 읽으면서 거기에 나오는 대수학과 기하학, 로그, 삼각법 등을 빠르게 터득했다. 그리고 불과 1년 뒤에 스스로 일식이 일어날 시기를 예측하기 시작했다. 엘리콧 가족은 배너커의 수학적 재능을 알아챘고, 앤드루 엘리콧은 토지 측량을 도와달라고 부탁했다. 배너커는 측량에 필요한 천문학 계산을 했고, 연방 지역들의 경계를 정하는 데 사용할 다양한 지점들도 계산했다. 1791년 무렵에 배너커는 이런 일을 그만두고, 이듬해의 천문 연감을 만드는 데 착수했다. 하지만 처음에는 어느 출판사도 그 책을 내려고 하지 않았다. 결국 앤드루 엘리콧이 거들고 나섰다.

노예 제도에 반대한 리튼하우스는 분명히 배너커의 노력을 지지했다. 자신이 쓴 평에서 인종을 언급한 것은 흑인이 백인에

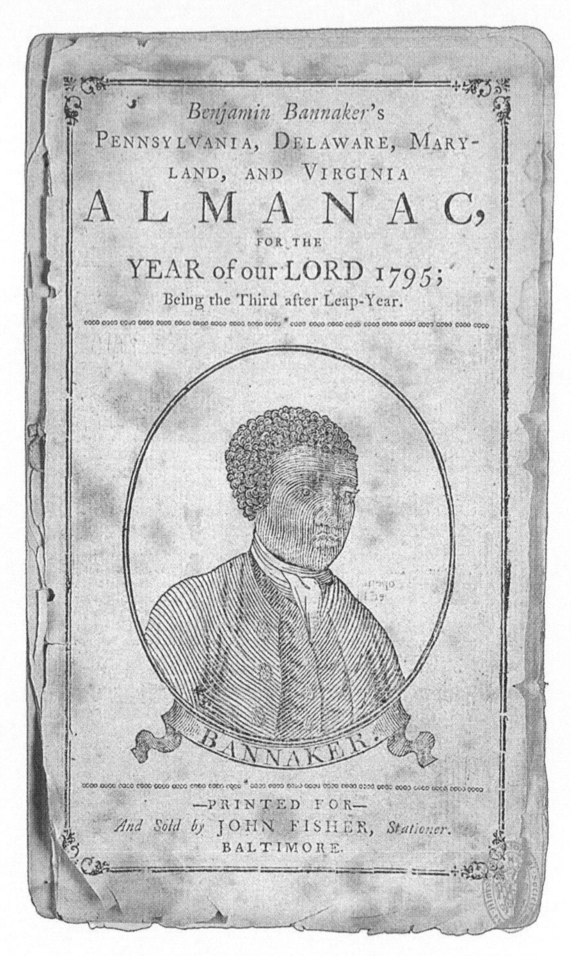

1795년에 출간된 천문 연감 표지에는
벤저민 배너커의 초상화가 실렸다.

비해 지능이 낮다는 주류 견해에 반박하려는 의도도 있었다. 하지만 배너커는 자신의 연구가 오로지 그 공과로만 평가받길 원했다. 그래서 빈정대는 투의 말을 덧붙인 리튼하우스의 칭찬이 고깝게 들렸다. 그는 이렇게 답했다고 전한다. "제 인종 문제를 그렇게 강조했다는 사실이 무척 거슬립니다. 이 연구는 옳거나 그르거나 둘 중 하나입니다. 나는 완벽하다고 믿습니다."[2]

배너커의 연구는 정말로 옳았고, 리튼하우스와 여러 사람의 지지를 받은 데 힘입어 그 후 6년 동안 천문 연감을 발간하는 계약을 맺을 수 있었다. 그 계획은 상업적으로 성공을 거두었고, 다섯 주州에서 28쇄까지 간행되었다.

19세기에 미국에서 흑인은 수학을 공부하고 경력을 쌓을 기회가 거의 없었다. 많은 사립 대학교는 흑인의 입학을 명시적으로 금지하는 규칙은 없었지만, 흑인을 입학시키는 일이 거의 없었다. 그리고 여러 기관은 흑인 성직자에게 기독교 교육을 받을 기회를 주었지만, 학계에서 학문을 더 깊이 추구할 기회를 주진 않았다. 1857년, 전원이 백인 남성으로 구성된 연방대법원은 흑인은 미국 시민이 아니며 미국 시민이 될 수도 없다고 선언했고, 이것이 도화선이 되어 남북 전쟁이 터지면서 해방을 위한 투쟁이 시작되었다.

이 시기 이후에 미국은 정치와 수학 강대국으로 성장해갔다. 미국 대학교들은 새로운 수학의 연구 중심지로서 세계적 명성을 얻게 되었는데, 정보 시대에 필요한 수학의 경우에는 특히 그랬다. 하지만 많은 대학교와 연구 기관은 여전히 흑인 수학자의 입성을 허용하지 않는 난공불락의 요새와 같았다. 그 장벽을 허무는 것은 결코 쉽지 않았다.

민권

1870년대에 '짐 크로 법'으로 유색 인종을 백인과 분리하는 교육 제도가 생겨나면서 인종 차별을 위한 법적 근거가 마련되었다. 전미유색인지위향상협회 같은 단체들과 올리버 브라운Oliver Brown, 린다 캐럴 브라운Linda Carol Brown 같은 운동가들이 이 법에 반대했지만, 결국 이 법은 약 100년 동안 지속되었다. 그러면서 흑인의 필요를 충족시키기 위해 지금은 HBCUs(historically Black colleges and universities, 역사적 흑인 대학)로 알려진 고등 교육 기관들이 설립되었고, 마침내 그 수가 100개 이상까지 늘어나면서 수만 명의 흑인에게 다른 방법으로는 접근할 길이 없는 교육 기회를 제공했다. '역사적 흑인 대학'은 책임자와 관리자 자리에 있는 흑인이 소수여서 완벽한 교육 기관은 못 되었지만, 1964년에 미국 민권법이 제정되어 인종과 피부색, 종교, 성별, 출신 국가에 따른 차별이 금지될 때까지 중요한 교육 서비스를 제공했다.

역사적 흑인 대학에서 성공을 거둔 한 수학자는 엘버트 프랭크 콕스Elbert Frank Cox이다. 1895년에 인디애나주에서 태어난 콕스는 재능 있는 바이올리니스트였으며, 수학과 물리학에도 뛰어난 능력을 보였다. 그는 아버지의 뒤를 따라 1913년에 수학을 공부하기 위해 주로 백인이 다니던 인디애나대학교에 입학했다. 그런 일은 드물긴 했지만 전례가 전혀 없는 것은 아니었다. 콕스는 모든 과목에서 A를 받으면서 학위를 땄다. 다만 이 결과는 성적 증명서에 새겨진 단어 때문에 빛이 바랬다. 성적 증명서에는 'COLORED'(유색인)라는 단어가 인쇄돼 있었다. 그 당시에 흑인 졸업생의 성적 증명서에는 이 단어가 인쇄되는 게 관행이었다.

콕스는 제1차 세계대전 때 미 육군에 입대해 프랑스로 갔다. 미국으로 돌아온 그는 켄터키주와 노스캐롤라이나주의 공립학교에서 수학을 가르쳤다. 콕스는 훌륭한 교사였고, 장학금을 받아 코넬대학교에서 수학 박사 과정을 밟을 수 있었다.

코넬대학교의 창립자 에즈라 코넬Ezra Cornell은 초기부터 노예 제도를 반대한 사람이었다. 그래서 코넬대학교는 매년 소수의 아프리카계 미국인을 받아들였다. 코넬대학교에서 콕스는 윌리엄 로이드 개리슨 윌리엄스William Lloyd Garrison Williams를 논문 지도 교수로 만났는데, 그는 얼마 후 캐나다의 맥길대학교로 옮겨 갔다. 윌리엄스는 콕스의 재능을 알아보았고, 콕스는 윌리엄스를 만나러 몬트리올을 방문해 그곳에서 박사 학위 논문을 완성한 뒤에 다시 미국에 제출했다. 이 논문에서 콕스는

'베르누이 수'와 관련이 있는 방정식의 해를 연구했다. 여러 수학 분야에 등장하는 베르누이 수는 17세기의 스위스 수학자 야코프 베르누이Jacob Bernoulli의 이름에서 딴 용어이지만, 거의 같은 시기에 일본 수학자 세키 다카카즈關孝和도 이를 독자적으로 발견했다.

콕스의 논문은 1925년에 통과되었다. 그는 세계 최초로 수학 박사 학위를 받은 흑인이 되었다. 그것은 역사적 순간이었지만, 콕스는 여전히 자신의 논문을 학술지에 발표하는 데 애를 먹었다. 윌리엄스는 콕스에게 미국 밖의 외국 대학교에 논문을 보내 발표해보라고 권했지만, 영국과 독일 대학교들은 순전히 콕스가 흑인이라는 이유로 거절했다. 결국 콕스는 논문을 일본으로 보냈고, 도호쿠제국대학이 그 가치를 인정해 1934년에 《도호쿠 수학 잡지》에 논문을 실어주었다.

콕스는 웨스트버지니아주립대학교에 잠깐 있다가 1930년에 워싱턴 DC에 있는 HBCU 하워드대학교에 채용되었다. 이 시기에 콕스는 대체로 학생들을 가르치고 지원하는 일을 하다가 제2차 세계대전 후반기에는 공학과 군사 훈련 프로그램을 가르쳤다. 1957년부터 1961년까지는 하워드대학교 수학과 학과장을 지냈고, 그동안 연구 논문을 두 편 발표했다. 하나는 특수 방정식과 그 해에 관한 것이었고, 다른 하나는 학생들의 성적을 매기는 세 가지 방법을 수학적으로 분석한 것이었다. 콕스는 대부분의 시간을 다음 세대의 수학자들을 가르치는 데 쏟아

1916년에 촬영한 '유클리드 서클' 회원들. 인디애나대학교 수학과 사람들이 수학의 개념을 함께 토론하고 공유하기 위해 만든 모임이다. 콕스(앞줄 맨 왼쪽)는 이 서클에 가입한 최초의 아프리카계 미국인이었다.

부었고, 그 일에 분명히 재능이 있는 것처럼 보였다. HBCU에서 교수로 일하려면 달리 선택의 여지가 없긴 했지만 말이다. HBCU 교수는 강의 부담이 아주 컸고, 부족한 재정적 지원 때문에 개인적으로 연구를 할 시간을 내기가 거의 불가능했다.

비록 HBCU는 미국 내 흑인들에게 높은 수준의 교육을 제공하는 데 기여하긴 했지만, 연구직과 박사 과정 연구는 대체로 막혀 있었다. 그래서 콕스는 수학 박사 학위를 딴 두 번째 아프리카계 미국인 동료 더들리 웰던 우더드Dudley Weldon Woodard와 협력해 하워드대학교에 석사 과정을 만들었다. 콕스는 그 대학교에서 어느 누구보다도 많은 석사 과정 학생을 지도했고, 두 사람은 재능 있는 젊은 수학자 집단을 양성해 박사 과정 연구를 시작할 수 있도록 준비시켰다. 이제 필요한 것은 박사 과정만 남았다. 애석하게도 콕스는 자신의 꿈이 실현되는 것을 보지 못하고 세상을 떠났지만, 그것을 실현시키는 데 핵심 역할을 했다. 1969년에 《워싱턴 포스트》에 실린 사망 기사는 그의 공로를 다음과 같이 치하했다. "콕스는 박사 과정이 실질적인 다음 단계가 될 수 있는 수준으로 수학과를 발전시키는 데 기여했다."[3] 연구 수학자로서 그가 얻은 명성과 그가 하워드대학교로 끌어들인 사람들의 노력이 합쳐져 박사 과정의 설립은 거의 불가피한 단계가 되었고, 1976년에 마침내 하워드대학교에 박사 과정이 개설되었다. 미국 내 모든 HBCU 가운데 최초로 생긴 수학 박사 과정이었다.

모든 사람을 위한 교육

하워드대학교가 있는 워싱턴 DC는 수학 박사 학위를 받은 최초의 흑인 여성 중 한 명인 유피미아 로프턴 헤인스 Euphemia Lofton Haynes의 고향이기도 하다. 하지만 헤인스의 경력은 수학 연구나 특정 연구소 근무보다는 인종 평등을 위한 노력에 더 치중되었다. 헤인스는 교육의 기회 평등을 방해하는 제도적인 인종 차별을 철폐하려고 노력하면서 미국 전역에서 광범위한 운동을 전개하는 데 중요한 역할을 했다.

헤인스는 1890년에 부유한 집안에서 태어났는데, 부모는 워싱턴 DC에서 '컬러드Colored 400'*라고 불리던 엘리트층에 속했다. 이들은 인종 분리 정책이 시행되던 시기에 공동체에서 주민들의 통합을 위해 노력했다. 헤인스는 미국에서 아프리카계 미국인 학생들을 위해 설립된 최초의 고등학교 중 한 곳을 다녔다. M스트리트고등학교는 1870년에 설립되었는데, 많은 졸업생이 이미 워싱턴 DC와 여러 곳에서 흑인 지도자로 성장해 활동하고 있었다. 헤인스는 1907년에 졸업생 대표로 한 연설에서 이렇게 말했다. "지성이 있는 사람은 인생의 문제를 해결할 준비가 잘되어 있기 때문입니다. … 우리는 뚜렷한 인생의 목표를 가져야 하고, 우리가 차지할 자리를 유능하게 메울 수 있어야 합니다."[4] 고등학교 졸업 후에 헤인스는 스미스칼리지에 진학해 수학과 심리학을 공부한 뒤 시카고대학교로 옮겨 갔다. 시카고대학교는 그 당시의 다른 백인 대학들보다 분위기가 조금 더 자유로웠다. 1870년부터 1940년까지 이곳에서 아프리카계 미국인 박사가 45명이나 배출되었다. 이것도 여전히 적은 수이긴 했지만, 미국 내 어느 대학교보다 많은 수였다.

* [옮긴이] '400'는 상류층 인사를 가리키기 때문에, '컬러드 400'는 유색인 엘리트를 뜻한다.

헤인스는 시카고대학교에서 석사 과정을 마친 뒤, 마이너교육대학의 수학 교수가 되었다. 그와 동시에 시카고대학교에서 대학원 수준의 수학 강의를 들으면서 대수기하학 분야에서 박사 학위 논문을 준비하기 시작했다. 하지만 이 논문으로 수학 연구 경력을 쌓으려고 한 것은 아니었다. 지도 교수 오브리 에드워드 랜드리Aubrey Edward Landry는 나중에 교단에 서려고 박사 과정에 들어온 학생들에게 종종 주류 연구 과제가 아닌 개방형 과제를 주었다. 헤인스는 졸업 후에 마이너교육대학에서 교수직을 수행하면서 하워드대학교에서도 파트타임 강사로 일했다.

1954년, 미국 연방대법원이 '브라운 대 교육위원회' 재판*에서 교육 기회의 불평등을 철폐해야 한다고 선고하면서 인종 분리 정책의 폐지를 향해 나아가는 긴 과정이 시작되었다. 그 결과로 네 가지 교육 과정이 도입되었다. 둘은 대학 진학을 목표로 하는 학생을 위한 것이었고, 하나는 블루칼라 직종에 취업하길 원하는 학생을 위한 것이었으며, 나머지 하나는 학습 능력이 또래에 비해 뒤처지는 학생을 위한 것이었다. IQ 점수나 교사

* [옮긴이] 1951년, 캔자스주의 올리버 브라운은 8세 된 딸을 집에서 아주 먼 흑인 학교 대신에 가까운 백인 학교를 다니게 해달라고, 시 교육위원회를 상대로 소송을 제기했다. 긴 소송 끝에 결국 1954년, 연방대법원은 만장일치로 "공립학교의 인종 차별은 위헌"이라는 결정을 내렸다.

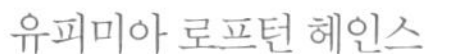

유피미아 로프턴 헤인스

유피미아 로프턴 헤인스와 남편 해럴드

의 의견을 바탕으로 학생들은 특정 진로로 배정되었고, 일단 배정되고 나면 진로를 바꾸기가 매우 어려웠다. IQ 점수는 지능의 일부 측면을 잘 반영하긴 하지만, 지능과 관련 없는 사회경제적 요인도 점수에 영향을 미친다. 헤인스는 '진로 선택 제도'가 교육의 차별을 낳으며, "미국의 이상에 직접적으로 반하는 것"이라고 주장했다.[5]

헤인스는 워싱턴 DC의 교육위원회에서 일하면서 진로 선택 제도의 폐지를 강하게 주장했다. 헤인스는 1964년의 교육위원회 회의에서 이 제도가 "인종 격리 정책과 비슷한 방식으로 사회적 약자를 분리하는" 데 일조한다고 공개적으로 비판했다. 헤인스는 같은 해에 교육위원회 위원장으로 선출되었고, 진로 선택 제도는 1966년에 '홉슨 대 핸슨' 재판 결과가 나온 뒤 폐지되었다. 대법원은 진로 선택 제도가 많은 흑인과 가난한 학생에게 평등한 교육 기회를 박탈하는 반면, 중산층 백인 학생에게 유리하게 작용한다면서 이 제도를 폐지해야 한다고 결론 내렸다.

결투에서 이기는 방법

콕스와 헤인스와 우더드는 모두 박사 학위 논문을 쓴 뒤에 교육으로 눈을 돌리고, 유색인 학생의 교육 환경과 교육 기회 향상을 위해 힘썼다. 이들의 노력 덕분에 미래의 흑인 수학자들이 수학계에서 더 광범위한 연구 경력을 쌓을 기회를 얻을 수 있었다.

데이비드 블랙웰David Blackwell은 초등학교 교사가 되기를 열망하며 일리노이대학교 어배나-섐페인 캠퍼스에서 공부했다. 그는 수학에 뛰어난 재능을 보여 1941년에 불과 22세의 나이로 수학 박사 학위를 받았다. 그 과정 중 어느 순간에 교육보다는 연구에 종사하기로 마음을 바꾸었다. 훗날 그는 인터뷰에서 자신은 연구 자체에 진심으로 관심을 가진 적은 결코 없었다고 말했다. "나는 이해하는 것에 관심이 있었는데, 그것은 연구 자체와는 상당히 다른 것이지요. 뭔가를 이해하려면 그 방법을 스스로 알아내야 하는 경우가 많은데, 이전에 그것을 제대로 이해한 사람이 아무도 없기 때문이지요."[6]

하지만 그 길에는 장애물이 있었다. 블랙웰은 프린스턴의 고등연구원에 1년 임기의 특별 연구원으로 들어갔다. 특별 연구원은 프린스턴대학교의 명예 교수 자격도 주어지는 게 관행이었지만, 프린스턴대학교는 흑인 교수는 말할 것도 없고 흑인 학생도 받아들인 적이 없었다. 프린스턴대학교 측은 고등연구원에 흑인 특별 연구원을 받아들임으로써 환대 정책을 남용한다고 불평했다. 이런 사실은 블랙웰이 상처를 받을까 봐 동료들이 블랙웰에게는 말하지 않았다. 블랙웰은 훗날 "이 문제를 놓고 상당한 소란이 있었던 걸로 보이지만, 나는 그에 대해 단 한마디도 듣지 못했다"라고 말했다.[7]

특별 연구원 임기가 끝난 뒤, 블랙웰은 다른 일자리를 구하기 위해 지원서를 100장 넘게 보냈다. 일자리를 알아보러 몸소 차를 몰고 35개 이상의 대학교를 방문하기도 했다. 단 세 군데에서만 채용 의사를 밝혔다. 결국 서던대학교의 제의를 받아들여 1년 동안 그곳에서 일했다. 처음에는 UC 버클리가 유망해 보였는데, 수학과 학과장이던 그리피스 C. 에번스Griffith C. Evans가 블랙웰을 고용하는 것이 훌륭한 선택이라며 총장을 설득하려고 노력했다. 하지만 에번스는 나중에 생각을 바꾸었는데,

자신과 아내가 수학과 교수들을 만찬에 초대할 때 블랙웰의 존재가 분위기를 어색하게 만들 것이라는 이유에서였다. 그의 아내는 "내 집에 그 흑인을 들이지" 않을 것이라고 말했다고 한다.[8]

그때, 더들리 우더드가 블랙웰에게 하워드대학교의 정규직을 제안했다. 블랙웰은 그 제안에 매우 기뻐했는데, 훗날 그 임명을 회상하면서 이렇게 말했다. "그 당시에는 하워드대학교에서 일자리를 얻는 것이 모든 흑인 학자의 야망이었다."[9] 그는 곧 유능한 연구 수학자가 되어 불과 몇 년 만에 다양한 주제에 관한 연구 논문을 20편이나 발표했다. 그리고 30세가 되기도 전인 1947년에 교수로 승진했다. 여름 방학 동안에는 학계 밖에서 자극을 찾았는데, 정치 분야의 싱크탱크인 랜드연구소에서 자문위원으로 일했다. 이곳에서 통계학자 마이어 에이브러햄 '에이브' 거식Meyer Abraham 'Abe' Girshick을 만나 자신의 가장 중요한 수학 연구 중 몇 가지를 진행했다.

두 사람은 결투 상황에서 내리는 의사 결정을 연구하는 데 많은 시간을 쏟아부었다. 이것은 이전 수학자들도 다룬 주제였다. 19세기에 '갈루아 이론'이라는 대수학 분야를 개척한 프랑스 수학자 에바리스트 갈루아Évariste Galois는 수학적 재능을 한창 떨치던 무렵에 결투를 한 것으로 유명하다. 결투 전날 밤에 갈루아는 자신의 수학 논문들을 정리하고, 동료들에게 향후에 연구할 개념들을 요약한 편지를 쓰느라 밤을 꼴딱 새웠다. 아침

이 왔을 때, 갈루아는 매우 인상적인 연구를 남겼는데, 훗날 수학자들은 이를 바탕으로 후속 연구를 계속 이어 나갔다. 하지만 그것은 정작 그날 그에게는 아무 도움이 되지 않았다. 결투에서 복부에 총을 맞은 그는 얼마 후 숨을 거두었다.

블랙웰과 거식은 최초로 결투의 전술을 수학적으로 분석한 축에 속했다. 최적의 발사 순간이 언제인지 결정하려고 노력하던 두 사람은 결투의 규칙을 다음과 같이 정의했다.

- 각자가 든 권총에는 총알이 단 한 발만 들어 있다.
- "발사!" 소리를 듣자마자, 각자는 상대방을 향해 걸어갈 수 있다.
- "발사!" 소리가 난 뒤에는 언제든지 총을 발사할 수 있다.

승리 가능성은 타이밍과 정확성에 달려 있다. 너무 일찍 발사하면 부정확할 가능성이 높은 반면, 너무 오래 기다리면 총을 쏘기 전에 먼저 맞을 가능성이 높다. 이와 같은 상황은 제로섬 게임zero-sum game으로 간주된다. 즉, 나의 손해가 상대방의 이익이 되고, 상대방의 손해가 나의 이익이 되는 상황이다.

블랙웰과 거식의 연구는 '결투자의 딜레마'로 알려지게 되었다. 이들이 개발한 수학은 이전에 앙투안 공보와 파스칼이 한 연구를 더 정교하게 만든 것이었다. 하지만 이번에는 결투를 단순히 확률 게임의 관점에서만 보는 대신에 전략까지 고려했다. 냉전 시대의 미국과 소련처럼 대결 당사자들 사이에 많은 것이 걸려 있는 시나리오를 이해하는 수단으로 이와 비슷한 사고방식이 큰 인기를 얻게 되었다.

UC 버클리의 교수가 되려고 지원한 지 12년 뒤에 블랙웰은 마침내 그 학교의 수학과에서 갈라져 나와 새로 설립된 통계학과 교수로 채용되었다. 1955년에는 정교수가 되었고, 이듬해에는 통계학과 학과장이 되었다. 버클리에서 블랙웰은 1947년에 트랜지스터의 발명과 정보 시대의 개막에 뒤이어 급부상한 '정보 이론'이라는 새로운 수학 분야를 개척한 사람 중 한 명이 되었다.

이 분야에서 가장 유명한 사람으로는 정보 이론의 아버지로 일컬어지는 클로드 섀넌Claude Shannon을 빼놓을 수 없다. 섀넌은 많은 업적 중에서도 메시지에 포함된 정보의 양을 측정하는 방법을 개발했는데, 메시지를 부호화하는 데 필요한 이진수('온'과 '오프')의 수로 정의했다. 다시 말해서, 메시지에 포함된 정보의 양은 그것을 저장하는 데 필요한 비트bit의 수와 같다. 이 간단한 개념은 열역학의 (원자 집단이 가질 수 있는 조합의 수를 나타내는) '엔트로피' 개념과의 유사성 때문에 '섀넌 엔트로피'로 알려지게 되었다.

섀넌은 통신 채널을 통해 전송한 정보도 비슷한 방법으로 측정할 수 있다는 사실을 알아챘다. 어떤 기준이 주어졌을 때, 섀

UC 버클리에서 강의를 하는 블랙웰(왼쪽)과 그의 초상사진(오른쪽)

넌은 어떤 채널에서 가능한 최대 전송 속도를 수학적으로 기술할 수 있었고, 이것을 이용해 축적될 수 있는 잠재적 오류를 바로잡는 방법도 알아냈다. 블랙웰은 섀넌의 전송 용량 정리를 배운 뒤, 그것이 오늘날 '블랙웰 채널'이라 부르는 다수의 채널을 포함한 특정 형태의 통신과 함께 온갖 종류의 채널에서 어떻게 작동하는지 연구했다.

그게 다가 아니었다. 블랙웰은 곧 자신의 기술을 다른 정보 이론 분야에도 적용했으며, 또한 더 추상적인 수학과 함께 '동적 프로그래밍'이라 부르는 컴퓨터 프로그래밍에도 적용했다. 그는 다작의 저술가이기도 해서 평생 동안 90편이 넘는 논문과 책을 썼다. 받은 명예박사 학위도 12개나 되며, 미국수학회 부회장으로도 일했다. 블랙웰이 세상을 떠난 지 4년이 지난 2014년, 버락 오바마Barack Obama 대통령은 비록 사후이긴 하지만 블랙웰에게 미국에서 과학자에게 수여하는 최고의 영예인 '국가 과학 훈장'을 수여했다. 그의 경이로운 업적을 높이 인정한 상이었는데, 그런 업적은 배너커와 콕스, 우더드, 헤인스 같은 선구자들이 있었기에 가능했다.

=

14

별들의 지도를 작성하다

1800년, 하늘 경찰은 사라진 용의자를 찾고 있었다. 헝가리 출신의 독일 천문학자 프란츠 크사버 폰 차흐Franz Xaver von Zach와 독일 천문학자 요한 히에로니무스 슈뢰터Johann Hieronymus Schröter는 유럽 각지의 과학자 20명 이상을 모아 일종의 우주 자경단을 조직했다. 사라진 용의자는 화성과 목성 사이 어디쯤에 있는 것으로 추정되는 행성이었다.

이 믿음은 윌리엄 허셜William Herschel이 1781년에 천왕성을 발견하면서 시작되었다. 허셜은 여동생 캐럴라인 허셜Caroline Herschel과 함께 2인조 천문학자 팀을 이루어 하늘을 관측했다. 두 사람은 함께 많은 천체를 발견했지만, 천왕성을 발견할 때에는 캐럴라인이 현장에 없었다. 이 발견으로 수십 년 전에 제안되었던 한 수학 법칙이 각광을 받게 되었다. '티티우스-보데의 법칙Titius-Bode law'은 행성들이 거리가 점점 두 배씩 늘어나는 지점에서 태양 주위의 궤도를 돈다고 말했다. 천왕성의 발견은 이 급수와 일치했지만, 만약 이 법칙이 유효하다면 화성과 목성 사이에도 행성이 존재해야 했다. 하늘 경찰은 그 행성을 찾기 위해 총력을 기울였다.

하지만 수색을 시작한 지 얼마 안 돼 하늘 경찰보다 먼저 그 행성을 찾은 사람이 있었다. 적어도 처음에는 그런 것처럼 보였다. 이탈리아의 성직자이자 천문학자인 주세페 피아치Giuseppe Piazzi가 처음에 혜성이라고 생각한 천체를 발견했는데, 곧 그것이 잃어버린 행성이라고 믿고서 '케레스Ceres'라고 이름 붙였다. 하지만 케레스는 행성치고는 크기가 너무 작았다. 사실, 그것은 허셜 오누이가 이야기해오던 새로운 천체 집단인 소행성 중 하나였다.* 이렇게 처음에 좌절을 겪은 뒤에 하늘 경찰은 수색 작업을 재개했다. 그리고 그다음 몇 년 동안 비슷한 위치에서 팔라스와 베스타, 주노**를 비롯해 소행성을 여러 개 더 발견

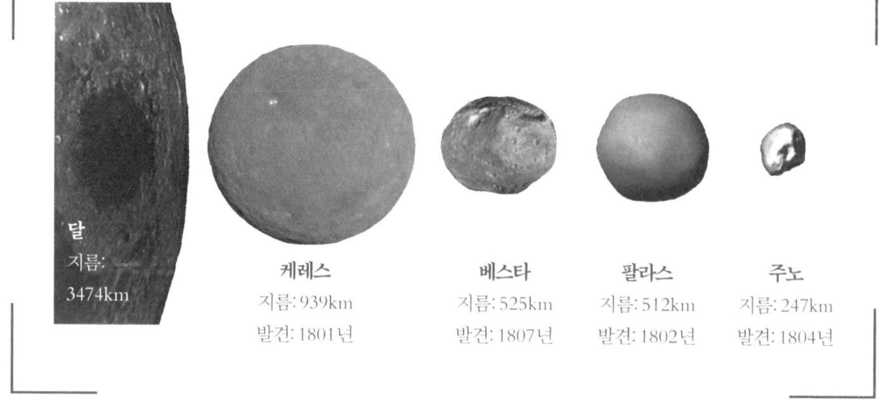

했지만, 진짜 행성은 발견되지 않았다.

하늘 경찰은 결국 화성과 목성 사이에 행성은 존재하지 않으며, 대신에 소행성대가 있다는 결론을 내렸다. 많은 사람들은 소행성대가 파괴된 행성 잔해들로 이루어져 있다고 생각했는데, 그렇다면 티티우스-보데의 법칙이 여전히 성립하는 셈이었다. 하지만 수십 년 뒤인 1846년에 해왕성이 '엉뚱한' 장소에서 발견되면서 티티우스-보데의 법칙은 깨지고 말았다.

화성과 목성 사이에서 행성을 발견하려는 시도는 헛된 노력이었을지 모르지만, 이 노력을 통해 두 가지 사실이 분명해졌다. 첫째, 천문학자들에게는 더 많은 데이터가 필요했다. 태양계와 그 너머에는 발견할 것이 아주 많이 널려 있었다—그것을 찾으려고 하기만 한다면. 둘째, 관측과 새로운 사진 기술로 얻은 데이터를 분석하려면 수학을 사용해야 했다. 천문학 데이터를 기록하고 분석하는 것은 20세기의 가장 중요한 과학적 발전 중 하나가 되었고, 하늘의 지도를 작성하고 달 여행을 하기 위한 100년간의 국제 협력이 시작되었다. 이 모든 노력의 중심에는 새로운 직업이 있었는데, 이 일에 종사하는 사람들을 '인간 컴퓨터'라고 불렀다.

* 케레스는 1867년에 소행성으로 분류되었지만, 2006년에 다시 왜행성으로 분류되었다.

** 모두 소행성으로 분류돼 있다. 아직까지는….

하늘 관측

오랜 역사에 걸쳐 많은 문명과 문화는 인상적인 밤하늘 지도를 만들었다. 현재까지 남아 있는 성도 중 가장 이른 것은 9세기 무렵에 당나라에서 만든 것이지만, 중국 천문학자들은 그보다 적어도 1500년 전부터 별들의 위치를 나타낸 하늘의 지도를 만들었다. 고대 바빌로니아와 마야, 아랍, 그리스 수학자와 천문학자도 밤하늘을 관측하고 지도를 작성하는 데 많은 시간과 노력을 쏟아부었다. 19세기에는 사진의 발명으로 우주에서 어떤 순간을 정확하게 포착하는 게 가능해졌다. 사진은 처음에는 매우 전문적이고 값비싼 기술이었지만, 20세기로 넘어올 무렵에는 더 값싸고 편리한 사진 기술이 발전하면서 밤하늘의 사진을 찍는 기술이 널리 활용되었다.

프랑스 해군 장교이자 파리 천문대장이던 에르네스트 무셰 Ernest Mouchez는 새로운 사진 기술의 잠재력을 알아챘다. 무셰는 그 전 10년을 파라과이와 브라질, 알제리 해안을 측량하고 인도양의 생폴섬에서 금성의 태양면 통과를 관측하며 보냈다. 그동안에 그는 건판 사진 기술을 배웠는데, 이것은 사진술의 아주 복잡한 부분들을 간단하게 만든 기술이었다. 1882년, 대혜성이 하늘에 나타났는데, 처음에는 희망봉과 기니만에서 관측되었다. 대혜성은 너무나도 밝아서 낮에도 보일 정도였다. 북반구에서도 이 혜성을 볼 수 있었지만 선명하게 보이지는 않아 무셰는 고민에 빠졌다.

무셰는 남아프리카(오늘날의 남아프리카공화국)에서 일하던 스코틀랜드 천문학자 데이비드 길David Gill과 팀을 이루었고, 1887년에 열린 파리 천문 사진 회의에서 건판 사진술을 사용해 밤하늘 전체를 촬영하고 하늘의 지도를 작성한다는 새 계획을 발표했다. 이 계획은 규모 면에서 이전의 어떤 계획보다 훨씬 야심 찬 것이었는데, 무셰와 길은 전 세계 각지에서 모인 천문학자들에게 도움을 요청했다. 유럽과 아프리카, 아시아, 남아메리카에 있는 22개 천문대가 이 요청에 응했다.

이에 따라 《천체 사진 목록Catalogue Astrographique》과 《하늘의 지도Carte du Ciel》를 작성하려는 두 가지 계획이 추진되었고, 11.0등급보다 밝은 별을 전부 다 사진으로 촬영하고 지도로 작성하는 것을 목표로 삼았다. 별의 밝기 등급은 다소 직관에 반하는데, 큰 숫자보다는 작은 숫자가, 그리고 양수보다는 음수가 더 밝은 별을 나타낸다. 북극성은 대략 2등성이다. 밝기 등급의 기묘한 요소를 감안한다면, 이 계획은 북극성 밝기의 $\frac{1}{3981}$ 보다 밝은 모든 별을 목록으로 작성하려고 한 셈이다.*

천문대들은 하늘에서 각자 맡은 특정 구역을 측정할 때 균일성을 보장하기 위해 비슷한 유리판과 망원경, 확대 렌즈, 노출 시간을 사용했다. 각 사진은 크기가 약 13×13cm였고, 하늘

* 왜 $\frac{1}{3981}$이냐고? 그래서 기묘하다고 한 것이다.

에서 2.1°×2.1° 넓이에 해당하는 작은 구역을 담았다. 그리고 10~15년에 걸쳐 데이터를 수집하는 것을 목표로 삼았다.

결국 그 기간은 약 100년으로 늘어났다. 사진으로 찍은 수백만 개의 별과 천체의 분석은 일일이 수작업으로 진행해야 했는데, 데이터 분석 작업을 거들 인간 컴퓨터들을 고용했다. 이 계획에 투입된 사람들은 숙련된 천문수학자가 되었고, 그중 많은 사람들은 훗날 천문학에 사용될 기술들을 발전시켰다.

하버드의 인간 컴퓨터들

천문학자 에드워드 찰스 피커링Edward Charles Pickering과 그가 운영한 하버드대학교 천문대는 《천체 사진 목록》과 《하늘의 지도》 작성 노력에서 아주 큰 자산이었다. 피커링은 놀라운 달 사진을 촬영해 유명해졌는데, 세부 모습을 너무나도 자세하게 포착한 그 사진들은 지구에서 찍은 사진이라기보다는 외계인이 그린 그림처럼 보였다. 천문대장이었던 그는 그 당시에 북아메리카에서 가장 큰 망원경을 사용할 수 있었고, 독지가의 기부 덕분에 두 번째로 성능이 좋은 망원경까지 책임지게 되었다. 하지만 이 망원경은 그에게 큰 문제를 안겨주었다.

그 망원경은 메리 애나 파머 드레이퍼Mary Anna Palmer Draper가 천문대에 기증한 것이었다. 메리는 남편 헨리 드레이퍼

Henry Draper와 마찬가지로 부유한 아마추어 천문학자였는데, 헨리는 1840년에 달 사진을 최초로 찍었다. 헨리가 갑자기 죽자, 메리는 자신들이 사용하던 망원경을 천문대에 기증하고, 연구 비용을 지원하기 위해 기념 기금을 조성했다. 피커링과 그의 팀은 누가 시키지 않아도 작업에 몰두해 그 망원경으로 엄청나게 많은 사진을 찍었지만, 얼마 지나지 않아 분석 작업에 손이 딸리게 되었다. 처리해야 할 사진 건판이 모두 합쳐 120톤이나 쌓였다.

피커링은 그 과정을 도와줄 사람을 더 고용해야 했다. 자기 집에서 일하던 사람 중에 윌리어미나 플레밍Williamina Fleming이라는 여성이 있었는데, 남편이 자신과 어린 아들을 버리고 떠난 뒤 가정부로 일하고 있었다. 피커링의 아내 엘리자베스는 플레밍이 매우 총명하다는 사실을 알아채고 피커링에게 플레밍을 써보라고 권했다. 플레밍은 피커링에게서 천체 사진 분석의 기본 도구를 배우고 나서 천문대에서 유급 컴퓨터로 일하기 시작했다(비록 급여는 같은 일을 하는 남성에 비해 절반에 불과했지만). 플레밍은 곧 뛰어난 능력을 보여 더 많은 책임을 맡게 되었고, 천체 사진 관리자로서 팀을 통솔했다. 그 결과로 플레밍은 하버드 대학교에서 공식 직함을 단 최초의 여성이 되었다.

사진을 찍고 기록하는 일은 대부분 남성 천문학자가 담당했지만, 수학적 분석은 여성이 맡았다. 피커링은 '여성 컴퓨터'의 고용을 점점 늘려 그 수가 80여 명에 이르렀다. 이런 결정을 내린 주요 요인 중 하나는 비용이었다. 그럼에도 불구하고, 하버드의 컴퓨터들은 자신이 본 것을 분석하고 분류하는 방법을 개발하면서 천문학 분야의 개척자가 되었다. 사진들에서 공통적으로 발견되는 패턴들이 있었는데, 여성 컴퓨터는 그것을 찾아내려고 애썼다.

피커링과 플레밍의 팀에 합류한 사람 중에 메리 애나 파머 드레이퍼의 조카딸 안토니아 모리Antonia Maury도 있었다. 모리는 대학교에서 미국인 중 혜성을 최초로 발견한 마리아 미첼Maria Mitchell*로부터 천문학을 배웠다. 천체를 목록으로 빨리 작성하는 방법을 알고 있었던 모리는 그 지식을 천문대로 가지고 왔다. 천문대에서 플레밍이 처음 한 일 중 하나는 (별빛의 스펙트럼에 나타난) 빛의 파장을 바탕으로 별을 분류하는 방법을 개선한 것이었다. 빛의 파장은 망원경으로 들어온 빛을 파장에 따라 쪼개 분석하는 분광기를 사용해 알아낼 수 있었다. 특정 파장의 존재나 부재는 구성 성분을 알려주는 화학적 지문 역할을 하기 때문에, 천문학자들은 그 별에 존재하는 원소들을 알 수 있었다. 플레밍은 별에 포함된 수소의 양을 바탕으로 별을 분류하는 체계(피커링-플레밍 체계)를 만들었다.

모리도 자신의 연구에 스펙트럼을 사용했다. 피커링은 최초

* 기록상 최초로 혜성을 발견한 여성은 독일의 마리아 마르가레타 키르히Maria Margaretha Kirch로, 18세기 초에 베를린에서 혜성을 관측했다.

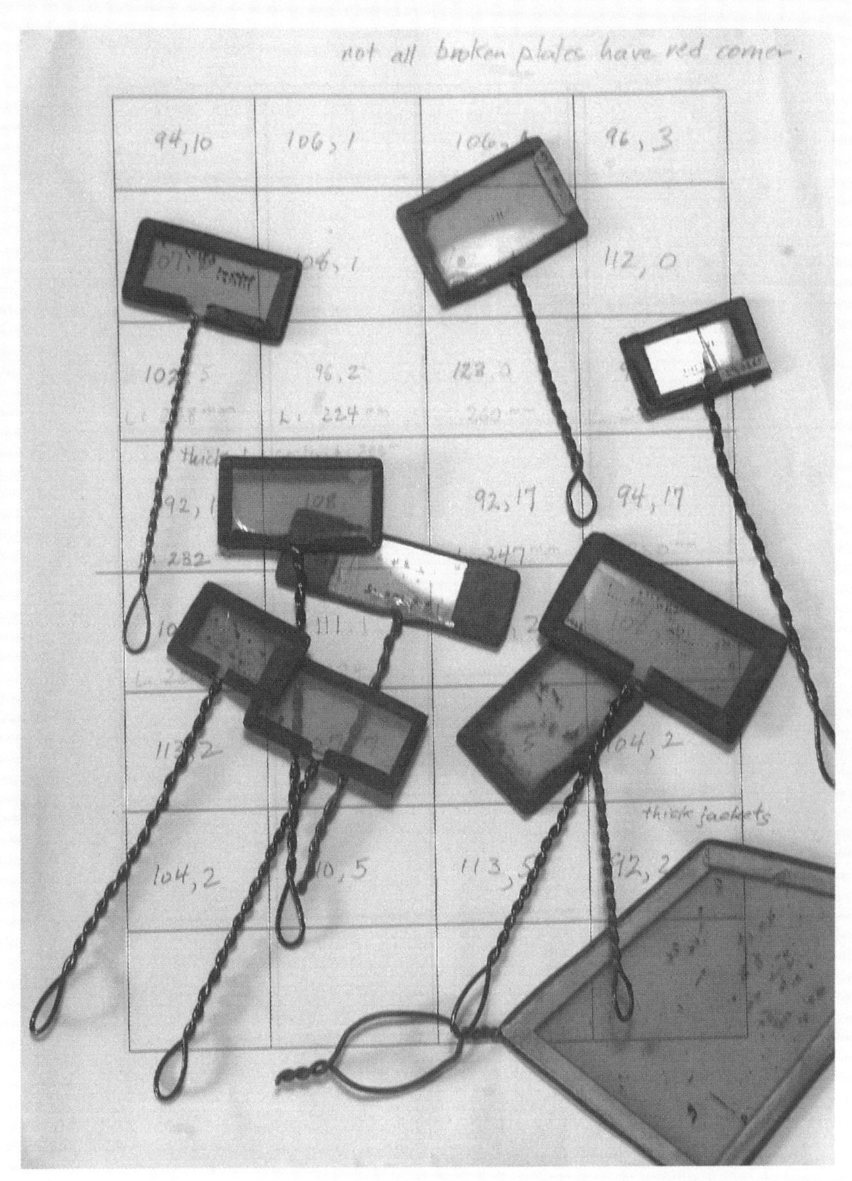

하버드 컴퓨터들은 사진에 포착된 천체들의 밝기를 비교하기 위해
유리판을 도구로 사용했다.

의 쌍성(서로의 중력에 붙들려 서로의 주위를 도는 한 쌍의 별)을 발견했는데, 모리에게 그 궤도를 알아보라고 시켰다. 스펙트럼에 나타난 패턴들을 분석함으로써 모리는 쌍성의 궤도를 계산할 수 있었다.

애니 점프 캐넌Annie Jump Cannon은 이 팀에 합류해 스펙트럼을 바탕으로 별을 분류하는 방법을 재발명했다. 애니는 천문학에 대한 열정을 어머니 메리 점프Mary Jump로부터 물려받았다. 어린 시절에 애니는 어머니와 함께 오래된 천문학 교과서를 보면서 다락방에서 하늘을 보며 별자리들을 확인했다. 매사추세츠주에 있는 웰즐리대학교로 진학해 물리학과 천문학을 공부하라는 어머니의 권유를 따른 애니는, 마침내 하버드의 컴퓨터 중 한 명이 되었다. 캐넌은 혼자서 (그 누가 한 것보다 많은) 35만 개의 별을 분류했고, 피커링이 세상을 떠난 후에는 그 팀을 이끌었다. 캐넌의 업적 중 가장 큰 영향을 미친 것은 별의 온도를 피커링-플레밍 분류 체계에 포함시킨 것이었다. '하버드 분류 체계'라고 부르는 이 새로운 체계는 지금도 사용되고 있다.

팀원들 중에서 헨리에타 스완 레빗Henrietta Swan Leavitt은 세페이드 변광성(케페우스형 변광성이라고도 함)이라는 특정 종류의 별은 밝기가 주기적으로 변한다는 사실을 발견했다. 이 관계는 '레빗의 법칙'으로 알려지게 되었다. 레빗의 법칙으로 세페이드 변광성의 실제 밝기(절대 광도)를 알아내는 것이 가능해졌고, 이것을 그 별의 겉보기 밝기와 비교하면 그 별이 얼마나 먼 곳에 있는지 계산할 수 있다. 세페이드 변광성은 은하 간 거리를 알려주는 중요한 지표 중 하나로 간주되는데, 레빗의 법칙은 우주를 이해하는 데, 특히 우주의 크기를 가늠하는 데 큰 도움이 되었다.

코발렙스카야에게 도움을 주었던 미타그-레플레르는 그 발견을 높이 사 레빗을 노벨상 후보로 추천하려고 했다. 하지만 불행하게도 추천하기 전에 레빗은 세상을 떠나고 말았다. 하버드천문대장이던 할로 섀플리Harlow Shapley는 추천 이야기를 듣고서 자신이 그 공을 인정받으려고 미타그-레플레르에게 편지를 썼다. 이것은 가끔 '피커링의 하렘'이라고 폄하하는 별명으로 불렸던 하버드의 컴퓨터들에게는 너무나도 익숙한 이야기였다. 하버드대학교 천문대가 발표하는 간행물에서 그들의 공을 인정하는 경우는 매우 드물었다. 모리는 이에 항의하는 뜻으로 1891년에 천문대를 떠났는데, 피커링이 돌아오라고 요청하자 이렇게 답했다. "내가 한 일을 제대로 인정받기도 전에 다른 사람의 손에 넘기는 것은 공정하지 않다고 생각합니다. 나는 많은 생각과 정교한 비교를 통해 이론을 만들었고, 내 이론에 대한 공을 온전히 인정받아야 한다고 생각합니다."[1]

모리는 결국 천문대로 돌아와 1897년에 〈에드워드 찰스 피커링의 지도하에 안토니아 C. 모리가 헨리 드레이퍼 기념물인 구경 11인치 드레이퍼 망원경으로 촬영하고 검토한 밝은 별들의 스펙트럼〉이라는 제목으로 분류 목록을 발표했다. 하버드대학교 천문대의 간행물에 여성의 이름이 저자로 실린 것은 이것

하버드대학교 천문대에서 데이터를 처리하는 사람들(위).
피커링과 컴퓨터들(아래). 비록 일부 예외는 있었지만,
일반적으로 여성은 망원경으로 별을 관측하는 것이 허용되지 않았다.

VACANCIES exist at Royal Observatory for girl computers, J.C. standard: commencing salary £9 p.m. plus COLA at present £23/16/8; hours 9-1 and 2-3 30; neatness and accuracy in figures essential.—Apply in writing to Secretary. 8031

1940년대에 남아프리카에서
'여성 컴퓨터'를 뽑기 위해 내건 광고

"왕립천문대에서 일할 여성 컴퓨터 모집.
대우: 초봉 월 9파운드 + 생계비 보조금 23파운드 16실링 8펜스.
근무 시간: 9시~오후 1시, 오후 2시~3시 30분.
수를 깔끔하고 정확하게 다룰 줄 알아야 함.
비서에게 서면으로 지원할 것. 8031"

이 처음이었다. 하지만 플레밍은 1899년부터 공식적으로 관리자로 일했는데도, 하버드대학교 천문대에서 발표한 항성 목록과 그 스펙트럼의 간행물에 그녀의 이름이 실린 것은 1908년에 가서였다.

하버드 컴퓨터들의 기여는 누구도 부인하기 어렵다. 그들은 수백만 개의 별을 기록하고 분석했으며, 분류에 관한 규정집을 다시 썼다. 그들은 《천체 사진 목록》과 《하늘의 지도》 계획에 공식적으로 참여한 사람으로 인정받진 못했지만(피커링은 그 작업이 천문학자들이 하기에는 너무 야심 차고 시간을 너무 많이 잡아먹는다고 믿고서 컴퓨터들에게 맡겼다), 무셰와 길의 계획은 하버드 팀이 개발한 기술과 표준을 채택했다.

더 많은 사진과 데이터를 얻기 위한 노력

하버드 컴퓨터는 유일한 인간 계산기와 분석가가 아니었다. 그 외에도 비슷한 집단의 사람들이《천체 사진 목록》과《하늘의 지도》계획에 채용돼 일했다. 그중 일부는 남아프리카에 있는 길의 천문대에서 일한 사람들처럼 여성이었는데, 그들에 관한 자세한 이야기는 기록으로 남아 있지 않다. 바티칸의 천문대에서는 수녀들로 이루어진 팀이 분석을 담당했고, 애들레이드와 시드니, 멜버른, 퍼스의 천문대에서도 많은 여성이 일했다. 하지만 엄청난 수의 인간 컴퓨터를 동원했는데도 불구하고, 무셰와 길의 야심 찬 계획은 통제 불능 상태에 빠졌다. 최초의 사진이 1891년에 촬영되었고 마지막 사진은 1950년에 촬영되었는데, 그중 많은 사진은 몇 년이 넘도록 처리되지 않은 채 남아 있었다.

주요 원인은 단순히 연구 규모가 너무나도 방대했기 때문이다. 세계적 사건의 영향도 컸다. 예를 들면, 멕시코에서는 건축가이자 공학자이면서 멕시코 국립천문대의 초대 천문대장이었

앙기아노가 세운 멕시코 국립천문대

던 앙헬 앙기아노Ángel Anguiano가 이 계획에 참여해달라는 요청을 받았지만, 1910년에 내전이 벌어지면서 멕시코 혁명이 일어났다. 같은 시기에 제1차 세계대전이 일어나면서 사진을 찍는 데 필요한 물자 조달이 지연되었다.

《천체 사진 목록》은 착수한 지 100여 년이 지난 1987년에 마침내 완성되었다. 순수하게 과학적 관점에서 본다면, 그것은 처음에는 성공이라고 보기 어려웠다. 계획이 끝날 무렵에는 훨씬 발전된 사진술과 분석법이 이미 개발돼 있었다. 하지만 이 계획은 미래의 야심 찬 국제 프로젝트를 위한 길을 닦았다. 한편《하늘의 지도》 계획은 결국 완료되지 못했다.

2000년대에 접어들어 이 계획에서 얻은 데이터와 사진에 대한 관심이 되살아났다. 인쇄된 목록이 기계가 판독할 수 있는 형식으로 전환되어 방대한 양의 역사적 데이터가 축적되었고, 인공위성 망원경을 사용해 얻은 더 현대적인 목록과 비교함으로써 수백만 개에 이르는 별들의 움직임을 알아내는 데 사용되었다.

우주 경쟁

인간 컴퓨터는 이러한 천문학 계획이 시작되기 전부터 존재했다. 그전부터 이미 천문학자와 수학자는 계산을 시키기 위해 조수를 고용했다. 18세기의 프랑스 수학자 알렉시 클로드 클레로Alexis Claude Clairaut는 전체 계산을 사람들에게 배분해 병렬 작업을 시킴으로써 거의 동시에 전체적인 답을 얻는 방법을 고안했다. 많은 천체의 경로는 이런 식으로 기록되었다. 미 육군 통신대는 두 시간마다 교대로 강도 높게 일하면서 기상 패턴을 계산하는 팀을 운영했다. 처음에는 여성이 컴퓨터로 고용되는 경우가 드물었지만, 19세기 중후반에 상황이 변하기 시작했다. 그리고 20세기에 들어서는 고용된 인간 컴퓨터 중 대다수가 여성이었다.

통계 분석에서부터 네덜란드 아프슬라위트데이크댐의 응력 계산에 이르기까지 온갖 일을 처리할 컴퓨터 팀이 여기저기 생겨났다. 하지만 컴퓨터의 수요를 획기적으로 확대해 그 역할을 전문적인 직업으로 전환시킨 계기는 두 차례의 세계대전이었다. 양 진영의 컴퓨터들은 항행 경로와 지도 격자를 만들고, 암호를 분석하고, 미사일 경로를 예측하는 데 필요한 길고 복잡한 계산을 수행했다.

미국과 소련의 우주 경쟁이 시작되자, 중요한 계산을 하기 위해 또다시 컴퓨터들이 필요했다. 1951년에 소련에서 한 여성 수학자 팀이 최초의 디지털 컴퓨터를 설계했다. 소련의 여성 컴퓨터들은 또한 천체 목록 작성을 위한 계산을 하고, 스펙트럼 정보를 처리하고, 데이터 뱅크를 만드는 등의 일을 했다. 예를 들면, 펠라게야 샤인Pelageya Shajn은 변광성을 150개 이상 발견했을 뿐만 아니라, 소행성 40개와 혜성 1개도 발견했는데, 그 혜성에는 샤인의 이름이 붙어 있다. 소피야 로만스카야Sofia Romanskaya는 지구의 자전에 관한 관측을 2만 7000번 이상 했으며, 예브게니야 부고슬랍스카야Evgenia Bugoslavskaya는 사진 천문학에 관한 교과서를 저술했고, 나데즈다 시틴스카야Nadezhda Sytinskaya는 달을 관측한 결과를 책으로 출간했다.

미국에서는 2016년에 나온《히든 피겨스》라는 책과 영화에서 묘사한 것처럼 여성 아프리카계 미국인 집단이 우주 경쟁에서 중심적 역할을 했다. 캐서린 존슨Katherine Johnson이 그 선봉에 서 있었다. 존슨은 NASA의 전신인 NACA(미국항공자문위원회)에서 일을 시작했다. 처음에는 항공기 블랙박스에 관련된 계산을 하는 팀의 일원이었지만, 어느 날 전원이 남성과 백인으로 구성된 비행 연구팀에 임시로 배정되었다. 그랬다가 뛰어난 수학과 기하학 지식 덕분에 유도제어과에 정식으로 배치되었다. 이곳에서 존슨은 앨런 셰퍼드Alan Shepard를 우주로 보내고, 존 글렌John Glenn을 지구 궤도에 올려놓고(두 사람은 각각의 업적을 세운 최초의 미국인이다*), 아폴로 우주선을 달로 보내는 경로를 알아내는 데 사용된 계산을 도왔다.

로켓과학은 원리상으로는 그렇게 어려울 이유가 없다. 우주로 날아가거나 달 주위의 궤도를 도는 로켓을 지배하는 방정식은 중력의 법칙과 운동의 법칙을 이용해 쉽게 알아낼 수 있다. 하지만 많은 상황에서 그 방정식들을 실제로 푸는 것은 사실상 불가능하다. 정확한 해 대신에 근사해를 구하기 위해 수치 해석을 사용해야 한다. 달 여행을 하려면, 단 하나라도 잘못되는 일이 일어나지 않도록 보장하기 위해 우주선이 나아가는 경로를 따라 수천수만 번의 근사해를 구해야 한다. 캐서린 존슨은 이렇게 말했다. "그들은 달로 가려고 했다. 나는 그들을 그곳에 데려다줄 경로를 계산했다. 그들이 지구에 있는 장소와 출발하는 시

* 최초로 우주로 나가 지구 궤도를 돈 사람은 소련의 유리 가가린Yuri Gagarin이다. 그리고 우주로 나간 최초의 여성은 소련의 발렌티나 테레시코바Valentina Tereshkova이다.

간, 그리고 일정 시간이 지난 뒤에 달이 있는 장소를 알아내야 했다. 우리는 그들에게 어떤 속도로 가야 거기에 도착할 무렵에 달이 그곳에 있을 것이라고 알려주었다."[2]

사용된 수치 해석 방법 중 하나는 '오일러 방법Euler's method'이었다. 핵심 원리는 아주 간단하다. 전체 미분방정식을 풀려고 하는 대신에 특정 지점들에서의 그 값을 계산한 뒤에 그 점들을 연결하면 된다. 그 결과는 정답에 가까운 근사해이지만, 점들 사이의 간극이 작을수록 그것은 정답에 가까워진다. 하지만 여기에는 상충 관계가 존재한다. 달 여행을 계획할 때에는 무엇보다 정확성이 중요하지만(표적에서 벗어나면 절대로 안 되므로!), 각각의 계산에는 시간이 걸린다. 정확성을 극단적으로 추구하다 보면 계산을 마치는 데 수십 년이 걸릴 수 있다.

이런 상황에서 계산 속도를 획기적으로 높여주는 신기술이

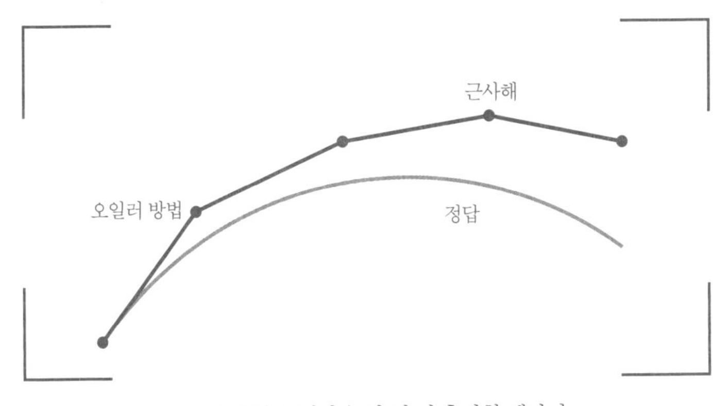

오일러 방법은 계산을 한 번 더 추가할 때마다
정답에 점점 더 가까워진다.

존 글렌이 첫 번째 궤도 비행 임무에 나섰을 때 관제실의 모습

등장하자 그것이 금방 채택된 것은 전혀 놀라운 일이 아니다. IBM은 'IBM 7090'을 출시하면서 이 기계가 단 1초에 덧셈과 뺄셈 연산을 수십만 번이나 수행할 수 있다고 말했다. 제대로 사용하기만 한다면, 사람을 우주로 보내는 데 필요한 계산 시

간을 크게 줄일 수 있었다. 많은 여성 컴퓨터는 신기술의 중요성을 알아채고 컴퓨터 프로그래머로 전환했다. 예를 들면, IBM의 에벌린 보이드 그랜빌Evelyn Boyd Granville은 존 글렌이 처음으로 지구 궤도를 돌 때 진입점과 발사 창을 알아내기 위한 계산을 했으며, 그 외에도 NASA에서 수많은 계산 작업을 수행했다. 하지만 일부 사람들은 신기술을 의심했다. 우주 비행에 나서기 전에 존 글렌은 "그 여성에게 수치를 확인하게 해주세요"라고 요구한 것으로 유명하다. 그가 말한 여성은 바로 캐서린 존슨이었다.

수학은 우주 비행에 아주 중요한 도구이다. 오차의 한계를 알기만 하면, 근사해는 충분히 훌륭하다. 표적을 정확하게 맞힐 필요까지는 없다. 허용되는 오차는 불과 몇 밀리미터일 수도 있고, 그보다 더 클 수도 있다. 정확성이 중요하긴 하지만 완벽할 필요까지는 없다. 하지만 대부분의 수학에서는 그렇지 않은데, 특정 대상들 사이의 정확한 관계를 알아내는 것을 목표로 삼기 때문이다. 그것은 형태의 성질과 수학 함수, 혹은 심지어 수직선 위에서 어떤 일이 일어나는 지점일 수도 있다. 그런 것의 정확한 수치는 설령 어마어마하게 큰 것이라 하더라도, 수학적으로 매우 중요할 수 있다.

15

수치 처리

$10^{10^{10^{34}}}$은 너무나도 큰 수여서 사실상 감을 잡기조차 불가능하다. 이것은 1 뒤에 0이 어마어마하게 많이 붙은 수인데, 우주에 존재하는 모든 원자의 수만큼 0을 적는다 하더라도 이 수를 다 나타내지 못할 것이다. 심지어 그 근처에도 다가가지 못할 것이다.

우주가 탄생하면서 시간이 시작된 순간부터 $10^{10^{10^{34}}}$을 나타내기 위해 1 뒤에 0을 적기 시작했다고 가정해보자. 그리고 내가 0을 적는 데 아주 능숙하다고 하자. 얼마나 능숙하냐면, 빅뱅 순간부터 1초가 지날 때마다 우주에 존재하는 원자의 수만큼 0을 적는다고 하자. 안타깝게도 이렇게 빠른 속도로 0을 적는다 하더라도 나는 여전히 이 수를 다 쓰지 못할 것이다. 심지어 첫걸음조차 떼지 못한 상태라고 말할 수 있다.

'좋아, 그렇다면 나는 어디쯤 온 것일까?'라는 생각이 들 수 있다. 지금까지의 진행 상황을 분수로 나타낸다면, 분자는 1이고 분모는 우주에 존재하는 모든 원자의 수보다 더 많은 자릿수를 가진 수가 될 것이다. 시간이 시작된 순간부터 이 수를 적기 시작했는데도 그렇다….

$10^{10^{10^{34}}}$은 가늠이 되지 않을 정도로 큰 수이다. 이 수는 '정수론'('수론'이라고도 함)이라는 수학 분야에서 다루기에 적합하다. 정수론은 이름 그대로 정수의 기본적인 성질을 연구하는 분야이다. 하지만 수는 성질이 괴팍할 수도 있다. 기본적인 성질을 배우는 것은 수학에서 가장 쉬운 일 중 하나이지만, 수의 세계 속으로 조금 더 깊이 들어가면 감당하기 어려울 만큼 복잡한 상황에 맞닥뜨릴 수도 있다. 수학에서 개념과 추측의 단순성과 그것을 증명하는 어려움 사이의 괴리가 이토록 큰 분야도 없을 것이다. 이 때문에 정수론 문제는 매혹적일 정도로 단순해 보이지만, 그 덫에 걸린 많은 세대의 수학자들이 증언하듯 실제로는 전혀 그렇지 않은 경우가 많다.

'골트바흐의 추측Goldbach conjecture'만 해도 그렇다. 독일 수학자 크리스티안 골트바흐Christian Goldbach가 1742년에 내놓은 이 추측은 너무나도 쉬운 패턴에 관한 것인데, 수학에 약간의 호기심이라도 있는 사람은 거의 다 그 패턴에 주목한 적이 있을 것이다. 그것은 바로 2보다 큰 모든 짝수는 두 소수素數의 합으로 나타낼 수 있다는 것이다. 예를 들면, 8 = 3 + 5, 90 = 7 + 83, 12345678 = 31 + 12345647이다. 지금까지 모든 사람이 확인한 짝수는 전부 다 이 추측에서 벗어나지 않았다.

2보다 큰 모든 짝수는 이 패턴을 따른다는 추측은 나온 지 약 300년이 되었지만, 아직까지 이것이 분명히 옳다고 증명한 사람은 아무도 없다. 따라서 어마어마하게 큰 수 중에서 두 소수로 쪼개지지 않는 짝수가 존재할 가능성이 남아 있는 셈이다. 이것은 전형적인 정수론 문제이다. 즉, 어마어마하게 큰 수의 반례가 나오기 전까지는 참인 것처럼 보이는 진술이다.

위에 나온 10의 10제곱의 10제곱의 34제곱이라는 수도 이런 식으로 등장했다. 다만 이 수는 골트바흐의 추측과 관련이 있는 것은 아니고, 나중에 다루게 될 소수의 고유한 성질과 관련이 있다. 정수론 연구자 스탠리 스큐스Stanley Skewes가 1930년대에 이 수를 발견했을 때, 수학자 G. H. 하디G. H. Hardy는 그것을 "수학에서 어떤 구체적인 목적에 사용된 수 중 가장 큰 수"라고 표현했다.[1] 이 수는 심지어 《기네스 세계 기록》에도 실렸다.

이처럼 수학적 목적을 가진 큰 수는 당연히 다른 분야가 아니라 정수론에서 나올 수밖에 없다. 그리고 그때는 정수론의 역사에서 가장 흥미진진하고 거대한 팽창이 옥스퍼드와 케임브리지를 중심으로 일어나던 시기와 일치한다. 그 무렵에 역사상 가장 거대한 수학적 협력을 통해 다른 곳의 우수한 수학자들도 이곳으로 많이 모여들었다.

하디-리틀우드라는 이름으로 알려진 수학자

고드프리 해럴드 하디Godfrey Harold Hardy와 존 이든저 리틀우드John Edensor Littlewood는 각자 혼자만으로도 훌륭한 수학자였다. 하지만 그들이 거둔 성공은 대부분 함께 협력했을 때 나왔는데, 정수론과 해석학(8장에서 다룬 극한, 미분, 적분의 연구를 포함하는 분야)에 관한 논문을 100편 이상이나 발표했다. 하디와 리틀우드 이전에 영국의 수학은 정체 상태에 빠져 있었다. 유럽 본토와 비교하면 특히 그랬다. 하지만 두 사람의 활약으로 상황이 바뀌었다.

1910년부터 협력하기 시작한 두 사람의 성격은 달라도 그렇게 다를 수가 없었다. 하디는 외향적이고 사교적인 반면, 리틀우드는 매우 내성적이어서 심지어 학회에조차 참석하지 않았다. 리틀우드는 너무나도 눈에 띄지 않게 살아가 그가 실제로 존재하는지 의심한 사람까지 있을 정도였다. 리틀우드는 평생 동안 우울증에 시달렸는데, 그것이 그의 내성적 성격을 더 부추겼다. 하디와 리틀우드의 협력으로 나온 결과물은 다양하고도 중요한 것들이었다.

두 사람이 첫 번째 '하디-리틀우드 추측'*을 실제로 증명한

* 두 번째 하디-리틀우드 추측도 있다. 두 추측은 동시에 발표되었지만,

것은 아니지만, 추측을 했다는 것 자체가 수학에서는 아주 중요하다. 훌륭한 추측은 마음을 집중시키고, 새로운 도구나 개념을 낳고, 한 문제를 푸는 과제를 다른 문제를 푸는 과제로 전환할 수 있다. 흥미로운 질문을 제대로 제기할 때에만 흥미로운 답을 얻을 수 있다.

첫 번째 하디-리틀우드 추측은 소수素數에 관한 내용이다. 알다시피, 소수는 1과 그 수 자신으로만 나누어떨어지는 자연수이다. 따라서 5는 소수인데, 5는 오로지 1과 5로만 나누어떨어지기 때문이다. 6은 소수가 아닌데, 6은 1과 6 외에도 2와 3으로 나누어떨어지기 때문이다. 소수는 수학에서 매우 중요하지만, 정수론에서는 특히 중요하다.

첫 번째 하디-리틀우드 추측은 일정한 수 k의 간격만큼 떨어진 소수의 쌍이 얼마나 자주 나타나는가에 관한 것이다. 예컨대 $k=2$인 경우, 이 추측은 3과 5, 5와 7, 11과 13처럼 두 소수 간 간격이 2인 소수 쌍들의 분포를 추정한다. 이런 소수 쌍을 '쌍둥이 소수'라고 부른다. 쌍둥이 소수는 무한히 많을 것이라고 생각되지만, 확실히 그런지는 알 수 없다. 첫 번째 하디-리틀우드 추측을 증명하면 이 쌍둥이 소수 추측도 증명이 되는데, 이 추측은 150년이 넘도록 증명되지 않았다. (여담이지만, 3과 7처럼 간격이 4인 소수 쌍을 '사촌 소수'라 부르고, 5와 11처럼 간격이 6인

하나가 옳으면 다른 하나는 틀린 것이 된다.

소수 쌍을 '섹시 소수'라 부른다. 여기서 섹시sexy는 sixy를 가리킨다. 모든 수학자를 대신해 사과드린다.)

두 사람이 기여한 또 한 가지 중요한 업적은 '하디-리틀우드 원circle' 방법이다. 이것은 특정 수학 함수의 행동을 알아내는 전략이다. 하디와 리틀우드의 경우에 이 전략은 분할함수였다.

분할은 단순히 어떤 수를 정수의 합으로 나타내는 방법이 몇 가지나 있는지 조사한다. 예컨대 4는 4나 3+1, 2+2, 2+1+1, 1+1+1+1로 나타낼 수 있다. 따라서 4는 다섯 가지 방법으로 분할할 수 있다. 하디-리틀우드 원 방법의 주요 개념은 덧셈을 포함한 질문을 지수를 포함한 질문으로 번역하는 것이다. 이 방법은 새롭고 효과적일 뿐만 아니라 매우 강력한 것으로 입증되었다. 이 방법이 발표되자, 정수론자들이 그 기술을 배우기 위해 몰려들었으며, 그 후 어느 곳을 바라보더라도 그 용도를 찾을 수 있었다. 그 후 그 방법의 활용을 다룬 논문이 수백 편이나 나왔는데, 그중에는 약한 골트바흐의 추측을 증명한 것도 있었다.

두 사람이 너무나도 큰 성공을 거두자, 수학자이자 국제적인 축구 선수인(그리고 유명한 물리학자 닐스 보어Niels Bohr의 동생이기도 한) 하랄 보어Harald Bohr는 1947년에 영국에는 위대한 수학자가 세 명 있는데, 바로 "하디와 리틀우드, 그리고 하디-리틀우드"라고 말함으로써 그들이 거둔 성공을 아주 잘 표현했다.[2]

하디-리틀우드의 협력 규칙은 공리의 형식을 빌려 합의되었다. 첫 번째 공리는 한 사람이 다른 사람에게 편지를 쓸 때에는 그 내용이 옳은지 그른지는 문제가 되지 않는다는 것이었다. 두 번째 공리는 상대방의 편지를 읽거나 답장을 할 의무가 없다는 것이었다. 세 번째 공리는 세부 내용이 동일한 연구를 피하도록 노력한다는 것이었다. 네 번째 공리는 모든 논문은 무슨 일이 있더라도 두 사람의 이름으로 발표되어야 한다는 것이었다. 이렇게 명확하게 표현된 규칙이 있으면 좋고, 결과를 놓고 분쟁이 벌어지는 일이 없겠지만, 이 책의 저자인 우리는 만약 우리가 이 책을 쓰면서 첫 번째 공리와 두 번째 공리를 따랐더라면, 여러분이 지금 이 책을 읽고 있을 가능성이 극히 희박하리라고 생각한다.

하디와 리틀우드의 협력 노력은 다른 사람들에게까지 확대 적용되었는데, 특히 인도에서 케임브리지로 온 신참 수학자를 맞이했을 때 그랬다.

신이 직접 가르쳐준 수학

1913년, 하디는 특이한 편지를 받았다. 인도 소인이 찍힌 그 편지는 마드라스의 항만 관리소 경리부에서 일하는 23세 직원이 보낸 것으로, 자신이 처한 특별한 곤경을 호소했다. 그 젊은이는 자신은 정규 수학 교육을 거의 받지 않았지만,

그럼에도 불구하고 수학을 공부하고 있다고 설명했다. "제가 얻은 결과를 현지 수학자들은 '놀라운' 것이라고 말합니다." 하지만 현지 수학자들은 자신의 '높은 수준'을 이해하지 못해 어떻게 해야 앞으로 더 나아갈 수 있을지 모르겠다고 썼다. 수학적 설명이 몇 단락 이어진 뒤에 편지는 "S. 라마누잔 올림"이라는 말로 끝을 맺었다.[3] 편지에는 자신의 개념을 더 자세히 설명한 10여 쪽의 문서가 동봉돼 있었고, 그 내용은 아주 특이했다. 하디는 그것은 "분명히 내가 받은 것 중 가장 놀라운 편지였다. … 한 가지만큼은 명백했는데, 그 사람이 아주 높은 수준의 수학자, 유례없는 독창성과 능력을 겸비한 인물이라는 것이었다"라고 말했다.[4]

스리니바사 라마누잔Srinivasa Ramanujan의 어린 시절은 비극으로 점철되었다. 1887년에 인도 남부의 에로드에서 태어난 그는 두 살 때 천연두에 걸리는 바람에 온몸에 마맛자국이 남았다. 여섯 살 때 이미 남동생 둘과 여동생이 일찍 죽었고, 1년 뒤에는 할아버지를 나병으로 잃었다. 라마누잔은 극심한 스트레스로 가려움과 함께 종기가 생겨났는데, 이 증상은 평생 동안 반복적으로 나타났다. 하지만 수학 측면에서는 아주 다른 이야기가 전개되었다. 11세 때 라마누잔은 수학에 뛰어난 실력을 보였다. 이 사실은 라마누잔의 집에 세 들어 살던 두 대학생이 자신들이 아는 것 중에서 라마누잔에게 가르칠 것이 아무것도 없음을 깨달으면서 알게 되었다. 13세 때 라마누잔은 삼각법에 관한 정리를 독자적으로 발견했다. 이것은 그 당시 인도의 교육 사정을 감안하면 더욱 놀라운데, 라마누잔이 속한 브라만 계급에서 학교 교육을 받은 남성들 사이에서도 문자 해독 능력을 갖춘 사람은 겨우 11%에 불과했다.

십대 후반에 라마누잔은 장학금을 받고 대학교에 진학했지만, 모든 시간을 수학을 공부하는 데 쏟아붓고 다른 과목들(그 중에는 영어와 그리스어, 로마사, 생리학도 있었다)은 모두 낙제를 해 장학금이 취소되는 바람에 결국 대학 교육을 받을 수 없게 되었다. 라마누잔은 이에 굴하지 않고 혼자서 계속 수학을 공부했다. 수학 잡지에 문제를 보내고 풀기 시작했다. 베르누이 수에 관해 쓴 논문은 1911년에 《인도수학회 저널》에 실렸고, 라마누잔은 인도에서 수학 연구로 인정을 받기 시작했다. 결국 그는 경리과에서 일하게 되었고, 하디와 편지를 주고받기 시작했다. 라마누잔은 편지에서 여러 가지 개념을 뒤섞어 이야기했는데, 오래된 것과 익숙한 것과 아주 놀라운 것이 섞여 있는 경우가 많았다.

한 편지에 쓴 다음 방정식을 한번 살펴보자.

$$\int_0^\infty \frac{1+\left(\frac{x}{b+1}\right)^2}{1+\left(\frac{x}{a}\right)^2}\cdot\frac{1+\left(\frac{x}{b+2}\right)^2}{1+\left(\frac{x}{a+1}\right)^2}\ldots dx=\frac{1}{2}\pi^{\frac{1}{2}}\frac{\Gamma\left(a+\frac{1}{2}\right)\Gamma(b+1)\Gamma\left(b-a+\frac{1}{2}\right)}{\Gamma(a)\Gamma\left(b+\frac{1}{2}\right)\Gamma(b-a+1)}$$

라마누잔은 분명히 미적분을 하고 있었다. 하디는 왼편의 (라이프니츠가 만든) 기다란 S자 모양 기호로부터 그것을 알 수 있었다. 하지만 오른쪽의 공식과 기호는 전혀 예상치 못했던 것으로, 하디가 이전에 본 적이 없는 결과를 내놓았다. 하디는 리틀우드에게 이 편지를 이야기했고, 두 사람은 함께 그 수학을 검토하다가 라마누잔의 능력과 독창성에 점점 더 깊은 인상을 받게 되었다. 하디는 라마누잔에게 더 많은 내용을 보내달라고 요청했다. 그 연구는 아주 놀라운 것이었다. 라마누잔이 편지에서 설명하진 않았지만 그 기반을 이루는 정리를 알고 있는 것으로 보였다. 하디는 라마누잔이 "소매 속에 굉장한 것을 감추고" 있다고 묘사했다.[5]

하디는 함께 연구하자고 라마누잔을 케임브리지로 초대했다. 라마누잔은 처음에는 이 제안을 거절했지만, 결국에는 생각을 바꾸어 젊은 아내를 부모에게 남긴 채 온갖 개념으로 가득 찬 공책들을 가지고 영국의 하디와 리틀우드를 찾아왔다. 이미 편지를 통해 하디에게 100개가 넘는 정리를 보냈지만, 아직도 내놓을 게 많이 남아 있었다. 그의 연구 중에서 일부는 틀린 것이었고, 일부는 이미 알려져 있던 것이었지만, 나머지는 새로운 발견이었다. 5년 동안 라마누잔은 하디와 리틀우드와 협력해 자신의 발견을 발표했다.

하디와 리틀우드의 성격이 대조적인 것처럼 라마누잔도 하디-리틀우드와 성격이 대조적이었다. 라마누잔은 직관에 크게 의존했다. 그는 신앙심이 깊었고, 자신의 통찰 중 상당수는 자신의 가족 여신인 나마기리가 직접 가르쳐주는 것이라고 믿었다. 그래서 라마누잔은 그 결과가 옳다는 사실을 이미 알고 있다는 믿음 아래 증명과 유도 과정에서 필요한 단계를 이따금 건너뛰었다. 그러면 하디와 리틀우드가 그 빈틈을 채웠는데, 이 방법은 효과가 있었다. 라마누잔은 매우 놀라운 공식을 자주 발견했다. 그중 가장 유명한 것 중 하나는 π의 값을 나타내는 다음 급수이다.

$$\frac{1}{\pi}=\frac{2\sqrt{2}}{9,801}\sum_{k=0}^{\infty}\frac{(4k)!(1,103+26,390k)}{(k!)^4\,396^{4k}}$$

우변의 숫자들은 갑자기 땅에서 솟아난 것처럼 보이며, π 자체와 아무 관련이 없는 것 같다. 하지만 이것은 π의 근삿값을 가장 빨리 구하는 급수 중 하나이다. $\sum$ 기호는 이것이 합을 나타낸다는 것을 뜻한다. $k=0$일 때 이 수식의 값을 계산한 뒤, 그것을 $k=1$, $k=2$, …인 경우의 값과 계속 더하라는 뜻이다. 이 급수에서 몇 개의 항만 계산하더라도 금방 아주 정확한 π의 값을 얻을 수 있다. 이 방법은 너무나도 효율적이어서 지금도 소수점 아래 많은 자리까지 π의 값을 계산하는 여러 알고리듬의 기반을 이루고 있다.

슬프게도 라마누잔의 생애는 일찍 끝나고 말았다. 그는 평생 동안 건강이 좋지 않았고, 30대 초에는 결핵에 걸렸으며 심각한 비타민 결핍증 진단도 받았다. 그는 제한적인 채식 위주의 식사를 했는데, 영국에서는 제대로 된 식단을 제공받기 어려웠다. 라마누잔은 국민 영웅이 되어 인도로 돌아갔지만, 1920년에 불과 32세의 나이로 세상을 떠났다.

스리니바사 라마누잔

지금도 우리는 라마누잔의 수학이 남긴 영향을 겨우 이해하기 시작하는 단계에 있다. 그 후 장-피에르 세르Jean-Pierre Serre와 피에르 들리뉴Pierre Deligne는 수십 년 동안 그의 연구를 깊이 탐구하다가, 정수론에서 '갈루아 표현Galois representation'이라는 중요한 도구를 개발하여 수학계에서 가장 명성 높은 상인 필즈상을 받았다.* 이것이 촉발한 진전은 결국 350년 동안 풀리지 않고 남아 있던 페르마의 마지막 정리를 해결하는 길을 열었는데, 이 추측은 1995년에 영국의 앤드루 와일스Andrew Wiles가 증명했다. 죽기 몇 달 전에 라마누잔은 하디에게 마지막으로

* 최초의 필즈상은 1936년에 수여되었다.

보낸 편지에서 '모의 세타theta 함수'라는 특이하게 대칭적인 방정식들에 관한 새 이론을 설명했다. 모의 세타 함수는 수십 년 동안 불가사의한 대상으로 남아 있었지만, 지금은 끈 이론과 블랙홀을 기술하는 데 쓰이고 있다.

이것은 수학에서 잘 확립된 패턴이다. 즉, 한 분야에서 어떤 것을 탐구해서 얻은 결과가 다른 곳에 유용하게 쓰이게 된다. 하디와 리틀우드의 잘 알려지지 않은 협력자인 메리 루시 카트라이트Mary Lucy Cartwright도 바로 그런 경우이다.

협력에서 나온 카오스

1938년 초에 영국 정부는 수학의 도움이 절실히 필요하다는 사실을 깨달았다. 유럽에서는 전운이 감돌고 있었는데, 레이더 개발 계획이 난관에 봉착해 앞으로 나아가지 못하고 있었다. 과학산업연구부의 공학자들은 고주파 전파를 나타내는 방정식에 문제가 있는 게 아닌가 의심하던 끝에 런던수학회에 도움을 요청하는 편지를 보냈다. 물론 레이더는 일급기밀 사항이어서 편지에서 그 단어는 일절 언급되지 않았지만, 그 문제 자체는 수학적으로 아주 흥미로운 것이었다. 카트라이트는 그와 비슷하게 "불쾌해 보이는 미분방정식"을 이미 잘 알고 있었기 때문에 그 요청에 응했다.[6] 카트라이트는 수학계에서 떠오르는 별이었다. 수학자 경력은 1919년에 옥스퍼드대학교의 세인트 휴스칼리지에서 수학을 전공하면서 시작되었다. 2년 동안 실망스러운 시험 성적을 얻었지만, 3학년 때 하디가 연 저녁 강의를 듣고 나서부터 상황이 반전되기 시작했다. 1923년에 카트라이트는 1등급 학사 학위를 받았는데, 여학생이 1등급을 받은 것은 옥스퍼드대학교 역사상 처음 있는 일이었다. 그 후 하디 밑에서 공부하면서 박사 학위를 땄다. 그러고 나서 케임브리지대학교의 거턴칼리지에서 연구 수학자로 일하다가 하디와 리틀우드의 추천으로 전임 강사가 되었다. 그곳에서 계속 근무하다가 1935년에는 조교수가 되었다. 정부가 도움을 요청하는 편지에 접한 것은 그 무렵이었다. 카트라이트는 그 편지를 리틀우드에게 보여주었고, 둘이 팀을 이루어 해결책을 찾아보기로 했다.

카트라이트는 리틀우드가 독특한 협력자라는 사실을 알게 되었다. 그는 걸으면서 이야기하길 좋아했고, 도중에 벽에다 상상의 도형을 그리기도 했다. 이것은 결코 수학적 개념을 공유하기에 좋은 방법은 아니었다. 카트라이트는 하디와 리틀우드가 협력을 위해 만든 공리를 알고는 대신에 편지를 통해 함께 일하기 시작했는데, 그것은 매우 효율적이었다. 훗날 리틀우드는 "카트라이트 양은 내가 하루에 편지를 두 번이나 쓴 유일한 여성"이라는 회고를 남겼다.[7]

영국 정부가 맞닥뜨린 문제는 레이더에 쓰이는 증폭기와 관련이 있었는데, 증폭기는 자주 고장이 났다. 레이더를 사용하는

메리 카트라이트(위).
아래 사진은 1932년에 취리히에서 열린 세계수학자대회에 참석한 카트라이트(맨 오른쪽). 사진 속 많은 여성은 대회에 참석한 수학자들의 아내이다.

군인들은 제조 과정에 문제가 있을 것이라고 생각했지만, 카트라이트와 리틀우드는 그 기반을 이루는 수학이 잘못되었다는 사실을 발견했다. 물리학자 프리먼 다이슨Freeman Dyson은 훗날 그 상황을 "방정식 자체가 문제였다"라고 묘사했다.[8] 카트라

이트와 리틀우드는 전파의 주파수가 증가하면 방정식이 성립하지 않으며, 이 때문에 작은 변화가 불규칙적이고 불안정한 결과를 초래한다는 사실을 알아냈다. 두 사람이 문제의 해결책을 발견한 것은 아니었지만, 그들의 발견은 공학자들이 제조 과정에서 문제를 찾는 대신에 이러한 오류를 상쇄할 방법을 고안하는 데 도움을 주었다.

라마누잔의 일부 연구 결과와 마찬가지로 사람들이 카트라이트와 리틀우드의 연구가 지닌 의미를 이해하기까지는 시간이 좀 걸렸다. 두 사람도 몰랐지만, 그들은 수학의 면모를 확 바꿀 만한 기본적인 개념을 발견했다. 바로 '카오스chaos'라는 개념이었다.

이 기묘한 수학적 현상은 한 장소에서 나비가 퍼덕인 날갯짓이 지구 반대편에서 토네이도를 일으킬 수 있다는 '나비 효과'로 잘 알려져 있다. 그 중심에는 초기 조건에 민감한 '계system'의 연구가 자리 잡고 있다. 그런 상황에서는 초기 조건의 미소한 변화가 엄청나게 큰 결과를 낳을 수 있고, 장기적인 결과를 예측하는 것이 불가능해진다. 날씨도 카오스 계이다. 단기적으로는 무슨 일이 일어날지 충분히 그럴듯하게 예상할 수 있지만, 장기적으로 구체적인 상황을 예측하는 것은 불가능하다. 그래서 나비의 날갯짓처럼 아주 작은 차이가 나중에 아주 큰 효과를 낳을 수 있다. 유체의 흐름과 행성계, 심지어 주식 시장에 이르기까지 지금은 많은 카오스 계가 알려져 있다.

하지만 카오스는 무작위적인 것이 아니다. 그저 예측하기가 매우 힘들 뿐이다. 이런 종류의 예측 불가능성을 1960년대에 카오스 이론이 발전하기 20여 년 전에 카트라이트와 리틀우드가 발견한 것이다.

카트라이트는 오랫동안 화려한 경력을 보냈다. 최초의 여성이라는 수식어가 붙은 일을 많이 했는데, 왕립학회 이사회에 최초의 여성 이사로 참여했고, 런던수학회에서 최초의 여성 회장도 맡았다. 카트라이트는 100세 가까이까지 살아 자신이 기반 구축에 도움을 준 경이로운 분야가 크게 번성하는 모습을 지켜보았다.

기본적인 정리와 문제

리틀우드는 카트라이트와 함께 일하면서 자신의 한 가지 원리가 작동하는 것을 보았다. 그것은 어려운 문제를 풀려고 시도하면, 설령 그 문제를 풀지 못하더라도 그 과정에서 다른 것을 증명할 수도 있다는 것이다. 그는 '리만 가설'을 해결하려고 시도하다가 이 원리를 처음 발견했다. 하디-리틀우드와 협력자들이 거둔 많은 성공에도 불구하고, 리만 가설은 결코 해결할 수 없었다. 아주 중요한 이 문제는 정수론의 고전으로 남아 있다. "소수素數는 얼마나 자주 나타나는가?"라는 단순한 질문은 많은 수학자를 복잡함과 혼란의 구덩이로, 심한 경우에는 좌절의 구덩이로 밀어 넣었다.

단순한 것부터 시작해보자. 소수의 놀라운 속성 중 하나는 나머지 모든 수의 기본 구성 요소라는 사실이다. 이것은 산술의 기본 정리로 공식화돼 있는 현상이다. 이 정리는 모든 수는 소수들의 단 한 가지 곱으로 표현된다고 말한다. 예컨대 15는 3×5=15로 나타낼 수 있는데, 3과 5는 소수이고, 다른 소수들의 곱으로 15를 나타내는 방법은 전혀 없다. 이번에는 42를 살펴보자. 42는 오로지 2×3×7=42로만 나타낼 수 있고, 다른 소수들의 조합으로는 42를 만들 수 없다. 어떤 수를 선택하건, 산술의 기본 정리는 자세히 찾기만 한다면 그 수를 소수들의 곱으로 나타내는 방법이 있다고 이야기한다. 하디는 "소수는 산술이라는 건물을 짓는 데 쓰는 원재료"라고 표현했다.[9]

자, 그렇다면 이 원재료는 얼마나 흔할까? 조금만 탐구해보면, 수직선에서 앞으로 나아갈수록 소수가 점점 더 희소해진다는 걸 비교적 쉽게 알 수 있다. 0과 100 사이에는 소수가 25개 있지만, 100과 200 사이에는 21개만 있고, 200과 300 사이에는 16개만 있다. 논리적으로 이것은 타당해 보인다. 수가 커질수록 나누어떨어지는 수가 더 많아질 것이기 때문이다. 그러면 여기서 당연히 이런 질문이 떠오른다. 이 관계를 나타내는 공식이 있을까?

그런 게 있다. 이것을 '소수 정리'라고 부르는데, 프랑스 수학자 자크 아다마르Jacques Hadamard와 벨기에 수학자 샤를 장 드 라 발레 푸생Charles Jean de la Vallée Poussin이 각자 독자적으로 증명했다. 그 결과는 여러 가지 버전이 있다. 그중 하나는 아래 공식을 통해 소수의 대략적인 분포를 알려준다.

$$\pi(x) \sim \int_2^x \frac{dx}{\log x}$$

좌변은 x 아래에 존재하는 소수의 수를 나타내고, 우변은 그것을 계산하는 수식이다. 중간에 있는 ~ 기호는 '대략'이란 뜻이다. 그리고 아래 표가 보여주듯이, 이렇게 구한 근삿값은 상당히 정확하다.

n	n보다 작은 소수의 수	$\int_2^x \frac{dx}{\log x}$
1000	168	178
10000	1229	1246
50000	5133	5167
100000	9592	9630
500000	41538	41606
1000000	78498	78628
2000000	148933	149055
5000000	348513	348638
10000000	664579	664918
20000000	1270607	1270905
90000000	5216954	5217810
100000000	5761455	5762209
1000000000	50847534	50849235
10000000000	455052511	455055614

소수 정리를 증명하는 것은 아주 힘든 과정이다. 소수 정리가 표준적인 정수론 방식으로 처음 제안된 것은 18세기 말이지만, 증명되기까지는 그로부터 100여 년이 더 걸렸다. 증명은 '리만 제타zeta 함수'라는 진기한 수학적 개념을 사용하는데, 이 함수는 쌍곡기하학과 타원 기하학을 다룰 때 나왔던 베른하르트 리만이 처음 발견했다. 소수는 어떤 분명한 패턴을 이루며 나타나지 않지만, 소수 정리가 소수의 통상적인 행동에 대해 통찰력을 제공하듯이, 리만 제타 함수는 소수가 평균 부근에서 요동하는 방식에 대해 통찰력을 제공한다. 리만은 리만 제타 함수의 특정 해들이 직선 위에 분포한다고 가정했다. 이것은 사소하게 들릴 수 있지만, 소수들의 분포가 어떻게 요동치는지 아는 것은 아주 중요하다. 만약 리만 가설이 옳다면, 정수론의 여러 공개 문제가 즉각 해결될 뿐만 아니라, 소수의 이해를 넓혀 그 분포가 수학적으로 즐거운 방식으로 요동친다는 사실을 보여줄 것이다.

리만 가설은 리만이 살펴본 모든 경우에 성립했지만, 그것을 증명할 수는 없었다. 리틀우드도 젊었을 때 증명에 도전했지만 많은 수학자와 마찬가지로 성공하지 못했다. 그러자 이상한 관행이 생겨났다. 많은 수학자들이 단순히 그것이 옳다고 생각하고서 그것을 출발점으로 삼았다. 어떤 수학자들은 이 접근법을 의심했지만, 스탠리 스큐스는 자신의 수를 발견할 때 바로 이 접근법을 사용했다.

스큐스 수

앞의 표를 다시 한번 살펴보자. 자세히 살펴보면, 맨 오른쪽 세로줄에 적힌 근삿값들이 모두 실제 값보다 조금씩 많다는 사실을 알 수 있다. 사실, 이 표를 더 연장하면, 항상 공식이 제시하는 근삿값이 실제 값보다 조금 많게 나온다. 하지만 정수론에서 많은 것이 그렇듯이, 단순한 것은 복잡한 것으로 변할 수 있고, 언제나 성립할 것처럼 보이던 것이 착각으로 드러날 수 있다.

1914년, 리틀우드는 이 공식이 제시하는 값이 과대평가에서 과소평가로 변하는 일이 아주 자주 일어난다는 사실을 발견했다. 하지만 이러한 전환이 어느 수에서 일어나는지는 아무도 몰랐다. 적어도 스큐스가 등장하기 전까지는 그랬다.

1920년에 케이프타운대학교에서 토목공학 학사 학위를, 1922년에 석사 학위를 받은 스탠리 스큐스는 남아프리카에서 완전한 대학 교육을 받은 첫 세대 학생 중 한 명이었다. 그전에도 남아프리카에 대학교들은 있었

스탠리 스큐스

지만, 실제로는 영국 대학교들의 분교에 지나지 않았다. 그러다가 1900년대 초에 단순히 시험을 치르고 학위를 주는 대신에 진정한 교육을 위한 대학을 설립하자는 운동이 일어나고, 1918년에 케이프타운대학교가 독립적인 대학교가 되면서 상황이 변하기 시작했다. 이 운동 덕분에 남아프리카에서 지식 생산이 자생적으로 일어나기 시작했다. 영국으로 공부하러 갔던 수학자들이 학위를 받고 돌아와 케이프타운과 요하네스버그의 고등 교육 기관에서 학생들을 가르치기 시작했다. 이 대학교들은 재능 있는 수학자들의 온상이 되었고, 다양한 라디오 프로그램을 통해 일반 대중에게 과학 지식이 전파되었다.

19세기까지만 해도 남아프리카의 학교들에서 인종 분리 정책은 거의 찾아보기 어려웠다. 하지만 20세기에 들어 상황이 변하기 시작해 인종 차별 정책이 노골화되었다. 그리고 1948년에 국민당이 정권을 잡자, 백인 정부가 아파르트헤이트를 국가 정책으로 밀어붙이면서 원주민 공동체를 겨냥한 대규모 차별이 자행되었다. 케이프타운대학교는 그 정책에 저항하는 전초기지가 되었고, 저항 운동으로 유명해졌다. 케이프타운대학교는 1920년대부터 소수의 흑인 학생을 입학시켰고, 아파르트헤이트 정책이 시행되는 동안에도 계속 흑인 학생의 입학을 허용했다. 물론 이 정책이 계속되는 동안 그 수는 낮은 수준에 머물러 있었다.

1918년 무렵에 케이프타운대학교는 제대로 일어서지 못한 채 여전히 걸음마 상태에 있었다. 스큐스는 1923년에 장학금을 받고 케임브리지대학교의 킹스칼리지로 수학을 공부하러 갔을 때 이 사실을 생생하게 체험했다. 지식수준의 격차가 너무나도 커서 스큐스는 사실상 대학생 수준의 공부를 처음부터 다시 해야 했다. 킹스칼리지에서 필요한 과정을 마치긴 했지만 2등급 학위를 받는 데 그쳤고, 이에 그는 큰 좌절을 느꼈다. 남아프리카로 돌아온 스큐스는 케이프타운대학교에서 전임 강사로 일하면서도 틈날 때마다 케임브리지로 돌아가 공부를 계속하여, 자신과 마찬가지로 케이프타운에서 자란 리틀우드 밑에서 처음에는 석사 학위를, 그다음에는 박사 학위를 땄다. 스큐스는 케이프타운대학교의 조교수가 되어 많은 학생에게 영감을 주었는데, 학생 중에 도나 스트로스Dona Strauss도 있었다.

스트로스는 불과 15세 때 케이프타운대학교에 입학했다. 그리고 3년 뒤 학사 학위를, 다시 1년 뒤에 석사 학위를 땄다. 동급생 중에 수학을 전공하는 학생은 200명이 있었지만, 여학생은 단 4명뿐이었다. 훗날 스트로스는 나머지 셋은 가정주부가 되기 위해 수학 경력을 중단했지만, 자신은 다른 계획이 있어 케임브리지대학교에 지원했다고 말했다. 그곳에 지원했을 때 거턴칼리지의 여주인공은 누구였을까? 바로 카오스 이론의 주인공인 메리 카트라이트였다. 그 당시에 케임브리지대학교에서 여학생을 받아준 곳은 거턴칼리지와 뉴넘칼리지밖에 없었고, 여성 수학자는 매우 드물었다. 스트로스는 곧장 박사 과정에 들어갔다. 자신은 스큐스에게 배웠으니 준비가 잘돼 있을 거라고 생각했는데, 그 생각은 옳았다. 스트로스는 케임브리지에서 능력을 발휘하면서 전문 수학자가 되었다.

박사 학위 논문에서 스트로스는 '점 없는 위상수학pointless topology'을 개척했는데, 이것은 그 이름에도 불구하고* 수학에서 유용한 분야이다. 위상수학은 일반적으로 형태를 다루는 분야이지만, 기하학을 다른 관점에서 바라본다. 예를 들면, 위상수학은 형태들 사이의 구체적인 차이점에는 신경 쓰지 않고, 대신에 한 형태를 잡아 늘이거나 수축시켜 다른 형태로 만들 수 있는지에 초점을 맞춘다. 뭔가 난해한 출발점에서 시작한 위상수학은 생물학에서부터 이론물리학에 이르기까지 온갖 곳에 사용되었다. 보통은 위상학적 형태는 다른 수학 분야에서와 마찬가지로 점을 사용해 만들어진다. 하지만 위상수학은 특정 점들에는 그다지 신경을 쓰지 않기 때문에 기묘한 체계이다. 스트로스는 점을 아예 없애는 방법을 연구했는데, 그럼으로써 위상수학을 점에서 자유롭게 하려고 했다. 그리고 이런 종류의 위상수학이 응용수학과 컴퓨터과학에 쓸모가 있음을 보여주었다.

스트로스는 논문을 200편 이상 발표했고, 많은 순수수학자와 응용수학자와 협력 연구를 했으며, 공저로 펴낸 책도 세 권이나 있다. 케임브리지대학교는 2009년에 스트로스의 75세 생

* [옮긴이] pointless에는 '무의미한'이란 뜻도 있다.

일을 기념하는 회의를 개최해 그녀의 업적을 인정했는데, 수학자로서 보낸 생산적인 삶을 축하하기 위해 전 세계에서 많은 수학자가 참석했다.

스큐스는 영감을 불러일으키는 스승이었다. 그가 학생들의 호기심을 사로잡은 한 가지 비법은 소수와 소수 정리에 관한 연구였다. 그는 1933년에 이 정리를 분석하다가 스큐스 수를 발견했는데, 이 장 첫머리에서 소개했던 어마어마하게 큰 수가 바로 그것이다. 이 수는 모든 사람이 찾던 스모킹 건이었다. 즉, 소수의 분포를 나타내는 공식이 과대평가 대신에 과소평가된 값을 내놓기 시작하는 순간에 해당하는 수였다. 이 결과는 많은 관심을 끌었고 하디에게 깊은 인상을 주었다. 하지만 잠재적 문제점이 하나 있었으니, 그 결과에 이르기 위해 스큐스는 리만 가설이 옳다고 가정해야 했다. 많은 세월이 지난 뒤 그는 설령 리만 가설이 틀렸다 하더라도 자신의 수가 성립한다는 것을 증명했지만, 일부 수학자들은 이것이 과연 올바른 접근법인지 의심했다. 수학에서는 옳거나 그르거나 하는 두 가지 선택지만 있는 게 아니다. '결정 불가능'이라는 세 번째 범주도 있다. 사용된 수학의 공리가 지닌 제약 때문에 결과가 증명되었다고 말할 수 없는 경우이다.

리틀우드의 제자 중 앨버트 잉엄Albert Ingham은 장래가 촉망되는 젊은 수학자에게 보낸 편지에서 이 접근법에 대한 거부감을 나타냈다. "스큐스는 레몬에서 마지막 한 방울을 쥐어짜는 일에 최선의 사람이 아니라고 보네. 나는 자네의 노력에 관심이 있다네." 장래가 촉망되는 그 수학자는 앨런 튜링Alan Turing이었다.

튜링조차 풀지 못한 수수께끼

튜링 이야기를 하려면, 제2차 세계대전 때 한 일을 언급하지 않을 수가 없다. 1939년 9월에 영국이 독일에 선전포고를 한 다음 날, 튜링은 연합국의 암호 해독 중심지가 된 시골 저택인 블레칠리 파크로 가서 복무 신고를 했다. 전쟁이 점점 치열해지면서 상대방의 정보를 탈취해 해독하는 것이 아주 중요한 임무가 되었다. 한쪽에는 그때까지 만들어진 암호화 기계 중 가장 정교한 에니그마Enigma를 사용하는 나치 독일이 있었다. 그리고 반대편에는 그 암호를 해독하려고 애쓴 '8호 막사Hut 8'의 책임자 앨런 튜링과 그 동료들이 있었다.

암호 해독은 오래전부터 수학자들의 전유물이었다. 9세기의 박학다식한 아랍 수학자 아부 유수프 야쿠브 이븐 이샤크 알 킨디Abū Yūsuf Ya'qub ibn Ishaq al-Kindī는 850년 무렵에 아주 중요한 암호 해독 기술을 기록했다. 그는 암호문을 통계적으로 분석함으로써 치환된 문자 일부를 알아낼 수 있다는 사실을 발견했다. 예를 들면, 영어에서 가장 많이 사용되는 문자는 'e'이다. 알킨디의 방법을 적용한다면, 암호문(원래 텍스트의 문자들이 다른 것으로 치환된 문장)에서 가장 빈도가 높은 문자가 'e'로 해독될 것이다. 이런 식으로 계속 적용한다면, 암호문 중 충분히 많은 부분을 해독해 단어들을 추측할 수 있을 것이고, 결국에는 전체 텍스트를 해독할 수 있게 될 것이다.

하지만 제2차 세계대전 때에는 이 접근법을 사용하는 데 한계가 있었다. 독일군이 에니그마 기계의 세팅을 자주 바꾼 탓에, 8호 막사가 암호를 해독하려면 필요한 절차를 아주 빨리, 사람의 힘으로 할 수 있는 것보다 훨씬 빨리 처리해야 했다. 그래서 필요한 계산을 수행하는 기계를 만들었다. '봄브Bombe'라 부른 그 기계는 높이가 2m, 너비가 2m에 이를 정도로 아주 거대했고, 무게도 약 1톤이나 나갔다. 첫 번째 봄브를 제작하는 데에는 약 5개월이 걸렸고, 그 후 몇 년 동안 약 200대가 제작되었다.

튜링은 전쟁이 끝난 뒤에도 계산 기계를 계속 만들었지만, 정수론 연구로도 돌아와 자신보다 13세 위인 스큐스와 편지를 주고받기 시작했다. 두 사람은 1930년대 초에 스큐스가 케임브리지를 방문했을 때 아주 친한 친구가 되었다. 튜링은 나중에 수학자로 큰 명성을 날렸지만, 스큐스를 처음 만났을 때에는 아직 대학생에 불과했다. 스큐스가 케임브리지에 왔을 때, 두 사람은 조정 경기 연습을 하면서 서로 마주 보는 위치에 있었다.

두 사람은 보트 위에서 수학에 관한 대화를 나누기 시작했는데, 특히 리만 가설에 대한 이야기를 주고받았다.

튜링은 그 후에도 리만 가설에 대한 흥미를 잃지 않았고, 전쟁 후에 발표한 첫 번째 논문의 주제도 리만 가설이었다(다만 그 내용은 몇 년 전에 완성한 것이었다). 그는 자신의 계산 기술을 사용해 스큐스 수를 유도하는 방법을 개선할 수 있는지 궁금했다. 튜링은 리만 가설이 옳다는 주장에 의심을 품었다. 그래서 리만 제타 함수의 해를 구할 수 있는 기계를 만들려고 했는데, 그 해가 리만 가설이 예측하는 것처럼 근사한 직선 위에 놓여 있지 않아 가설이 틀렸음을 입증하길 기대했다. 그의 설계에 따르면, 그 기계는 정확한 비율로 제작된 톱니바퀴 80개와 평형추 1개로 이루어져 있었다. 그러나 전쟁이 벌어지는 바람에 그 계획을 접어야 했다. 전쟁이 끝난 뒤에 이 문제로 다시 돌아왔지만, 그 무렵에는 디지털 컴퓨터가 빠르게 발전해 그의 설계는 쓸모없는 것이 되었다. 그러자 튜링은 리만 가설을 완전히 우회할 수 있는 방법을 찾았다. 그럼으로써 스큐스의 결과가 의존하고 있던 불안정한 기반을 제거하는 동시에 훨씬 나은 스큐스 수를 발견했다. 원래의 스큐스 수는 $10^{10^{10^{34}}}$이었다. 튜링은 광범위한 계산의 도움을 받아 $10^{10^{5}}$으로도 충분할 것이라고 제안했다.

하디와 리틀우드 사이의 협력과 비슷하게 튜링은 〈리틀우드의 정리에 관하여〉라는 논문 상단에 자신의 이름과 스큐스의 이름을 나란히 적었다. 하지만 그 논문은 결코 발표되지 않았다. 그 무렵 튜링은 맨체스터에 살면서 아널드 머리Arnold Murray라는 남자와 사귀고 있었다. 그 당시에 동성애는 불법이었지만, 튜링은 그 때문에 기소될 확률이 10분의 1이라고 믿었다. 불행하게도 1952년 초에 튜링은 체포되어 '중대 외설' 혐의로 기소되었고, 화학적 거세를 당하고 신체를 '여성화'하기 위해 비스테로이드 에스트로겐을 강제 투여받았다. 저넷 윈터슨Jeanette Winterson은 인공지능에 관해 쓴 에세이 모음집《12바이트》에서 "전후의 옹졸한 영국은 튜링이 자기 몸으로 하길 원했던 일—남성과 성관계를 하는 것—이 그가 자신의 마음으로 할 수 있는 일보다 더 중요하다고 여겼다"라고 썼다.

이러한 대우로 인해 튜링은 정신적으로나 육체적으로 큰 충격을 받았다. 하지만 학계의 일자리는 계속 유지했고, 학자와 과학 학술지 편집자와 학생들과 서신을 주고받으며 관계를 이어 나갔다. 1953년 4월 9일, 그는 옛 친구 스큐스에게 보낸 편지에서 스큐스의 영역을 침범한 것에 대해 사과했다.

> 저는 당신의 수 영역을 침범한 것에 대해 다소 죄책감을 느낍니다. 혼자만 아는 비밀로 남겨두면 좋지 않았을까 생각할 수도 있겠지요. 하지만 당신은 함께 노를 저을 때 뱃머리에 있는 제게 가끔 그 이야기를 하는 실수를 저질렀으며, 그러다 보니 저는 결국 그것이 무엇인지 알아봐야겠다고 마음먹었고, 그것을 계속 깊이 연구하지 않을

수가 없었지요.

이듬해에 튜링은 사망했다. 사망 원인은 자살로 밝혀졌지만, 일부 사람들은 불의의 중독사일지도 모른다고 생각한다.

몇 년 뒤, 스큐스는 자신과 튜링의 이름이 저자로 기재된 미발표 논문에 관한 이야기를 들은 리틀우드에게서 편지를 받았다. 스큐스는 답장에서 자신이 튜링을 자주 찾아갔으며, 편지를 통해 계속 의견을 주고받았다고 썼다. 스큐스는 그 논문은 튜링을 단독 저자로 하여 발표하는 게 좋겠다고 제안했지만, 결국 발표되지 않았다. 만약 튜링과 스큐스가 협력 연구를 계속했더라면, 특히 아직도 해결되지 않은 채 남아 있는(적어도 지금으로서는) 리만 가설에 관한 연구를 계속했더라면 어떤 일이 일어났을지 몹시 궁금하다.

에필로그

수학과 그 역사는 끊임없이 진화한다. 이 책의 내용은 수학의 기원에 대해 우리가 알고 있는 최선의 지식에 바탕을 두고 있다. 소수의 고대 그리스인에 과도하게 초점을 맞춘 전통적인 이야기는 훨씬 풍부하고도 국제적인 역사의 일부에 불과하다는 인식이 점점 커져가고 있다.

수학의 개념들은 전 세계 각지에서 다양한 형태로 발전했다. 역사학자들이 앞으로 각각의 이야기에 숨어 있는 더 복잡한 세부 내용을 계속 발굴하리라는 것은 의심의 여지가 없다. 더러는 오래된 이야기를 재검토하면서 그 시대의 편견이나 후세대가 덧씌운 편견을 떨쳐내기도 할 것이다. 성 차별적 가정을 하거나 특정 집단을 다른 집단보다 우선시하여 생겨난 오류들이 드러나고, 진실(혹은 최대한 진실에 가까운 것)이 밝혀질 것이다. 또한, 오래된 텍스트와 점토판과 인공물이 발견될 수도 있고, 탄소 동위 원소 연대 측정법이나 DNA 분석 같은 기술이 실제로 일어난 일의 단서를 제공할지도 모른다.

저자인 우리 자신도 기존의 개념과 편향에서 자유롭지 못하다는 사실을 잘 알고 있다. 우리는 되도록 사실에 기반을 두려고 최선을 다했지만, 이것 역시 나름의 문제가 있다. 수학의 역사에서 어떤 것을 포함하고 어떤 것을 제외할지 판단하는 것은 어느 정도 윤리적 결정이다. 누구의 공을 인정해야 할까? 누구를 생략하고 누락시켜야 할까? 어떤 역사책도 결코 완전할 수가 없다. 대신에 우리는 수학의 내러티브 아크narrative arc(이야기나 작품이 흘러가는 전체적인 구조)를 더 공정하고 대표적인 역사 쪽으로 틀어놓았기를 기대한다. 그것은 어떤 이념을 위해서가 아니라, 수천 년 동안 수학이 발전해온(그리고 앞으로도 계속 발전해가는) 방식을 제대로 반영하는 방법이기 때문이다. 수학은 여전히 생명력이 넘치고, 과거 그 어느 때보다도 국제적인 팀 스포츠가 되었다.

예를 들어 지난 30년 사이 수학 분야에서 일어난 가장 큰 개가를 살펴보자. 그것은 앤드루 와일스가 1995년에 페르마의 마지막 정리를 증명한 사건이다. 기억하고 있겠지만, 페르마의 마지막 정리는 n이 2보다 큰 경우에 $x^n + y^n = z^n$을 만족하는 양의 정수 x, y, z는 없다는 내용이다. 피에르 드 페르마는 약 400년 전에 책의 여백에 자신이 이것을 증명했다고 적었지만, 그 후로 이를 증명한 사람은 아무도 없었다. 소피 제르맹을 비롯해 많은 수학자가 이 정리를 증명하려고 시도했지만, 결국 이를 증명하는 데에는 현대 수학의 모든 능력과 온갖 인물이 필요했다.

와일스는 129쪽짜리 증명에서 아주 인상적인 수학적 방법들을 사용했지만, 그의 접근법에서 중심적 위치를 차지한 것은 20세기에 활동했던 일본의 두 수학자 시무라 고로志村五郎와 다니야마 유타카谷山豊의 연구였다. 시무라는 다니야마의 연구를 바탕으로, 겉보기에 아무 관련이 없어 보이는 두 가지 수학 개념인 타원 곡선과 모듈러 형식 사이에 연관 관계가 있다는 사실을 알아냈다. 그는 이 두 가지가 실제로는 같은 것이며, 다른 관점에서 바라보기 때문에 다르게 보인다고 추측했다. 프랑스 수학자 앙드레 베유André Weil는 '다니야마-시무라 추측'을 서양에 널리 알렸으며, 얼마 지나지 않아 독일의 게르하르트 프라이Gerhard Frey와 미국의 켄 리벳Ken Ribet을 비롯한 수학자들은 이 추측을 증명하면 페르마의 마지막 정리가 옳다는 것도 증명된다는 사실을 확인했다.

1990년대 중엽에 페르마의 마지막 정리는 수학에서 풀리지 않은 문제 중 가장 유명한 것이었다. 와일스는 이전에 축적된 모든 연구를 바탕으로 다니야마-시무라 추측이 옳다는 것을 증명했고, 그럼으로써 페르마의 마지막 정리도 옳다는 것을 증명했다. 와일스는 이 지점에 이르기까지 7년 동안 비밀리에 연구를 했는데, 처음에 내놓은 증명에는 몇 가지 문제점이 있었다. 영국인 동료 리처드 테일러Richard Taylor가 문제점을 해결하는 데 도움을 주었고, 그 덕분에 그 결과를 요약한 한 논문에 공동 저자로 이름이 오르게 되었다.

수학은 릴레이 경기

와일스는 경주의 마지막 구간을 달렸지만, 그보다 앞서 결승선을 향해 바통을 전달해준 많은 수학자가 없었더라면 그 일을 해내지 못했을 것이다. 이 경우에는 협력 중 대부분이 간접적으로 일어났다. 한 사람이 문제를 해결하는 데 약간의 진전을 이루면, 다음 사람이 나타나 앞사람이 한 연구를 참고해 조금 더 앞으로 나아갔다. 하지만 수학의 발전이 항상 이런 식으로 일어나는 것은 아니다. 수학은 사회적 노력을 통해 발전할 수도 있다.

에르되시 팔Erdős Pál(영어식으로는 폴 어도스Paul Erdős)은 헝가리에서 태어나고 자랐지만, 나치 독일이 맹위를 떨치면서 유대인을 박해하자 고국을 떠나 전 세계를 돌아다니며 살았다. 그러면서 다양한 수학자와 협력 연구를 했다. 그가 예고도 없이 갑자기 동료의 집을 찾아와 "내 뇌는 열려 있소"라고 말했다는 일화는 유명하다. 그러고는 꽤 오래 머물면서 협력 연구를 통해 기어이 논문 몇 편을 완성한 뒤 다음번 동료를 찾아갔는데, 머물던 집의 주인에게 다음에는 누구를 찾아가는 게 좋을지 조언을 구하기도 했다. 평생 동안 그는 500명 이상의 수학자와 협력 연구를 하면서 약 1500편의 논문을 발표했다. 지금까지 어떤 수학자가 발표한 것보다 많은 기록이다.

에르되시가 이렇게 많은 논문을 발표했기 때문에, 일부 수학자들은 협력 연구 관계에서 그와 얼마나 '가까웠는지' 에르되시 수를 통해 추적한다. 에르되시 수 1은 에르되시와 함께 논문을 발표한 경우이고, 에르되시 수 2는 에르되시와 함께 논문을 발표한 사람과 함께 논문을 발표한 경우이며, 그런 식으로 계속 이어진다.* 에르되시 수가 0인 사람은 오직 한 명뿐으로, 바로 에르되시 자신이다. 에르되시 수가 2인 사람은 1만 1000명이 넘는데, 이것은 협력이 얼마나 광범위하게 뻗어갈 수 있는지 보여준다.

어느 순간에 전 세계에 존재한 수학자가 정확하게 몇 명인지 가늠하기는 쉽지 않지만, '수학 계보 프로젝트Mathematics Genealogy Project'가 약간의 단서를 제공한다. 이 프로젝트는 1990년대 중엽에 시작되었는데, 그 웹사이트가 천명한 목표는 "전 세계 '모든ALL' 수학자에 관한 정보를 종합하는 것"이다. 이렇게 '모든'이라는 단어를 과감하게 대문자로 써서 천명한 목표라면 '진지하게' 받아들이지 않을 수 없다.

이들의 기록에 실린 항목 수는 최근에 와서 수학자 집단이 크게 증가했음을 보여준다.

* 티머시의 에르되시 수는 4이고, 케이트는 5이다.

정확한 수치를 곧이곧대로 받아들이는 대신에 약간의 오차를 감안할 필요가 있다. 100년 전에 비해 지난 수십 년 동안 박사 학위를 받은 사람들의 기록을 수집하기가 훨씬 쉬워졌다. 아주 최근의 자료는 완전하게 보완하는 데 시간이 조금 걸리지만, 최근 수십 년 동안 매년 수학 박사 학위를 받는 사람의 수는 수십 명이나 수백 명이 아니라 수천 명씩 기록되고 있다.

하지만 그래프 밖을 바라보면, 수학 분야가 여전히 한쪽으로 치우쳐 있다는 사실이 명백하게 드러난다. OECD 국가들에서는 모든 과목[1]에서 박사 학위를 받는 학생 중 약 50%가 여성이

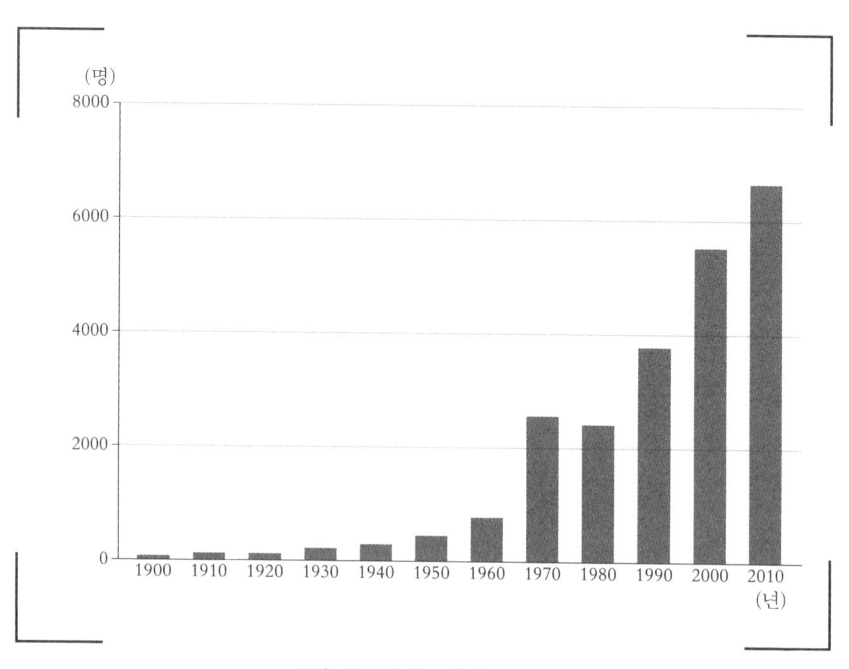

수학 박사 학위를 딴 사람의 수

지만, 수학 분야만큼은 그 비율이 훨씬 낮다. 미국 교육부에 따르면, 2013~2014년에 수학 박사 학위를 딴 사람 중 여성의 비율은 29%에 불과했다.[2] 유럽연합 출판사무소가 발행한 보고서 〈She Figures 2021〉에서는 유럽에서 모든 과목의 박사 학위자 중 여성의 비율이 50%인 것과 대조적으로, 수학과 통계학 분야 박사 학위자 중 여성의 비율은 32%를 조금 넘는 것으로 나타났다.[3] 아프리카에서는 과학과 기술, 수학 분야에서 연구를 하는 여성의 비율이 약 30%이다.[4] 이것들은 몇 가지 데이터에 불과하지만, 다른 보고서들도 비슷한 이야기를 들려준다.

비록 느리게 일어나긴 하지만, 이런 상황에 변화의 조짐이 나타나고 있다. 수학계에서 가장 큰 상은 필즈상과 아벨상이다. 상이란 과학의 여러 가지 중요 측면 중 하나에 불과하고, 정치적 영향을 받을 때가 많다. 예컨대 물리학의 역사는 노벨 물리학상의 역사와 동일하지 않다. 하지만 상은 그 분야가 무엇을 (혹은 더 중요하게는 누구를) 중시하는지를 반영하고 있다.

지금까지 필즈상과 아벨상 수상자는 100명 이상이 나왔지만, 약 10년 전까지만 해도 수상자는 모두 남성이었다. 그러다가 2014년에 마리암 미르자하니Maryam Mirzakhani가 필즈상을 받으면서 변화가 일어났다. 필즈상은 4년마다 한 번씩 국제수학연맹의 세계수학자대회에서 40세 이하의 수학자 2~4명에게 수여한다. 필즈상은 수학계에서 가장 명성 높은 상이므로, 이 상을 수상하는 사람은 자신의 연구 업적을 세계적으로 인정받는 셈이다. 필즈상은 1936년에 수여되기 시작한 이래 90명이 상을 받았는데, 그중 88명이 남성이었다.

미르자하니의 수상은 여러 면에서 이러한 추세를 거스르는 사건이었다. 미르자하니는 이란에서 태어나 어린 시절부터 수학에 재능을 보였다. 십대 시절에는 젊은 수학자들이 세계 무대에서 실력을 겨루는 국제수학올림피아드에서 이란 여학생으로서는 최초로 금메달을 받았다. 1년 뒤에는 만점을 받으면서 또 다시 금메달을 땄다. 그러고 나서 미국으로 건너가 수학 연구 경력을 쌓았는데, 처음에는 프린스턴대학교에서, 그다음에는 스탠퍼드대학교에서 연구했다. 그리고 곧 보여이와 가우스, 로바쳅스키, 리만의 연구를 바탕으로 기묘한 기하학적 물체와 공간에 초점을 맞춘 연구에 몰두했다. 이 분야에서 공저자 알렉스 에스킨Alex Eskin과 함께 어떤 결과를 증명했는데, 그것은 너무나도 대단한 것이어서 '요술 지팡이 정리'로 알려지게 되었다.

에스킨은 2019년에 이를 다음과 같이 설명했다.[5]

한가운데에 촛불이 놓여 있고 사방이 거울로 된 기묘한 모양의 방을 상상해보자. 빛은 거울에 반사될 텐데, 그렇다면 그 빛이 모든 구석구석에 비칠까, 아니면 빛이 비치지 않는 지점이 일부 있을까? 요술 지팡이 정리가 이 질문에 답을 내놓는다. 에스킨은 "어두운 지점은 전혀 존재하지 않는다. 방 안의 모든 지점에 빛이 비친다"라고 말한다. 촛불을 켜놓은 방 안의 어두운 지점은 아주 특수한 상황처럼 보이고 실제로도 그렇지만, 요술 지팡이 정리는 이보다 훨씬 일반적이다. 이 정리는 대수학과 기하학의 개념들을 사용해 특정 형태와 특정 경로 사이의 폭넓은 관계를 규정한다. 그 결과로 요술 지팡이 정리는 움직이는 입자들이 존재하는 다양한 상황에서 마음대로 휘두르며 요술을 부릴 수 있다. 이런 상황은 상당히 많다. 특히 이론물리학 분야에 많으며, 따라서 요술 지팡이 정리를 응용할 수 있는 잠재력이 아직도 계속 발견되고 있다.

미르자하니는 젊은 나이에 세상을 떠났지만, 그녀의 이야기에 자극을 받아 많은 여성이(특히 이란에서) 수학에 뛰어들고 있다. 샤리프공과대학교는 수학과 도서관에 그녀의 이름을 붙였고, 미르자하니가 다녔던 파르자네간고등학교는 경기장과 도서관에 그녀의 이름을 붙였다. 국제 여성 수학의 날도 이제 미르자하니의 생일인 5월 12일로 정해졌다.

2022년에 우리가 이 책의 출간을 위해 마지막 원고 손질을 하던 무렵에 필즈상 수상자 네 명의 이름이 발표되었다. 그중에는 "8차원에서 동일한 구를 가장 빽빽하게 채우는 방법은 E8 격자이다"를 증명한 우크라이나의 여성 수학자 마리나 뱌조우스카Maryna Viazovska도 있었다. 즉, 8차원에서 텅 빈 공간을 최소한으로 하면서 구를 가득 채우는 방법을 알아낸 것이다. 어떤 공간에 구를 채우는 방법은 아주 오래되고 놀랍도록 어려운 수학 문제였다. 구가 원으로 대체되는 2차원 공간에서는 1770년대에 조제프 라그랑주가 벌집 모양처럼 한 원 주위를 6개의 원

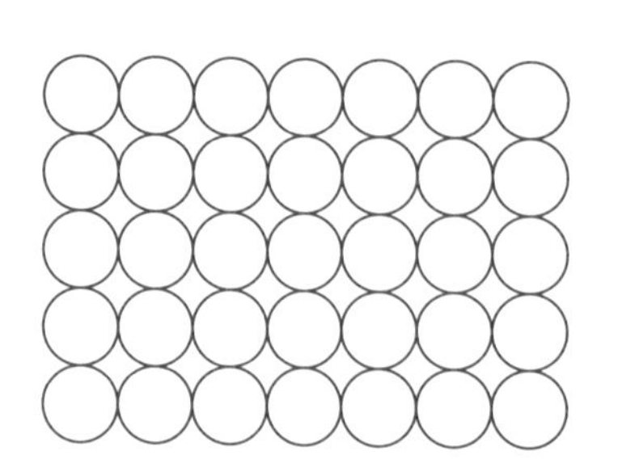

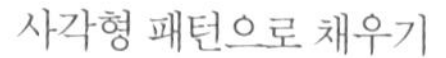

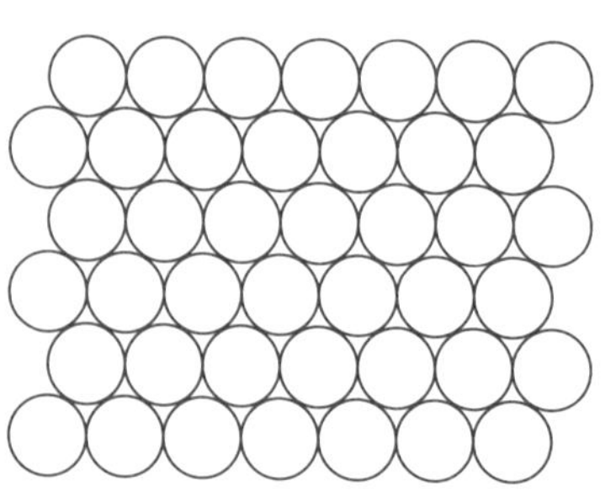

육각형 패턴으로 채우기

육각형 패턴을 사용하면 주어진 공간에
더 많은 원을 집어넣을 수 있다.

이 둘러싼 육각형 패턴이 최선의 방법임을 증명했다.

그다음 번 결과가 증명된 것은 그로부터 200년 이상이 지난 1990년대 후반의 일로, 토머스 헤일스Thomas Hales가 3차원에서 구를 빽빽하게 채우는 최적의 방법은 조밀 구조(자연계의 결정 구조에서 자주 나타나는 배열)임을 보여주었다. 하지만 더 높은 차원에서의 정답은 알려지지 않았는데, 2016년에 뱌조우스카가 8차원의 정답을 알아냈다. 얼마 후에 뱌조우스카는 24차원에서 최적의 배열을 알아내는 연구에도 관여했다. 지금까지 1차원과 2차원, 3차원, 8차원, 24차원에서 구를 빽빽하게 채우는 최선의 방법이 증명되었지만, 나머지 차원들에 대한 정답은 알려지지 않았다. 다른 차원들에서의 정답을 알아내는 데 뱌조우스카의 연구가 열쇠가 될지도 모른다.

수학계의 노벨상에 더 가까운 것은 아벨상인데, 평생 동안 이룬 업적을 감안해 수여하기 때문이다. 예컨대 앤드루 와일스는 페르마의 마지막 정리를 증명한 업적으로 2016년에 아벨상을 받았다. 아벨상은 2003년부터 매년 최소한 한 명 이상의 수학자에게 수여되었지만, 남성의 독무대였던 그 아성이 깨진 것은 캐런 울런벡Karen Uhlenbeck이 게이지 이론과 기하 분석에 관한 연구 업적으로 수상한 2019년이었다. 이 두 분야는 자연의 기본적인 힘인 전자기력과 약한 상호 작용을 하나로 통합하는 이론에 기반을 제공하는 것을 포함해 광범위한 곳에 응용된다.

미르자하니와 뱌조우스카와 울런벡은 아주 예외적인 인물일 수도 있다. 이 책에서 보았듯이, 대세를 거스르며 나아가 수학에서 놀라운 성공을 거둔 사람들은 늘 있었다. 울런벡은 세계수학자대회 총회에서 강연을 했는데, 여성이 이 자리에 선 것은 1932년의 에미 뇌터 이래 70년 만이었다. 우리는 이러한 사례들이 빙산의 일각에 불과하길 기대한다. 지난 수십 년 사이에 수학을 전공하는 여성이 점점 많아졌다. 학위를 받는 사람의 수나 학계에 고용되는 사람의 수에서 평형에 도달하는 것은 아직도 요원하지만, 그래도 추세가 천천히 변하기 시작했다.

지리적으로도 수학은 점점 개방되고 있으며, 과거 그 어느 때보다도 더 세계적인 분야로 변해가고 있다. 저소득 국가와 중간 소득 국가에서 수학 연구를 장려하려는 목적으로 CIM-

PA(국제순수응용수학센터) 같은 조직이 설립되었다. 2022년 현재 CIMPA는 이러한 발전을 지원하기 위해 연구 수학 분야의 단기 집중 강좌를 약 400개나 만들었다. 아프리카수리과학연구소도 범아프리카 네트워크를 통해 수학 분야의 박사 후 훈련 과정 기회를 확대하고 있다.

아직도 풀리지 않은 문제들

수학은 개념을 다루는 학문이다. 넓은 포용력으로 다양한 배경을 가진 사람들 중에서 재능 있는 인재를 끌어들인다면 더 많은 진전이 더 빨리 일어날 것이다. 그리고 수학에는 아직도 할 일이 많이 남아 있다.

2000년, 클레이수학연구소는 중요한 수학 문제 7개를 선정해 그중 하나라도 푸는 사람에게 100만 달러의 상금을 내걸었다. 이 계획은 1900년에 수학적으로 가장 중요한 문제 23개를 선정해 발표한 다비트 힐베르트에게서 영감을 얻었다. 힐베르트는 상을 내걸지는 않았지만, 20세기에 수학 연구의 노력을 그쪽으로 집중시키는 효과를 낳았다. 그중 약 절반은 풀렸지만, 이른바 밀레니엄 문제 중에서는 단 한 문제만 풀렸다.

밀레니엄 문제는 당연히 모두 중요한 문제들이어서 하나라도 푼다면 획기적인 업적이 될 것이다. 예를 들면, P-NP 문제의 해는 컴퓨터가 할 수 있는 일에 대한 우리의 이해를 바꿔놓을 것이며, 나비에-스토크스 방정식(유체역학에 중요한 방정식)의 해는 우리 세계를 이루는 물질들을 아주 잘 다룰 수 있게 해줄 것이다. 그중에서 풀린 문제는 '푸앵카레 추측'인데, 2002년에 러시아의 그리고리 페렐만Grigoriy Perelman이 풀었다. 이 추측의 한 가지 해석에 따르면, 이 결론이 우주가 가질 수 있는 형태에 관해 뭔가를 알려준다고 주장한다. 만약 시공간이 유한하고, 모든 고리를 팽팽하게 잡아당겨 하나의 점으로 수축시킬 수 있는 성질을 가지고 있다면, 우주의 형태는 '초구hypersphere'(더 높은 차원의 구)가 틀림없다.

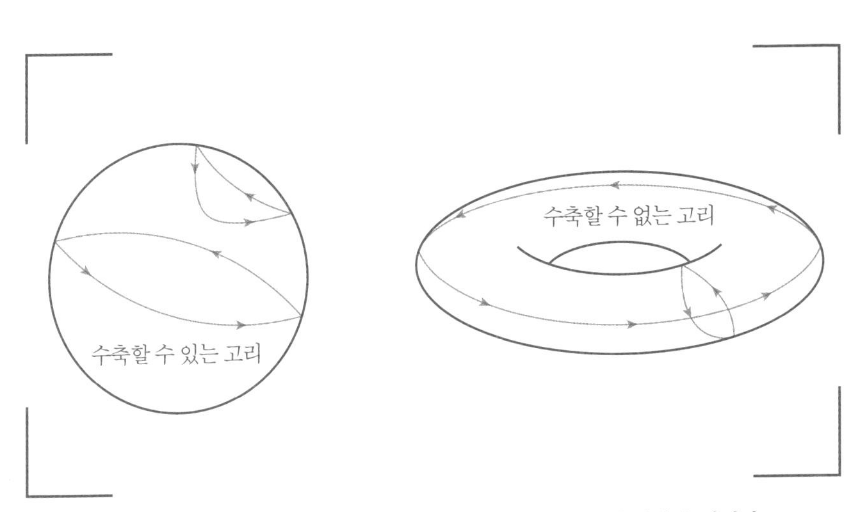

구 위에서 모든 고리는 팽팽하게 잡아당겨 하나의 점으로 수축시킬 수 있지만, 원환면 위에서는 모든 고리를 그렇게 할 수 없다.

페렐만은 100만 달러의 상금을 제의받았지만, 자신의 기여는 또 다른 수학자 리처드 해밀턴Richard Hamilton이 한 연구와 동등한 것이라고 믿는다면서 거절했다. 푸앵카레 추측을 최종적으로 해결한 사람은 페렐만이 맞지만 해밀턴의 연구를 바탕으로 그 일을 해냈기 때문에, 그는 해밀턴의 공도 동등하게 인정해야 한다고 믿었다.

오랫동안 풀리지 않은 중요한 수학 문제 중에는, 거의 완전한 해에 가까운 것이 나왔지만 마지막 결승선을 넘는 데 약간의 도움이 필요한 것도 있다. 쌍둥이 소수 추측이 바로 그런 예이다. 앞에서도 나왔지만, 쌍둥이 소수는 3과 5, 5와 7, 11과 13처럼 연속적인 두 소수 간 간격이 2인 소수 쌍인데, 쌍둥이 소수 추측은 쌍둥이 소수가 무한히 많이 존재한다고 말한다. 나온 지 150년이 넘은 이 추측은 정수론에서 아주 유명한 문제이다. 이것은 오랫동안 풀 수 없는 문제처럼 보였지만, 2013년에 중국의 장이탕張益唐이 중요한 진전을 이루었다. 그는 두 소수 간 간격이 7000만 이하인 소수 쌍(반드시 연속적인 소수 쌍은 아니더라도)이 무한히 많이 존재한다는 것을 증명했다. 7000만이란 간격은 우리가 원하는 2보다 훨씬 큰 것이긴 하지만, 장이탕의 연구가 나오기 전까지는 그 간격에 한계가 전혀 없었다. 그러자 장이탕의 연구를 더 발전시키기 위해 인터넷을 기반으로 한 협력 연구인 'Polymath8'이 생겨났다. 이 글을 쓰고 있는 현재 Polymath8 회원들은 그 간격을 246까지 줄이는 데 성공했다.

혹은 다른 두 연구 결과가 옳다면, 6까지 줄이는 데 성공했다.

수학의 미래는 세계 각지의 풍부한 수학적 전통을 바탕으로 연구에 박차를 가하는 전 세계 수학자들에게 달려 있다. 다양한 개념과 접근법이 발전하려면 광범위한 배경의 사람들이 필요하다. 어떤 개념은 나타났다가 다른 상황에서 재발견되는가 하면, 어떤 개념은 수백 년 동안 잠자고 있을 수도 있다. 수학의 발전은 결코 선형적으로 나아가지 않는다.

수학의 역사는 천문학의 발전과 함께 손을 잡고 나아간 경우가 많았다. 전 세계 각지에서 수학자들은 영감을 얻기 위해 하늘을 바라보았다. 천체들이 어떻게 움직이고 왜 움직이는지 이해하려고 노력하는 과정에서 세계를 이해하는 새로운 기술과 방법이 발전했다. 이러한 추세는 21세기에도 계속 이어질 것이다. 기술은 과거 그 어느 때보다 우주를 더 깊이 바라보게 해준다. 우주 공간으로 내보낸 망원경들은 더 자세한 세부 사실을 밝혀내 수학자들에게 할 일을 더 많이 가져다줄 것이다. 예를 들면, 최근에 배치된 제임스웹우주망원경은 우주 최초의 빛을 볼 수 있을 뿐만 아니라, 우리 태양계 밖의 행성들에서 물을 발견할지도 모른다. 2025년에 우주 공간으로 올려 보낼 예정인 중국의 쉰톈우주망원경은 은하 약 10억 개의 지도를 작성하려는 목표를 세우고 있다.

남아 있는 밀레니엄 문제들처럼 오래된 문제 중에서도 아직 풀리지 않은 것들이 있지만, 새로운 문제들도 나타날 것이다. 인공지능에서부터 우주여행과 의료를 비롯해 온갖 분야에서 굉장한 독창성을 요구하는 문제들이 나타날 것이다. 오늘날의 세계에는 무수한 데이터가 넘쳐나고 있다. 한때 '여성 컴퓨터'들이 새로운 정보의 폭발을 이해하는 과제에 도전했던 것처럼, 데이터과학자들은 데이터가 넘쳐나는 사회를 이해하는 과제에 직면해 있다. 그것을 제대로 이해하려면 새로운 방법과 기술이 필요하다. 어쩌면 새로운 컴퓨터도 필요할지 모른다. 기존의 컴퓨터로 수천 년이 걸릴 일을 금방 해결하는 양자 컴퓨터가 곧 현실이 될지도 모른다.

인류가 뼈와 점토와 종이 위에 수학적 개념을 긁어서 새기기 시작한 이래 수학은 크게 발전했다. 오늘날의 세계에서는 과거 그 어느 때보다도 더 많은 사람이 지식에 더 쉽게 접근할 수 있다. 그리고 수학과 수학을 하는 사람들이 모든 측면에서 더 다양해짐에 따라 문제를 해결하는 우리의 수단도 더 다양해질 것이다. 우리는 작은 회전 타원체 표면 위에 서서 수학적 우주를 바라보고 있으며, 저 밖의 우주에는 정리들이 발견되길 기다리며 반짝이고 있다. 진전은 직선 경로를 따라가면서 일어나지 않는다. 과거에도 그랬던 적은 없으며, 앞으로도 그러지 않을 것이다. 인류의 지식 추구가 커다란 성공을 거둘 수 있었던 비결은 개념과 접근법의 다양성에 있다. 이 접근법을 채택할 때에만 수학의 다음 장들이 최고의 성과로 빛날 것이다.

감사의 말

케이트 기타가와

런던 채링크로스의 서점에서 차를 마시던 그날 오후를 평생 잊지 못할 것이다. 내 에이전트 맥스 에드워즈Max Edwards와 티머시의 에이전트 토비 먼디Toby Mundy가 그날 우리를 연결해주지 않았더라면, 수학 세계사를 써보겠다는 오랜 꿈은 결코 실현되지 못했을 것이다. 티머시와 함께 이 책을 쓸 기회를 준 맥스와 토비에게 감사드린다. 이 프로젝트를 수락해 나와 함께 발전시킨 티머시에게도 고마움을 전한다. 당신과 함께 일할 수 있었던 것은 내게 큰 특권이었고, 함께 책을 쓰면서 보낸 몇 년은 내 인생의 아주 소중한 일부가 되었다. 원고를 여러 차례 읽으면서 그토록 짧은 시간에 글을 잘 다듬도록 큰 도움을 준 담당 편집자 코너 브라운Connor Brown, 그레그 클라우스Greg Clowes, 닉 앰플릿Nick Amphlett, 세라 데이Sarah Day에게도 감사드린다.

나는 운이 좋았다. 운은 기회를 부여잡을 준비가 돼 있는 사람에게 찾아온다고 이야기하는데, 내가 이 기회를 잡도록 길을 닦아준 친구와 동료가 있었다는 사실을 잊어서는 안 될 것이다. 세계 각지의 훌륭한 수학자와 역사학자와 함께 일할 수 있었던 것도 행운이었다. 연구자로서 실력과 기술을 연마하도록 도움을 준 제러미 그레이Jeremy Gray, 키스 해너버스Keith Hannabuss, 크리스 홀링스Chris Hollings, 버니 라이트먼Bernie Lightman에게 큰 빚을 졌다. 아주 가까운 이 친구들에게서 오랜 세월 동안 나는 많은 것을 배웠다. 나는 그들과 함께 이야기하고 일하고 격려를 받으면서 전문 수학사학자로서 성장할 수 있었다. 마지막으로 UBC 대학생 시절부터 내 수학 선생으로 지도 편달을 아끼지 않고 평생 동안 우정을 나눠준 빌 캐설먼Bill Casselman에게 진심으로 고마움을 표하고 싶다.

나는 이 책을 쓰던 도중에 일본 우주항공연구개발기구(JAXA)에 합류하기로 결정했다. 이 경력 변화는 이 책에 많은 영향을 미쳤는데, 새로운 관점을 갖게 해준 새 동료와 친구들에게 감사드린다.

이 책과 함께 나는 다시 여행을 떠날 것이다. 세계 각지의 친구들을 찾아갈 것이다. 그리고 이 여행이 얼마나 환상적이었는지 들려줄 것이다. 그와 함께 내 인생의 다음 장이 시작될 것이다. 부모와 가족, 좋은 친구들(오래된 친구와 새로운 친구 모두)이 함께 동참할 것이다. 다음번에는 무엇이 기다리고 있을까?

티머시 레벨

책을 한 권 내려면 온 마을이 필요한데, 이 책도 그랬다. 하지만 '감사의 말'이란 단어는 이 프로젝트에 관여한 많은 사람의 기여를 표현하기에 부족해 보인다. '무한한 감사'가 더 적절해 보인다.

내 에이전트 토비 먼디와 케이트의 에이전트 맥스 에드워즈에게 무한한 감사를 드린다. 두 사람은 처음부터 우리를 격려하면서 전체 과정 내내 아주 훌륭하게 인도해주었다. 두 사람의 지혜로운 말은 이 책을 지금의 완성된 형태로 만드는 데 도움을 주었고, 그 경험을 환상적인 것으로 만들었다.

펭귄랜덤하우스와 하퍼콜린스의 담당자들에게 큰 감사를 드린다. 코너 브라운은 제안서를 보는 순간부터 우리가 무엇을 하려는지 알아챘고, 우리의 아이디어를 지지했으며, 우리가 진로를 정하는 데 소중한 피드백을 제공했다. 그레그 클라우스와 닉 앰플릿은 초고와 그 이후의 원고들을 편집하면서 우리가 말하고자 하는 것을 더 훌륭하게 표현할 수 있도록 섬세한 도움을 주었다. 세라 데이의 교열 솜씨는 이 책에 광채를 더해주었다. 그 밖에도 많은 사람이 무대 뒤에서 큰 도움을 주었다.

공동 저자이자 친구인 케이트 기타가와에게 무한한 고마움을 표시하고 싶다. 지칠 줄 모르는 열정과 유머와 전문 지식은 함께 일하는 과정을 매우 즐겁게 만들어주었다. 우리가 함께 이룬 것을 바라보면 큰 자부심이 솟아오른다.

끊임없는 사랑과 지원을 제공해준 친구들과 가족에게 감사드린다. 특히 어머니와 아버지, 여동생, 빅 데이브와 드럽스, 그리고 내 덴마크 가족에게 깊은 고마움을 전한다. 투신 타크 틸 예르 알레Tusind tak til jer alle(모두에게 큰 감사를 드린다).

그리고 내 파트너 에밀리 스타인마크Emilie Steinmark에게 무한한 감사를 드린다. 당신이 없었더라면, 그 어떤 일도 할 수 없었을 거야. 에밀리, 두 에르 덴 에네스테 에네du er den eneste ene(당신은 세상에서 단 하나밖에 없는 사람이야).

도판 목록

주

머리말

1 Karen D. Rappaport, 'S. Kovalevsky: a mathematical lesson' in *American Mathematical Monthly* (1981), 88 (8), 564–74에 인용된 신문 기사

2 Sónya Kovalévsky, *Her Recollections of Childhood*, translated by Isabel F. Hapgood (New York: Century, 1895), p. 316

1 맨 처음에

1 The Rhind Papyrus, vol. 1, British Museum; https://upload.wikimedia.org/wikipedia/commons/7/7b/The_Rhind_Mathematical_Papyrus,_Volume_I.pdf

2 거북과 황제

1 Jane Qiu, 'Ancient times table hidden in Chinese bamboo strips', *Nature*, 7 Jan. 2014; doi: 10.1038/nature.2014.14482

2 https://leibniz-bouvet.swarthmore.edu/letters/letter-j-18-may-1703-leibniz-to-bouvet/

3 알렉산드리아

1 Plato, *The Republic*, Book VII

2 http://classics.mit.edu/Aristotle/physics.4.iv.html

3 Leonard C. Bruno and Lawrence W. Baker, *Math and Mathematicians: The History of Math Discoveries around the World* (Detroit: UXL, 1999), vol. 1, pp. 125-6

4 Pappus, Collection 3. 1: 1-8

5 K. Wider, 'Women philosophers in the ancient Greek world: donning the mantle', *Hypatia* (1986), 1 (1), 21-62; doi: 10.1111/j.1527-2001.1986.tb00521.x

6 Benjamin Wardhaugh, *The Book of Wonders: the Many Lives of Euclid's Elements* (London: William Collins, 2020), p. 34

7 Edward Watts, *Hypatia: The Life and Legend of an Ancient Philosopher* (Oxford: Oxford University Press, 2017), p. 29

8 Michael A. B. Deakin, 'Hypatia and her mathematics', *American Mathematical Monthly* (1994), 101 (3), 234-43, p. 239

9 Michael A. B. Deakin, *Hypatia of Alexandria: Mathematician and Martyr* (Amherst, NY: Prometheus Books, 2007), pp. 92-3, 97

10 Ibid., p. 97

11 *The Letters of Synesius of Cyrene*; Michael Bradley, *The Birth of Mathematics: Ancient Times to 1300* (New York: Chelsea House, 2007), p. 63에서 재인용

12 John of Nikiû, *Chronicle* 84: 88; Watts, *Hypatia*, p. 157, no. 4에서 재인용

13 John of Nikiû, *Chronicle*, 84, 87-8, 100-103

14 Watts, *Hypatia*, p. 116

15 Watts, *Hypatia*, pp. 105-6

16 Maria Dzielska, *Hypatia of Alexandria*, translated by F. Lyra (Cambridge, MA: Harvard University Press, 1996), p. 102

17 Watts, *Hypatia*, p. 5

18 M. Von Seggem, 'Notable mathematicians: from ancient times to the present', *Gale Academic Onefile* (1988), 38 (2), 257

4 시간의 새벽

1 Eberhard Zangger and Rita Gautschy, 'Celestial aspects of Hittite religion: an investigation of the rock sanctuary Yazılıkaya', *Journal of Skyscape Archaeology* (2019), 5 (1), 5–38; https://doi.org/10.1558/jsa.37641; https://www.newscientist.com/article/mg24232353-600-yazilikaya-a-3000-year-old-hittite-mystery-may-finally-be-solved/

5 0의 기원에 관하여

1 D. J. Merritt and E. M. Brannon, 'Nothing to it: precursors to a zero concept in preschoolers', *Behavioural Processes* (2013), 93, 91–7; doi: 10.1016/j.beproc.2012.11.001

2 George Gheverghese Joseph, *The Crest of the Peacock* (Princeton: Princeton University Press, 2000), opening quote

3 D. S. Hooda and J. N. Kapur, *Āryabhata: Life and Contributions* (New Delhi: New Age International Publishers, 1996), p. 78

4 Kim Plofker et al., 'The Bakhshālī manuscript: a response to the Bodleian Library's radiocarbon dating', *History of Science in South Asia* (2017), 5 (1), 134–50; doi: 10.18732/H2XT07

5 Huylebrouch, Dirk. 'Mathematics in (central) Africa before colonization', *Anthropologica et Praehistorica* 117 (2006): 135-62

6 지혜의 집

1 Al-Khalili, Jim, *The House of Wisdom: How Arabic Science Saved Ancient Knowledge and Gave Us the Renaissance* (New York: Pen-

guin Press, 2011), p. 132

7 불가능한 꿈

1 1643년 5월 16일 편지; Lisa Shapiro, 'Princess Elizabeth and Descartes: the union of soul and body and the practice of philosophy', *British Journal for the History of Philosophy* (1999), 7 (3), 503–20, p. 505에서 재인용

2 데카르트가 1643년 10월 21일 알퐁스 폴로Alphonse Pollot에게 보낸 편지; Carol Pal, *Republic of Women: Rethinking the Republic of Letters in the Seventeenth Century* (Cambridge: Cambridge University Press, 2012), p. 46에서 재인용

8 (최초의) 미적분학 개척자

1 Translated by David Pingree, in Pingree, 'The logic of non-Western science: mathematical discoveries in medieval India', *Daedalus* (2003), 132 (4), 45–53, p. 49

2 Steven Strogatz, *Infinite Powers: How Calculus Reveals the Secrets of the Universe* (New York: Mariner Books, 2020), p. 200에서 재인용

3 Ibid., p. 201

4 모두 Brian E. Blank, 'Book review: *The Calculus Wars*', *Notices of the American Mathematical Society* (2009), 56 (5), 602–10, at 607에서 재인용

5 Ibid., 607에서 재인용

6 이 만남에 대한 기록을 카우퍼Cowper 부인이 남겼다. D. Bertoloni Meli, 'Caroline, Leibniz, and Clarke', *Journal of the History of Ideas* (1999), 60 (3), 469–86, at 474에서 재인용

7 캐럴라인이 1716년 4월 24일 라이프니츠에게 보낸 편지

8 아이작 뉴턴이 1675년 로버트 훅Robert Hooke에게 보낸 편지; https://discover.hsp.org/Record/dc-9792/Description#tabnav

9 숙녀를 위한 뉴턴주의

1 https://sourcebooks.fordham.edu/mod/newton-princ.asp
2 https://www1.grc.nasa.gov/beginners-guide-to-aeronautics/newtons-laws-of-motion/
3 Translation by Simon Singh, in Singh, 'Math's hidden woman'; https://www.pbs.org/wgbh/nova/article/sophie-germain/

10 대종합

1 Christopher Cullen and Catherine Jami, 'Christmas 1668 and after: how Jesuit astronomy was restored to power in Beijing', *Journal for the History of Astronomy* (2020), 51 (1), 3-50, p. 18
2 Qi Han, 'Emperor, prince and literati: role of the princes in the organization of scientific activities in early Qing period', in *Current Perspectives in the History of Science in East Asia*, edited by Yung Sik Kim and Francesca Bray (Seoul: Seoul National University, 1999), 209-16, p. 210
3 Mei Wending, *Fangcheng lung* (*On Simultaneous Linear Equations*), 1672; Joseph W. Dauben and Christopher Scriba, *Writing the History of Mathematics: Its Historical Development* (Basel: Birkhäuser Verlag, 2002), p. 299
4 Qi Han, 'Astronomy, Chinese and Western: the influence of Xu Guanga's views in the early and mid-Quing, in Catherine Jami, Peter Engelfriet and Gregory Blue (eds.), *Statecraft and Intellectual Renewal in Late Ming China. The Cross-cultural Synthesis of Xu Euangki* (1562-1633) (Leicten: Brill, 2001), p. 365
5 Translated by Barbara Bennet Peterson, in Peterson (ed.), *Notable Women of China* (New York; An East Gate Book, 2000), p. 344
6 Ibid
7 Ibid., p. 345

11 수학의 인어

1 Michèle Audin, *Remembering Sofya Kovalevskaya* (New York: Springer, 2011), p. 167
2 Translated by Leigh Whaley, in Whaley, 'Networks, patronage and women of science during the Italian Enlightenment', *Early Modern Women* (2016), 11 (1), 188
3 Translated by Beatrice Stillman, in Sofya Kovalevskaya, *A Russian Childhood* (New York: Springer-Verlag, 2013), p. 122
4 Ibid., p. 215
5 Ibid., p. 218
6 Translated by Simon Singh, in Singh, *Fermat's Enigma: The Epic Quest to Solve the World's Greatest Mathematical Problem* (Toronto: Penguin, 1998), p. 62
7 Ibid., p. 107
8 Ibid, p. 107
9 Translated by Stillman, in Kovalevskaya, *A Russian Childhood*, p. 241
10 https://mathshistory.st-andrews.ac.uk/Projects/Ellison/chapter-17/
11 소피야가 1883년 12월경 알렉산드르에게 보낸 편지; Ann Hibner Koblitz, *A Convergence of Lives: Sofia Kovalevskaia: Scientist, Writer, Revolutionary* (New York: Dover, 1993), p. 179에서 재인용
12 Roger Cooke, *The Mathematics of Sonya Kovalevskaya* (New York: Springer-Verlag, 1984), p. 103
13 https://mathshistory.st-andrews.ac.uk/Projects/Ellison/chapter-17/
14 Steven G. Krantz, *Mathematical Apocrypha: Stories and Anecdotes of Mathematicians and the Mathematical* (Washington DC: Mathematical Association of America, 2002), pp. 124-5. 소냐라는 이름을 소피야 대신 사용했다.
15 바이어슈트라스가 1874년 9월 21일 코발렙스카야에게 보낸 편지; Eva Kaufholz-Soldat, '"[...] the first handsome mathematical lady I've ever seen!": On the role of beauty in portrayals of Sofia Kovalevskaya',

Journal of the British Society for the History of Mathematics (2017), 32 (3) 198 – 213, at 209에서 재인용

16 E. T. Bell, *Men of Mathematics*, vol. 2 (London: Penguin, 1953), p. 468

17 Kaufholz-Soldat, '[...] the first handsome mathematical lady I've ever seen!', 209, 211

18 Sónya Kovalévsky, *Her Recollections of Childhood*, translated by Isabel F. Hapgood (New York: The Century Co., 1895), p. 316

12 혁명

1 W. K. Bühler, *Gauss: A Biographical Study* (Berlin: Springer-Verlag, 1981), p. 106

2 Carl B. Boyer, *A History of Mathematics* (Princeton: Princeton University Press, 1985), p. 587

3 June Barrow-Green, Jeremy Gray and Robin Wilson, *The History of Mathematics: A Source-Based Approach*, vol. 2 (Providence: MAA Press, 2022), p. 394

4 Ibid., p. 395

5 https://mathshistory.st-andrews.ac.uk/OfTheDay/oftheday-11-08/

6 https://www.nytimes.com/2012/03/27/science/emmy-noether-the-most-significant-mathematician-youve-never-heard-of.html

7 *Dokumente zu Emmy Noether* (n. d.). Compiled by Peter J. Raquette., 1.2, 9, from Helmut Hasse to the Curator of the University of Göttingen, https://www.mathi.uni-heidelberg.de/.quette/Translenptioner/DOKNOE_070228.pdf

8 Louise S. Grinstein and Paul J. Campbell, 'Anna Johnson Pell Wheeler: her life and work', *Historia Mathematica* (1982), 9 (1), 37 – 53, at 42

9 1935년 5월 3일 집필, 5월 5일 게재

13 =

1 https://www.whitehousehistory.org/benjamin-bannaker

2 Ibid

3 *Washington Post*, 2 Dec. 1969

4 Susan E. Kelly, Carly Shinners and Katherine Zoroufy, 'Euphemia Lofton Haynes: bringing education closer to the "goal of perfection"', *Notices of the AMS* (Oct. 2017), 64 (9), 995 – 1002, at 997

5 Ibid., 1000

6 Donald J. Albers and G. L. Alexanderson, *Mathematical People: Profiles and Interviews* (Wellesley, MA: A. K. Peters, 2nd edn 2008), p. 20

7 Ibid. p. 19

8 https://stat.illinois.edu/news/2020-07-17/david-h-blackwell-profile-inspiration-and-perseverance

9 Morris H. DeGroot, 'A conversation with David Blackwell', *Statistical Science* (1986), 1 (1), 40 – 53, at 41

14 별들의 지도를 작성하다

1 https://vcencyclopedia.vassar.edu/distinguished-alumni/antonia-maury/

2 https://makerswomen.tumblr.com/post/171799965773/they-were-going-to-the-moon-i-computed-the-path

15 수치 처리

1 G. H. Hardy, 'The Indian mathematician Ramanujan', *American Mathematical Monthly* (1937), 44 (3), 137 – 55, at 152

2 Harald August Bohr, *Collected Mathematical Works* (Copenhagen: Dansk matematisk forening, 1952), p. xxvii

3 라마누잔의 1913년 1월 16일 편지

4 G. H. Hardy, Obituary of S. Ramanujan, *Nature* (1920), 105, 494–5; https://doi.org/10.1038/105494a0

5 Robert Kanigel, *The Man Who Knew Infinity: A Life of the Genius Ramanujan* (New York: Washington Square Press, 1991), p. 167

6 Shawnee L. McMurran and James J. Tattersall, 'The mathematical collaboration of M. L. Cartwright and J. E. Littlewood', *American Mathematical Monthly* (1996), 103 (10), 833–45, p. 836

7 W. K. Hayman, 'Dame Mary (Lucy) Cartwright, D.B.E., 17 December 1900–3 April 1998', *Biographical Memoirs of Fellows of the Royal Society* (2000), 46, 19–35, at 31; https://doi.org/10.1098/rsbm.1999.0070

8 https://www.bbc.com/news/magazine-21713163

9 G. H. Hardy, *A Mathematician's Apology* (Cambridge: Cambridge University Press, 1940)

에필로그

1 https://link.springer.com/article/10.1007/s43545-021-00098-6

2 https://math.mit.edu/wim/2019/03/10/national-mathematics-survey/

3 https://op.europa.eu/en/web/eu-law-and-publications/publication-detail/-/publication/67d5a207-4da1-11ec-91ac-01aa75ed71a1

4 https://journals.plos.org/plosone/article?id=10.1371/journal.pone.0241915

5 https://www.livescience.com/breakthrough-prize-mathematics-2019-winners.html

찾아보기

인명·책명